Friedrich Grelle

Prinzipien der Arithmetik

Friedrich Grelle

Prinzipien der Arithmetik

ISBN/EAN: 9783741130502

Hergestellt in Europa, USA, Kanada, Australien, Japan

Cover: Foto ©Thomas Meinert / pixelio.de

Manufactured and distributed by brebook publishing software (www.brebook.com)

Friedrich Grelle

Prinzipien der Arithmetik

PRINZIPIEN

DER

ARITHMETIK

VON

D:: FRIEDRICH GRELLE,
LEHRER AN DER POLYTECHNISCHEN SCHULE ZU HANNOVER.

HANNOVER.
CARL RÜMPLER.
1863.

Vorrede.

Die vorliegende Schrift soll zunächst die Grundlage meiner Vorlesungen an der hiesigen polytechnischen Schule bilden. Die Vorbildung der jungen Leute, welche alljährlich in unsere Schule einzutreten wünschen, ist eine sehr verschiedenartige; manche haben ganz oder theilweise ein Gymnasium oder eine höhere Bürgerschule absolvirt, manche kommen aus der Praxis oder verlassen andere Lebensstellungen. Um daher eine gewisse Einheit zu erzielen, ist die Zulassung an bestimmte Bedingungen geknüpft worden. Dieselben bestehen, so weit es die Arithmetik betrifft, im Nachweis der Geläufigkeit im Zahlenrechnen, einschliesslich der Operationen mit Decimalbrüchen und der Bekanntschaft mit den Elementen der Buchstabenrechnung, einschliesslich der Gleichungen ersten Grades. In Rücksicht hierauf habe ich eine Bearbeitung dieser elementaren Theile der Arithmetik unterlassen. Den übrigen umfangreichen Stoff glaube ich systematischer geordnet zu haben, als das gewöhnlich der Fall zu sein pflegt.

Nach einigen Bemerkungen über positive und negative Zahlen knüpfe ich meine Untersuchungen an den Begriff der Potenz. Dieselbe fasse ich consequent als Product gleicher Factoren auf, so dass die Potenz mit negativem wie gebrochenem Exponenten als eine aus Zweckmässigkeitsgründen eingeführte Schreibweise erscheint. Es ist dann allerdings zu beweisen nothwendig, dass mit solchen Symbolen, wie: a^{-n} und $a^{\frac{p}{q}}$, gerechnet werden kann, als ob die Exponenten absolute Ganzzahlen wären. Dieses ist pag. 5 und pag. 101–102 geschehen. Dass z. B. von Cauchy in seinem Lehrbuch der algebraischen Analysis gelehrte Verfahren, den Begriff der Potenz nach und nach so zu erweitern, dass unmittelbar aus ihm: $a^{-n} = a^{\frac{1}{n}}$ und $a^{\frac{p}{q}} = \sqrt[q]{a^p}$ herausdeducirt werden kann, scheint mir für einen Anfänger nicht einfach genug. Im ersten Theil meines Werkes beschäftige ich mich zunächst mit der Bestimmung des Werthes einer Potenz, deren Basis eine mehrtheilige Summe ist, also mit dem binomischen Lehrsatz für positive, ganze Exponenten. Sein Beweis ist natürlich auf die Lehre von den Combinationen gestützt, die darum vorausgeschickt wurde. Die Eigenschaften der Glieder der binomischen Summe sind in ziemlicher Vollständigkeit angegeben; namentlich habe ich über die Bestimmung des grössten Gliedes sehr ausführlich gehandelt. — Nach Einführung des Begriffs einer Potenz erscheint die Anordnung der Ganzzahlen im System einer bestimmten Basis als naturgemäss; im zweiten Abschnitt beschäftige ich mich darum mit der Untersuchung der Ganzzahlen zunächst irgend eines, darauf unseres dekadischen Systems und knüpfe hieran diejenigen Sätze der Zahlentheorie, ohne welche eine wissenschaftliche Darstellung der Lehre von den Decimalbrüchen nicht möglich ist. — Letzte bilden den Gegenstand des dritten, die gemeinen Kettenbrüche den des vierten Abschnittes.

Der zweite Theil beginnt mit der Erklärung der Wurzel. Nachdem die Gesetze für die Rechnung mit Wurzel-Grössen im ersten Abschnitt aufgestellt sind, wende ich mich im zweiten zu der Berechnung der Quadratwurzel aus allgemeinen Ausdrücken und Zahlen. Die Methoden zu Bestimmung der zweiten Wurzel aus Ganzzahlen und Brüchen sind ausführlich mitgetheilt und streng bewiesen; sowohl die Anwendung der geordneten wie der gewöhnlichen Division auf das Wurzelzeichen ist gelehrt. Eine allgemeine Definition des Irrationalen lässt sich in der Arithmetik allerdings wohl geben: welchst die Anzahl der Operationen, die zur Werthermittelung eines Ausdrucks nothwendig sind, über jede Grenze hinaus, so heisst derselbe irrational; der Anfänger jedoch, der nur beim Wurzelzeichen diesen Fall eintreten sieht, der das Transcendente der Analysis noch nicht kennt, wird eine solche allgemeine Erklärung nicht recht fassen. Ich habe mich darum im zweiten Abschnitte nur mit dem Irrationalen von der Form $\sqrt{A}$, im dritten mit dem Irrationalen von der Form $\sqrt[3]{A}$ und $\sqrt[3]{A^2}$ beschäftigt, wo A bez. keine zweite, dritte, $n$te Potenz ist. — Im dritten Abschnitt wird man die Anwendung der geordneten Division auf die Bestimmung der dritten Wurzel aus einer Zahl finden. - - Der Gegenstand des vierten Abschnittes sind die imaginairen Zahlen. Zunächst ist die Bedeutung des Factors i gelehrt und sind darauf die Gesetze für die Rechnung mit imaginairen Zahlen aufgestellt. Die Frage nach der $n$ten Wurzel aus einer Zahl a fällt mit der Frage nach der Lösung der Gleichung: $x^n = a$ zusammen; ich habe darum auf die Lehre von der zweiten, dritten … Wurzel aus positiven oder negativen Zahlen die Theorie der Gleichungen zweiten, dritten und vierten Grades im fünften Abschnitt folgen lassen und zwar in jedem Falle diejenige Lösungsmethode angegeben, welche sich am einfachsten reproduciren lässt.

Der dritte Theil endlich, welcher von den Logarithmen handelt, giebt eine elementare Theorie derselben, zeigt die Möglichkeit ihrer Berechnung und schliesst mit ihrer Anwendung bei Lösung von Exponential-Gleichungen.

Diese Anordnung, in deren Folge die vorgetragenen Lehren als ein organisches Ganze erscheinen, führt allerdings einen kleinen Uebelstand, der nicht zu vermeiden war, mit sich. Während nämlich erst im dritten Theil von den Logarithmen die Rede ist, bedarf man derselben bereits — wenigstens mit seltenen Ausnahmen — bei der Lösung der Gleichungen vom dritten und vierten Grade. Man wird darum entweder die Umformung der Wurzeln einer cubischen Gleichung, wie sie von pag. 200 bis 207 durchgeführt ist, unterlassen, bis der Inhalt des dritten Theiles vorgetragen, oder aber an irgend einer passenden früheren Stelle wenigstens den Gebrauch der Logarithmen-Tafel lehren müssen. Ich ziehe letztes vor, weil die Theorie der Logarithmen jedenfalls besser verstanden wird, wenn der Studirende schon das eine oder andere Mal eine Logarithmen-Tabelle benutzt hat, und pflege meine Zuhörer mit dem Begriff des Logarithmus, den Fundamental-Gesetzen u. s. w. bekannt zu machen und sie den Gebrauch der Handbücher zu lehren, nachdem in meinen Vorträgen über Geometrie, die parallel mit denen über Arithmetik in je täglich einer Stunde gehalten werden, das Wichtigste der Goniometrie abgehandelt ist.

Was endlich die Auswahl des Stoffes anlangt, so unterscheidet sich auch hierin meine Schrift einigermaassen von Werken ähnlicher Tendenz; Manches ist weiter ausgeführt, Manches, wie z. B. die allgemeine Lehre von der Convergenz der Reihen, der binomische Lehrsatz für gebrochene Exponenten, überall nicht behandelt. Dieses geschah aus folgenden Gründen.

Nachdem die Theorie des unendlich Kleinen als unhaltbar erkannt und an ihre Stelle die Methode der Grenzen gesetzt worden, darf man die Eintheilung in Arithmetik, algebraische Analysis und Differential- und Integral-Rechnung als einen überwundenen Standpunkt behaupten. Es giebt nur Zweierlei; entweder wird die Grösse als discret, als aus einzelnen bestimmten Theilen bestehend und nur um solche Theile veränderlich, aufgefasst: dieses führt zur Arithmetik; oder man betrachtet die Grösse als stetig, als allmählig zu- oder abnehmend: dieses führt zur Lehre von der Theorie und Anwendung der Grenzwerthe, d. i. zur Analysis, deren Haupt-, aber nicht alleiniger Bestandtheil die Differential- und Integral-Rechnung ist. Der Werth jeder convergirenden unendlichen Reihe ist aber die Grenze, welcher sich die Summe der n ersten Glieder mit unaufhörlich wachsendem n immer mehr nähert; die Theorie der Reihen kann demnach kein Theil der Arithmetik sein; man gelangt zu denselben erst dadurch, dass man sich in Taylors oder Stirlings Formel den Index des letzten Gliedes über jede Grenze hinaus wachsend denkt.

Vorstehende Bemerkungen schienen mir zur richtigen Beurtheilung meiner Schrift, die ich hiermit dem mathematischen Publikum übergebe, nothwendig.

Hannover, den 18. Juli 1863.

            Grelle.

INHALTS-VERZEICHNISS.

Einleitung.
Seite
Die positiven und negativen Zahlen . . . . 1—3
Die Potenz mit positiven und negativen ganzen Exponenten . . . 3—5

Erster Theil. Die Potenzwerthe.

I. Der binomische Lehrsatz.

Combination ohne Wiederholung . . . . 9—11
Gesetz der figurirten Zahlen . . . . 11—13
Anwendung desselben auf die Summation der Glieder einer arithmetischen Reihe . . . . 13—16
Combination mit Wiederholung . . . . 17—18
Permutation, wenn alle Elemente ungleich sind . . . . 18—19
Permutation, wenn einige Elemente gleich sind . . . . 19—21
Variation ohne Wiederholung . . . . 21—22
Variation mit Wiederholung 22
Beweis des binomischen Lehrsatzes für positive ganze Exponenten . 22—26
Bestimmung irgend eines Gliedes der binomischen Summe . . . . 26—27
Die Coefficienten zweier Glieder, von denen das eine ebensoweit vom Anfang entfernt ist, wie das andere vom Ende, sind einander gleich . . . . 27—28
Bestimmung der grössten Coefficienten . . . . 28—30
Summe aller Coefficienten und Summe der Quadrate aller Coefficienten in Anmerkung 29
Bestimmung des oder der grössten Glieder . . . . 30—38

II. Zahl- und Ziffersysteme. Dekadische Ganzzahlen.

Anordnung der Zahlen nach einem bestimmten Systeme . . . . 39—40
Primzahlen. Zusammengesetzte Zahlen 41
Sämmtliche Theiler einer zusammengesetzten Zahl . . . . . . 41—42

	Seite
Die Anzahl der Primzahlen ist unendlich gross	42
Bestimmung der Primzahlen in einer gegebenen Reihe von Zahlen	42–44
Relative Primzahlen	44
Sie zu erkennen, das grösste gemeinschaftliche Maas	44–45
Congruente Zahlen	45
Rechnung mit congruenten Zahlen	45–47
Fermats Lehrsatz	47
Wilsons Lehrsatz	48
Von den Potenz-Resten. Ihre Periode	49–51
Einfachere Bestimmung der Rest-Zahlen	52–53
Kennzeichen der Theilbarkeit für bestimmte Divisoren	53–55

III. Die Decimalbrüche.

Erklärung des Decimalbruches. Verwandlung gewöhnlicher Brüche in Decimalbrüche	56–58
Verschiedene Arten von Decimalbrüchen. Erstens endliche	58–59
Zweitens rein periodische	59–61
Verwandlung rein periodischer Decimalbrüche in gewöhnliche Brüche	61–62
2n ziffrige Perioden, in denen die erste $+ (n+1)$te, die zweite $+ (n+2)$te u. s. w. Ziffer gleich 9 ist	62–63
Drittens gemischt periodische Brüche. Zerlegung des Bruches $\frac{m}{na}$, wenn a zu m n und n zu n relativ prim ist, in Theilbrüche	63–66
Verwandlung gemischt periodischer Brüche in gewöhnliche Brüche	66
Rechnung mit endlichen Decimalbrüchen	66–68
Rechnung mit unendlichen Decimalbrüchen. Addition und Subtraction	68–70
Multiplication. Abgekürztes Verfahren	70–74
Division. Fourier's Methode	74–83

IV. Kettenbrüche.

Erklärung des Kettenbruches. Verwandlung gewöhnlicher Brüche in Kettenbrüche	84–86
Berechnung der Näherungswerthe	86–87
Der wahre Werth des Bruches liegt stets zwischen zwei aufeinanderfolgenden Näherungswerthen	88
Näherungswerthe vom geraden Range sind kleiner, vom ungeraden Range grösser	88
Die Differenz zweier aufeinanderfolgender Näherungswerthe ist gleich ± 1 dividirt durch das Product der Nenner	89–90
Obere Grenze des Fehlers, den man durch Benutzung von Näherungswerthen begeht	90–91
Näherungswerthe sind stets reducirte Brüche	92
Anwendung der Kettenbrüche auf Lösung der Zahlen-Congruenzen und unbestimmter Gleichungen	93–95

Zweiter Theil. Die Wurzelwerthe.

I. Allgemeine Gesetze.

	Seite
Erklärung der Wurzel	98
Rechnung mit Wurzel-Grössen	99–101
Potenzen mit gebrochenen Exponenten	101–103

II. Die zweite Wurzel.

Die zweite Wurzel aus allgemeinen Ausdrücken	104–106
Die zweite Wurzel aus Ganzzahlen	107–113
Die zweite Wurzel durch geordnete Division absolut genau	113–115
Die zweite Wurzel durch gewöhnliche Division bis auf eine Einheit genau	116–117
Die zweite Wurzel aus gewöhnlichen und Decimalbrüchen	118–120
Die Bestimmung eines irrationalen Ausdruckes von der Form $\sqrt{A}$	120–122
Die Verwandlung des doppelt Irrationalen: $\sqrt{a \pm \sqrt{b}}$ in das einfach Irrationale: $\sqrt{x} \pm \sqrt{y}$	122–124
Die Verwandlung des irrationalen Ausdruckes $\sqrt{A}$ in einen gemeinen Kettenbruch	124–129
Beweis, dass der Kettenbruch periodisch ist und die Periode mit dem ersten Partialnenner beginnt. Beispiele	129–134
Eigenschaften der Partialnenner der Periode	134–137

III. Die dritte oder Cubikwurzel und höhere Wurzeln.

Die dritte Wurzel aus allgemeinen Ausdrücken	138–140
Die dritte Wurzel aus Ganzzahlen	141–146
Die dritte Wurzel durch geordnete Division absolut genau	146–152
Die dritte Wurzel durch gewöhnliche Division annäherungsweise genau	153–154
Die dritte Wurzel aus gewöhnlichen und Decimalbrüchen	154–156
Die Bestimmung eines irrationalen Ausdrucks von der Form $\sqrt[3]{A}$	156–157
Höhere Wurzeln	157–159
$\sqrt[n]{1+b}$, wenn b ein echter Decimalbruch ist	159–161

IV. Die Imaginairen Zahlen.

Entstehung des Imaginairen	162–163
Bestimmung der Lage eines Punktes in der Zahlen-Ebene	163–164
Die Zahlen, welche gleich der Summe, Differenz ... der Zahlen zweier Punkte der Zahlen-Ebene sind	164–165
Bedeutung der imaginairen Einheit: $\sqrt{-1} = i$	165–166
Bestimmung der Richtungscoefficienten. Complexe Zahlen	167
Lehrsätze über complexe Zahlen: Ist $p + qi = 0$, dann muss $p = 0$ sein; ist $p + qi = x + yi$, dann muss $p = x$, $q = y$ sein	167–168
Conjugirte Zahlen	168
Rechnung mit complexen Zahlen. Summe, Differenz, Product, Quotient	169–171

	Seite
Moivre's Satz für positive, negative und gebrochene Exponenten	171—172
Anwendung des Moivre'schen Satzes auf Bestimmung der Potenz und Wurzel complexer Zahlen	172—173
$\sqrt{a+bi}$ ohne Anwendung des Moivre'schen Satzes	173—174
Alle Werthe der n-ten Wurzel aus $+1, -1, +i, -i$	175—179

V. Lehre von den Gleichungen.

Erklärungen	180
Cauchy's Beweis, dass jede Gleichung mindestens eine endliche Wurzel hat	181—187
Jede Gleichung n-ten Grades hat n Wurzeln	187—191
Zusammenhang zwischen den Wurzeln der Gleichung und den Coefficienten des Polynoms	191—192
Imaginäre Wurzeln kommen, falls das von der Unbekannten freie Glied einer gut geordneten Gleichung reell ist, stets paarweise vor	192—194
Lösung der Gleichungen vom zweiten Grade	194—196
Lösung der Gleichungen vom dritten Grade	
Cardan's Formel	196—200
Ihre Umformung für den praktischen Gebrauch	200—201
$\sqrt[3]{a+b i} = (x+yi)\sqrt[3]{x}$ in Anmerkung	201
Reciproke Gleichungen dritten Grades	208—209
Gleichungen mit complexen Coefficienten	209—212
$\sqrt[3]{a+bi}$ ohne Anwendung des Moivre'schen Satzes in Anmerkung	211
Lösung der Gleichungen vom vierten Grade	
Descartes' Methode	212—213
Verwandlung der Descartes'schen Lösung in die Euler'sche	217—220
Reciproke Gleichungen vierten Grades	221—224

Dritter Theil. Die Exponentialwerthe.

Theorie und Berechnung der Logarithmen.

Erklärung des Logarithmus einer Zahl	227
Die logarithmischen Grundgesetze	227—229
Berechnung der Logarithmen	229—232
Uebereinstimmung des geometrischen und arithmetischen Mittels zweier Zahlen	232—234
Wahl der Basis eines Logarithmensystems	235—240
Vorzüge des Briggs'schen System	240—242
Das Napier'sche System	242
Verwandlung der Briggs'schen Logarithmen in Napier'sche und umgekehrt	242—243
Die Differenztafeln	243—246
Die Exponentialgleichungen	246—248

Einleitung.

Bevor wir uns den Untersuchungen zuwenden, mit welchen wir uns in gegenwärtiger Schrift zu beschäftigen die Absicht haben, ist es nothwendig, uns zunächst über die Bedeutung gewisser Bezeichnungen, die von verschiedenen Schriftstellern in verschiedenem Sinne erklärt worden sind, zu entscheiden. Die sogenannten absoluten ganzen Zahlen oder Zahlen der natürlichen Zahlenreihe kann man als arithmetische Repräsentanten einer Reihe von Punkten auffassen, die von irgend einem Anfangspunkte (Nullpunkt) aus auf einer einseitig unbegrenzten Geraden in gleichen Entfernungen fixirt sind (Fig. 1). Alsdann fällt die Bestimmung des Zahlwerthes eines Ausdrucks mit der Angabe des durch jenen Ausdruck repräsentirten Punktes zusammen; und es lassen sich die beiden einfachsten Operationen, die des Addirens und des Subtrahirens folgendermassen definiren. Addiren heisst, von dem Punkte der Zahlen-Achse ausgehend, der durch den ersten Summanden repräsentirt wird, um so viele Schritte vorwärts schreiten, als der zweite Summand Einheiten enthält; die Zahl des erreichten Punktes ist die Summe. Subtrahiren heisst, von dem Punkte des Minuend ausgehend um so viele Schritte rückwärts schreiten, als der Subtrahend Einheiten enthält; der arithmetische Repräsentant des so erreichten Punktes ist die Differenz oder der Rest. Hieraus folgt, dass die Bestimmung einer Differenz: $a - b$ für $a < b$ vorläufig unmöglich ist, dass man also entweder Differenzen letzterer Art vermeiden oder die Zahlen-Achse so erweitern

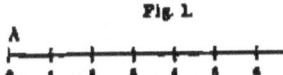

Fig. 1.

muss, dass auf ihr auch diejenigen Punkte fixirt werden können, welche arithmetisch durch Differenzen wie etwa $2-5$, $3-7$ etc. darzustellen sind. Ersteres kann nicht geschehen; denn in der Arithmetik rechnet man weniger mit Zahlen, als, um Gesetze von ganz allgemeiner Gültigkeit zu erhalten, mit Zahlzeichen, so dass das Verhältniss der durch letztere repräsentirten Grössen im allgemeinen ein völlig unbekanntes ist. Es bleibt demnach nur übrig, die Zahlen-Achse zu erweitern und zwar, wenn man wie vorhin (Fig. 1) ursprünglich die Richtung von Null nach rechts ins Auge gefasst hatte, vom Anfangspunkte nach links. — Hierdurch ist die Schwierigkeit aber nur in einer Beziehung gehoben; denn man sieht leicht, dass sich jetzt bei der Bestimmung zweier Differenzen von der Form: $a-b$ und $b-a$, z. B. $7-3$ und $3-7$ zwar zwei verschiedene Punkte ergeben, die jedoch durch dieselbe Zahl repräsentirt sind, dass man z. B. im letzteren Falle zu dem Absurdum: $7-3=4=3-7$ gelangt. Diese Erscheinung hat offenbar ihren Grund darin, dass die beiden resultirten Punkte allerdings gleichweit vom Nullpunkte entfernt sind, aber auf verschiedenen Achsen liegen; folglich wird die Aufgabe, die zu der augenblicklichen Betrachtung Veranlassung gab, erst dann vollständig gelöst sein, wenn man den Zahlen noch irgend etwas hinzufügt, aus welchem sich erkennen lässt, ob sie als arithmetische Repräsentanten eines Punktes der einen oder der entgegengesetzten Richtung anzusehen sind. Zu einem solchen charakteristischen Merkmal gelangt man durch folgende Ueberlegung. Angenommen, es handelte sich um die Differenz $3-7$. Um ihren Werth zu erhalten, hat man vom Punkte der Zahl 3 aus um 7 Schritte rückwärts zu gehen; hierbei passirt man nothwendigerweise den Nullpunkt und zwar in dem Augenblick, in welchem die 3 ersten Schritte rückwärts gethan sind. Drückt man dieses arithmetisch dadurch aus, dass man schreibt: $3-7$ $3-3-4=0-4=-4$, so kommt man zu dem schliesslichen Resultat, dass der arithmetische Repräsentant des Punktes der Differenz $3-7$ die Zahl -4 sein muss, dass also allgemein die Punkte derjenigen Richtung, welche der ursprünglichen entgegengesetzt ist, bez. durch die sogenannten negativen Zahlen: $-1, -2, -3, -4$ etc. darzustellen sind. — Nach Constatirung dieser Thatsache lässt sich in Bezug auf die absoluten Zahlen noch Folgendes hinzufügen. Um z. B. den Werth der Summe: $-2+6$ zu erhalten, hat man vom Punkt der Zahl

—2 aus um 6 Schritte vorwärts zu gehen. Nachdem die beiden ersten Schritte zurückgelegt sind, ist man im Nullpunkt angelangt, von welchem aus noch weitere vier Schritte vorwärts zu schreiten sind. Drückt man dieses arithmetisch dadurch aus, dass man schreibt: $-2+6 = -2+2+4 = 0+4 = +4$, so erkennt man als das arithmetische Zeichen des resultirenden Punktes — ursprünglich die absolute Zahl 4 — jetzt die sogenannte positive Zahl: $+4$ (Fig. 2). Allgemein kommt man also einmal von den absoluten Zahlen ausgehend zunächst zu den negativen, diese führen zu den positiven Zahlen, welche wieder mit den absoluten zusammen fallen; und hat man ein ander Mal für die relativen Zahlen, worunter man gleichzeitig die positiven und negativen begreift, ein Grundprincip aufgestellt, welches sich, wenn man bedenkt, dass unserer Erklärung zufolge, auch: $+a = a.(+1)$, $-a = a.(-1)$ sein muss, folgendermassen aussprechen lässt:

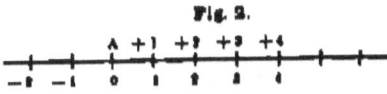

Fig. 2.

Das Verbundensein des Factors —1 mit einem Zahlenausdrucke deutet an, dass der durch diesen Ausdruck repräsentirte Punkt in einer Richtung liegen muss, die derjenigen entgegengesetzt ist, welcher er angehören würde, falls jener Ausdruck nicht mit dem Factor —1 behaftet wäre.

Hiermit ist den Sätzen über das Vorzeichen des Produktes oder Quotienten relativer Zahlen jedwede Unklarheit oder Unbestimmtheit genommen. Man erkennt sofort, dass: $a.(-1).(-1) = a.(+1)$, $a.(-1).(-1).(-1) = a.(-1)$ sein muss, dass in der gewöhnlichen Ausdrucksweise: Ungleiche Zeichen minus (—), gleiche Zeichen plus (+) geben, dass für den besonderen Fall eines Produktes gleicher negativer Factoren dasselbe positiv oder negativ ausfällt, jenachdem die Anzahl der Factoren eine gerade oder ungerade ist.

Ein solches Produkt gleicher Factoren nennt man kurzweg eine Potenz. Ihr Werth ist demnach bestimmt, sowie man den gleichen Factor und die Anzahl der Factoren kennt; das Symbol derselben muss darum nur aus zwei Zahlen zusammengesetzt sein, von denen die eine — Basis genannt — den Factor, die andere — Exponent genannt — die Anzahl der Factoren angiebt. Dasselbe besteht darin, dass man den Exponenten oben an den Kopf des Buchstaben setzt, der die Basis repräsentirt, so dass also: a^2, a^3 ... a^n bez. die Produkte $a.a$, $a.a.a$, ... $a.a.a \ldots a_{(n)}$ darstellen.

Was die Rechnung mit Potenzen anbelangt, so hat man folgende einfachen Gesetze.

Für jedes ganze positive m und n folgt aus: $a^m = a.a \ldots a_{(m)}$ und $a^n = a.a \ldots a_{(n)}$:

1) $a^m . a^n = a.a \ldots a_{(m)} . a \ldots a_{(n)} = a^{m+n}$

und so lange $m > n$ ist:

2) $a^m : a^n = \dfrac{a.a \ldots a_{(n)} . a \ldots a_{(m)}}{a.a \ldots a_{(n)}} = a^{m-n}$,

dagegen für $m < n$:

3) $a^m . a^n = \dfrac{a.a \ldots a_{(m)}}{a.a \ldots a_{(m)} a \ldots a_{(n)}} = \dfrac{1}{a^{n-m}}$

und endlich:

4) $(a^m)^n = a^m . a^m . a^m \ldots a^m_{(n)} = a^{m+m+m+\cdots+m} = a^{mn}$.

Während also 1 und 4 gelten, in welchem Grössenverhältniss die Exponenten m und n zu einander stehen mögen, ist bei der Bestimmung des Quotienten zweier Potenzen derselben Basis zunächst zu überlegen, welcher von den beiden Exponenten, der des Zählers oder der des Nenners, der grössere ist; im ersten Falle findet Gesetz 2 seine Anwendung: $\dfrac{a^5}{a^3} = a^2$, $\dfrac{a^9}{a^6} = a^3$ u. s. w., im letzten dagegen Gesetz 3: $\dfrac{a^1}{a^4} = \dfrac{1}{a^3}$, $\dfrac{a^2}{a^{17}} = \dfrac{1}{a^{15}}$ u. s. w. Hierdurch kommt man bei allen Rechnungen mit allgemeinen Zahlzeichen in eine missliche Lage und ist zu grossen Weitschweifigkeiten gezwungen, wenn man nicht, wie wir es hiermit thun wollen, ein für alle Mal die Schreibweise:

5) $a^{-n} = \dfrac{1}{a^{+n}}$

acceptirt. Alsdann kann man stets nach 2 verfahren, d. i. unter allen Umständen: $\dfrac{a^p}{a^q} = a^{p-q}$ setzen, da man weiss, dass, kommt für irgend welche Werthe des p und q zunächst eine Potenz mit negativem Exponenten zum Vorschein, z. B. für $p=3$, $q=5: a^{-2}$, diese nur der Einfachheit halber an Stelle des leicht bestimmbaren Bruches: $\dfrac{1}{a^2} = \dfrac{1}{a.a}$ gesetzt worden ist.

Führt nun aber zu irgend einem Zwecke eine neue Schreibart ein, so muss dieselbe so gewählt werden, dass sie einmal zu keinerlei Zweideutigkeit in Bezug auf den durch sie repräsentirten Werth und ein andermal zu keinen fehlerhaften Resultaten für Rechnungen mit diesem neuen Symbol Veranlassung geben kann. Im gegenwärtigen Fall ist nun zunächst an und für sich klar, dass zufolge obiger Erklärung der Potenz mit negativem Exponenten ihr Werth ein ganz bestimmter ist; und was den zweiten Punkt anbelangt, so lässt sich leicht folgendermassen zeigen, dass, wendet man auf Potenzen mit negativen Exponenten ohne weiteres die Gesetze 1), 2), 3) und 4) an, d. h. rechnet mit ihnen, als wären die Exponenten positive Ganzzahlen, man stets zu richtigen Resultaten gelangen muss.

Bezeichnen nämlich m und n irgend welche Ganzzahlen, so ist stets:

6) $a^{-m} \cdot a^{-n} = \frac{1}{a^{+m}} \cdot \frac{1}{a^{+n}} = \frac{1}{a^{+m} \cdot a^{+n}} = \frac{1}{a^{+(m+n)}}$
$= a^{-(m+n)} = a^{(-m)+(-n)}.$

7) $a^{-m} : a^{-n} = \frac{1}{a^{+m}} : \frac{1}{a^{+n}} = \frac{a^{+n}}{a^{+m}} = a^{+(n-m)} = a^{(-m)-(-n)}.$

8) $(a^{-m})^{-n} = \frac{1}{(a^{-m})^{+n}} = \frac{1}{\left(\frac{1}{a^{+m}}\right)^{+n}} = \frac{1}{\left(\frac{1}{a^{+m}}\right)^{+n}}$
$= \frac{1}{a^{-mn}} = a^{+mn} = a^{(-m) \cdot (-n)}.$

Schliesslich ergiebt sich noch als unmittelbare Consequenz von 6 für jedes beliebige a:

9) $a^0 = a^{m-m} = \frac{a^m}{a^m} = 1,$

ein Satz, der sich auch von 4 ausgehend folgendermassen beweisen lässt. Ist nämlich für jedes n: $(a^0)^n = a^{0 \cdot n} = a^0$ ist, so muss a^0 einen Zahlwerth repräsentiren, der durch Potenzirung keinerlei Aenderung erleidet, d. i. a^0 muss gleich der absoluten Einheit sein.

Sind endlich nicht, wie oben, die Basen gleich, sondern die Exponenten, dann hat man statt 1 und 2 oder 3 die beiden Gesetze:

10) $\left(\frac{a}{b}\right)^n = \frac{a}{b} \cdot \frac{a}{b} \cdot \frac{a}{b} \cdots \frac{a}{b_{(n)}} = \frac{a \cdot a \cdot a \cdots a_{(n)}}{b \cdot b \cdot b \cdots b_{(n)}} = \frac{a^n}{b^n};$

und wenn hierin $\frac{a}{b} = c$, also $a = bc$ gesetzt wird:

$$c^n = \frac{(bc)^n}{b^n}$$

oder

11) $(bc)^n = b^n c^n$.

Zwischen der Basis, dem Exponenten und dem Werth der Potenz, d. i. wenn man etwa:

$$a^n = b$$

annimmt, zwischen a, n und b existirt offenbar ein solcher Zusammenhang, dass, sind zwei dieser Zahlen gegeben, die dritte ebenfalls einen bestimmten unveränderlichen Werth haben muss. Vom Begriffe der Potenz ausgehend kommt man demnach zu einer dreitheiligen Aufgabe: Aus a und $n : b$, aus n und $b : a$, aus a und $b : n$ zu bestimmen. Diese drei Probleme wollen wir in dem Folgenden in Betracht ziehen und uns ausserdem, nachdem die Grundsätze der jedesmaligen Lösung aufgestellt sind, mit einer Reihe von Untersuchungen beschäftigen, zu denen wir zum grössten Theil durch jene Aufgabe selbst und durch die besondere Art ihrer Lösungen geführt werden.

ERSTER THEIL.
Die Potenzwerthe.

1.

Der binomische Lehrsatz.

Dem Begriffe einer Potenz zufolge lässt sich der Werth derselben, falls Exponent und Basis gegeben sind, durch eine Multiplication ermitteln. Diese Arbeit wird aber desto mühsamer, je höher der Exponent und je zusammengesetzter die Basis ist, so dass sich die Frage aufwirft, ob nicht auf einem einfacheren Wege als dem der Multiplication der Werth einer Potenz etwa von der Form: $(x+a)^n$ zu erlangen sei. Die Beantwortung dieser Frage macht es nothwendig, uns zunächst Untersuchungen anderer Art zuzuwenden, deren Ergebnisse nicht allein im vorliegenden Falle erfolgreiche Anwendungen finden.

Werden mehrere Grössen: $a, b, c, d \ldots p$ oder nur ein Theil derselben in irgend einer Weise nebeneinander gestellt, so nennt man das Resultat dieser Operation kurzweg eine Complexion. Solche Complexionen kann man in der verschiedensten Art bilden. Sind z. B. 5 Elemente: a, b, c, d, e gegeben, so kann die Aufgabe gestellt werden, alle möglichen Complexionen von je zwei oder je drei Elementen zu bilden und hierbei entweder ausmachen, dass in keiner Complexion dasselbe Element zwei oder mehrfach vorkommt, oder eine sogenannte Wiederholung gestatten. Betrachtet man ausserdem hierbei Complexionen, die die nämlichen Elemente nur in verschiedenen Reihenfolgen enthalten, wie z. B. ab und ba, als identisch, so sagt man, die gegebenen 5 Elemente sind zur 2ten bez. 3ten Klasse ohne oder mit Wiederholung combinirt worden und bezeichnet die Anzahl aller erhaltenen Complexionen, die jetzt Combinationen heissen, mit $5C2$ bez. $5C3$ oder $5CC2$ bez. $5CC3$. Den Werth eines solchen Symboles nCm, d. i. die Anzahl aller Complexionen zu finden, die man erhalten muss, werden n unter einander ungleiche Elemente zur $m$ten Klasse ohne Wiederholung combinirt, ist unsere nächste Aufgabe, die wir in folgender Weise zur

Lösung bringen. Sämmtliche Combinationen der n unter einander ungleichen Elemente: $a, b, c \ldots p$ zur $m$ten Klasse lassen sich in solche eintheilen, die a enthalten und in solche, welche frei sind von a; oder in solche, die b enthalten und in solche, die frei sind von b u. s. w. Denkt man sich im Fall der ersten Gruppirung von allen Complexionen der ersten Gruppe das Element a weg, so bleiben offenbar alle Combinationen ohne Wiederholung der $(n-1)$ Elemente: $b, c, d \ldots p$ zur $(m-1)$ten Klasse übrig; denn sind sämmtliche Verbindungen von je $(m-1)$ Elementen, welche die $(n-1)$ Elemente: $b, c, d \ldots p$, im Sinne der Combination ohne Wiederholung, eingehen können, gebildet und wird jeder der so erhaltenen Complexionen das Element a hinzugefügt, dann müssen die so vervollständigten Combinationen diejenigen sein, welche jene erste Gruppe bilden. Demnach ist die Anzahl der letzteren symbolisch durch $(n-1)\,C(m-1)$ dargestellt. — Geht man von der zweiten Art der Eintheilung aus, so dass alle Combinationen, die b enthalten, die erste Gruppe, alle, die frei sind von b, die zweite bilden, dann würde die obige Schlussfolge offenbar wieder zu dem Resultate führen, dass die Anzahl der ersteren $(n-1)\,C(m-1)$ sein muss. Hieraus folgt, dass die Anzahl der Combinationen, welche a enthalten und derer, welche $b, c \ldots$ und derer, welche p enthalten:

$$n\,[(n-1)\,C(m-1)]$$

sein muss. Bedenkt man schliesslich noch, dass jede Complexion wegen jedes in ihr enthaltenen Elementes ein Mal gezählt, dass also jede m-mal in Anrechnung gebracht wurde, so kommt man zu dem Resultate:

1) $\quad n\,C m = \dfrac{n}{m}\,[(n-1)\,C(m-1)]$.

Wird in diese Formel der Reihe nach statt n: $(n-1)$, $n-2, \ldots n-m+2$, statt m: $m-1, m-2, \ldots 2$, eingesetzt:

$$(n-1)\,C(m-1) = \dfrac{n-1}{m-1}\,[(n-2)\,C(m-2)]$$

$$(n-2)\,C(m-2) = \dfrac{n-2}{m-2}\,[(n-3)\,C(m-3)]$$

u. s. w.

$$(n-m+2)\,C(2) = \dfrac{n-m+2}{2}\,[(n-m+1)\,C(1)].$$

so erhält man schliesslich durch Multiplication aller dieser Gleichungen mit einander und mit Rücksicht auf: $(n-m+1)C1 = n-m+1$:

2) $nCm = \dfrac{n(n-1)(n-2)\ldots(n-(m-1))}{1.2.3\ldots(m-1)m}$.

Hiernach lassen sich 4 ungleiche Elemente a, b, c, d zur ersten Klasse: $\dfrac{4}{1}$ = 4-mal, zur zweiten Klasse: $\dfrac{4.3}{1.2}$ = 6-mal, zur dritten Klasse: $\dfrac{4.3.2}{1.2.3}$ = 4-mal, zur vierten Klasse: $\dfrac{4.3.2.1}{1.2.3.4}$ = 1-mal ohne Wiederholung combiniren. Die Combinationen selbst sind:

Zur 1. Kl.:	Zur II. Kl.:	Zur III. Kl.:	Zur IV. Kl.:
a, b, c, d.	ab be cd	abc bcd	abcd
	ac bd	abd	
	ad	acd	

Dem Begriff des Combinirens zufolge sind Complexionen, die dieselben Elemente nur in verschiedenen Reihenfolgen enthalten, wie z. B. abc, bac, cab individuell gleich. Darum wird man die irgend eine Combination bildenden Elemente stets so ordnen können, dass niemals ein Element einem zweiten vorhergeht, welches in der gegebenen Reihenfolge der Elemente demselben folgte. Ist dieses geschehen, dann nennt man die Combinationen gut geordnet. So sind im letzten Beispiel die 4 zu combinirenden Elemente so gegeben, dass a als das erste, b als das zweite, c als das dritte und d als das letzte erscheint. Es würden also die Complexionen: abc, abd, acd, bcd gut geordnet sein, dagegen nicht: acb, bac, dba u. s. w.

Denselben Weg einschlagend, der zur Formel 2) führte, kann man noch zu einem anderen Resultate gelangen, welches ebenfalls nicht ohne Interesse ist. Wir theilten vorhin sämmtliche Combinationen der n Elemente $a, b, c \ldots p$ zur mten Klasse in solche ein, die a enthalten und in solche, die frei sind von a. Für die Anzahl der ersteren fanden wir bereits: $(n-1)C(m-1)$. Die Anzahl der letzteren muss offenbar $(n-1)Cm$ sein, weil Individuen dieser zweiten Gruppe alle diejenigen sind, die man erhält, wenn die $(n-1)$ Elemente: $b, c \ldots p$ zur mten Klasse combinirt werden. Demnach ist:

3) $nCm = (n-1)C(m-1) + (n-1)Cm$.

woraus man der Reihe nach durch Vertauschung des n mit: $n-1, n-2 \ldots n-(n-m-2), n-(n-m-1)$ findet:

$$(n-1)C'm = (n-2)C'(m-1) + (n-2)C'm$$
$$(n-2)C'm = (n-3)C'(m-1) + (n-3)C'm$$
$$\overline{}$$
$$[n-(n-m-2)]C'm = [n-(n-m-1)]C'(m-1)+[n-(n-m-1)]C'm$$
$$[n-(n-m-1)]C'm = [n-(n-m)]C'(m-1)+[n-(n-m)]C'm,$$

und wenn alle diese Gleichungen addirt werden:

$$nC'm = (n-1)C'(m-1) + (n-2)C'(m-1) + (n-3)C'(m-1) + \ldots$$
$$+ (m+1)C'(m-1) + mC'(m-1) + mC'm,$$

oder in Rücksicht auf 2):

$$\frac{n(n-1)\ldots(n-m+1)}{1.2\ldots m} = \frac{(n-1)\ldots(n-m+1)}{1\ldots(m-1)} + \frac{(n-2)\ldots(n-m)}{1\ldots(m-1)} + \ldots$$
$$+ \frac{(m+1).m}{1.2} + m + 1.$$

Setzt man jetzt $m = k+1$:

$$1 + (k+1) + \frac{(k+2)(k+1)}{1.2} + \ldots + \frac{(n-2)\ldots(n-k-1)}{1\ldots k}$$
$$+ \frac{(n-1)\ldots(n-k)}{1\ldots k} = \frac{n(n-1)\ldots(n-k)}{1\ldots(k+1)}$$

und vertauscht n mit $n+k$, so erhält man die Gleichung:

$$4) \quad 1 + (k+1) + \frac{(k+2)(k+1)}{1.2} + \ldots + \frac{(n+k-2)\ldots(n-1)}{1\ldots k}$$
$$+ \frac{(n+k-1)\ldots n}{1\ldots k} = \frac{(n+k)\ldots n}{1\ldots(k+1)}$$

aus der sich dadurch, dass man statt k numerische Werthe einsetzt, folgende Reihen von Formeln ergeben, die bei mancherlei Untersuchungen angewendet werden können.

Für $k = 1, 2, 3, 4 \ldots$ findet man der Reihe nach:

5) $1 + 2 + 3 + 4 + 5 + \ldots + (n-1) + n = \frac{(n+1)n}{1.2}$.

6) $1 + 3 + 6 + 10 + 15 + \ldots + \frac{n(n-1)}{1.2} + \frac{(n+1)n}{1.2} = \frac{(n+2)(n+1)n}{1.2.3}$.

7) $1 + 4 + 10 + 20 + 35 + \ldots + \frac{(n+1)n(n-1)}{1.2.3} + \frac{(n+2)(n+1)n}{1.2.3}$
$$= \frac{(n+3)(n+2)(n+1)n}{1.2.3.4}.$$

8) $1 + 5 + 15 + 35 + 70 + \ldots + \frac{(n+3)(n+2)(n+1)n}{1.2.3.4}$
$$= \frac{(n+4)(n+3)(n+2)(n+1)n}{1.2.3.4.5} \text{ u.s.w.}$$

Die linker Hand vorkommenden Summanden, deren Bildungsgesetz leicht zu erkennen ist, nennt man: **Figurirte Zahlen**. Die rechten Seiten sind ihre **Summen**.

Diese figurirten Zahlen finden hauptsächlich ihre Anwendung bei der Herstellung von Summen gegebener, nach bestimmten Gesetzen gebildeter Zahlen. Der einfachste dieser Fälle ist der, in welchem die zu addirenden Zahlen eine sogenannte **arithmetische Progression** bilden, d. h. so beschaffen sind, dass je zwei auf einander folgende Glieder die nämliche Differenz haben, Zahlen also von der Form:

$$a, \ a+d, \ a+2d, \ a+3d \ldots a+(n-1)d.$$

Wird die Summe aller dieser Grössen mit S bezeichnet, so hat man offenbar:

$$S = na + d[1 + 2 + 3 + \ldots + (n-1)],$$

also mit Rücksicht auf 6:

9) $\quad S = na + d \cdot \frac{n(n-1)}{1 \cdot 2}.$

An dieser Stelle, wo wir gerade von Progressionen handeln, bemerken wir noch, dass man eine Aufeinanderfolge von Grössen, von denen je zwei auf einander folgende denselben Quotienten haben, eine **geometrische Progression** nennt.

Der Typus einer geometrischen Progression ist demnach:

$$a, \ at, \ at^2, \ at^3 \ldots at^{n-1}.$$

Die Summe aller Glieder mit S bezeichnet, erhält man sehr leicht aus:

$$S = a + at + at^2 + \ldots + at^{n-1}.$$

und

$$St = at + at^2 + at^3 + \ldots + at^n$$

durch Subtraction der beiden letzten Gleichungen:

10) $\quad S = a \cdot \frac{1-t^n}{1-t}.$

Bilden Zahlen weder eine arithmetische noch geometrische Progression, so ist man unter folgenden Umständen im Stande, ihre Summe zu bestimmen.

Subtrahirt man von jedem folgenden Gliede das vorhergehende, stellt die so erhaltenen Differenzwerthe nebeneinander, verfährt mit ihnen wiederum so, wie mit den gegebenen Zahlen; setzt dieses fort, bis sich eine Differenz-Reihe ergiebt, in welcher alle Glieder gleichwerthig sind, dann sagt man einmal, sind die letzten gleichen Differenzen etwa die nten, dass die gegebenen Grössen eine **arithmetische Reihe** nter Ordnung bilden und kann ein ander Mal die Summe der Zahlen finden, was n immerhin auch sein möge.

So ist z. B. für die Zahlen:

	1	2	4	9	19	36	62	99	149
die 1ste Diff.:	1	2	5	10	17	26	37	50	
die 2te Diff.:	1	3	5	7	9	11	13		
die 3te Diff.:	2	2	2	2	2	2			

folglich bilden die Zahlen der ersten Horizontal-Columne eine arithmetische Reihe dritter Ordnung.

Um die Summe aller Glieder einer arithmetischen Reihe nter Ordnung zu bilden, schlagen wir folgenden Weg ein:

Die nten gleichen Differenzen mögen sein:

$$d, \quad d, \quad d, \quad d \ldots d, \quad d_{(p)};$$

dann sind die $(n-1)$ten:

$$a_{n-1}, \quad a_{n-1}+d, \quad a_{n-1}+2d, \quad a_{n-1}+3d, \quad a_{n-1}+4d, \quad a_{n-1}+pd$$

und die $(n-2)$ten, $(n-3)$ten Differenzen in Rücksicht auf die Formeln 5), 6), 7), 8):

$$a_{n-2}, \; a_{n-2}+a_{n-1}, \; a_{n-2}+2a_{n-1}+d, \; a_{n-2}+3a_{n-1}+3d, \; a_{n-2}+4a_{n-1}+6d, \ldots a_{n-2}+(p+1)a_{n-1}+\frac{(p+1)p}{1.2}d$$

$$a_{n-3}, \; a_{n-3}+a_{n-2}, \; a_{n-3}+2a_{n-2}+a_{n-1}, \; a_{n-3}+3a_{n-2}+3a_{n-1}+d, \; a_{n-3}+4a_{n-2}+6a_{n-1}+4d, \ldots a_{n-3}+(p+2)a_{n-2}+\frac{(p+2)(p+1)}{1.2}a_{n-1}$$
$$+ \frac{(p+2)(p+1)p}{1.2.3}d$$

So fortschreitend erkennt man, dass die ursprünglichen Zahlen von der Form sein müssen:

$$a_1, \; a_1+a_2, \; a_1+2a_2+a_3, \; a_1+3a_2+3a_3+a_4, \ldots a_1+(p+n-2)a_2+\frac{(p+n-2)(p+n-3)}{1.2}a_3+\ldots$$
$$+ \frac{(p+n-2)\ldots(p+1)}{1\ldots(n-2)}a_{n-1} + \frac{(p+n-2)\ldots p}{1\ldots(n-1)}d$$

Demnach ist nach dem Gesetze der figurirten Zahlen ihre Summe S:

11) $\quad S = (p+n-1)a_1 + \frac{(p+n-1)(p+n-2)}{1.2}a_2 + \frac{(p+n-1)(p+n-2)(p+n-3)}{1.2.3}a_3 + \ldots + \frac{(p+n-1)\ldots(p+1)}{1\ldots(n-1)}a_{n-1}$
$$+ \frac{(p+n-1)\ldots p}{1\ldots(n)}d.$$

Mit Hülfe dieser Formel findet man für:

$$1^2 + 2^2 + 3^2 + 4^2 + 5^2 + \ldots + (i-3)^2 + (i-2)^2 + (i-1)^2 + i^2 = \sum_{i=1}^{i=1}(i^2)$$

d. i. für

$$1 + 4 + 9 + 16 + 25 + \ldots + (i^2-6i+9) + (i^2-4i+4) + (i^2-2i+1) + i^2$$

als 1ste Diff.:

$$3 \quad 5 \quad 7 \quad 11 \ldots \ldots \ldots \quad 2i-5 \quad 2i-3 \quad 2i-1$$

als 2te Diff.:

$$2 \quad 2 \quad 2 \ldots \ldots \ldots \ldots \ldots \quad 2 \quad 2;$$

weil also das Obige: $a_1 = 1$, $a_2 = d = 2$, $a_4 = \ldots = a_{n-1} = 0$, $p = i-2$, $n = 3$ sein muss:

12) $\sum_{i=1}^{i-1}(i^2) = i + \frac{i(i-1)}{1 \cdot 2} 3 + \frac{i(i-1)(i-2)}{1 \cdot 2 \cdot 3} 2 = \frac{i(i-1)(2i+1)}{1 \cdot 2 \cdot 3}$;

für $1^3 + 2^3 + 3^3 + 4^3 + \ldots + (i-3)^3 + (i-2)^3 + (i-1)^3 + i^3 = \sum_{i=1}^{i-1}(i^3)$

weil man: 1 8 27 64 125 … $(i^3 - 9i^2 + 27i - 27)$, $i^3 - 6i^2 + 12i - 8$,

$$7 \quad 19 \quad 37 \quad 61 \ldots \ldots \ldots \ldots \ldots \ldots 3i^2 - 15i + 19, \quad 3i^2 - 9i + 7, \quad 3i^2 - 3i + 1,$$
$$12 \quad 18 \quad 24 \ldots \ldots \ldots \ldots \ldots \ldots \ldots \ldots \ldots \ldots 6i - 12, \quad 6i - 6,$$
$$6 \quad 6 \ldots \ldots \ldots \ldots \ldots \ldots \ldots \ldots \ldots \ldots \ldots \ldots 6$$

$a_1 = 1$, $a_2 = 7$, $a_3 = 12$, $a_4 = d = 6$, $a_5 = a_6 = \ldots = a_{n-1} = 0$, $n = 4$, $p = i-3$ folgt:

13) $\sum_{i=1}^{i-1}(i^3) = i + \frac{i(i-1)}{1 \cdot 2} 7 + \frac{i(i-1)(i-2)}{1 \cdot 2 \cdot 3} 12 + \frac{i(i-1)(i-2)(i-3)}{1 \cdot 2 \cdot 3 \cdot 4} 6 = \frac{i^2(i+1)^2}{2^2}$

Kehren wir jetzt zur Bildung von Complexionen zurück und beschäftigen uns zunächst mit den Combinationen mit Wiederholung, so dass jetzt, falls die vier Elemente a, b, c, d zur 2ten Klasse mit Wiederholung combinirt werden sollen, die Complexionen:

$$aa \quad bb \quad cc \quad dd$$
$$ab \quad bc \quad cd$$
$$ac \quad bd$$
$$ad$$

sind, also $4CC2 = 10$ sein muss.

Denkt man sich, um den Werth des Symbols: $nCCm$ zu finden, die n Elemente:

$$a_1, a_2, a_3 \ldots a_m \ldots a_n$$

zur $m$ten Klasse mit Wiederholung combinirt und alle Complexionen gut geordnet, vermehrt darauf in jeder Combination den Index des zweiten Elementes um eine Einheit, des dritten um zwei ... den letzten, $m$ten, Elementes um $(m-1)$ Einheiten, so dass z. B. aus $a_1 \, a_2 \, a_3 \ldots a_{m-1} \, a_m$ wird: $a_1 \, a_3 \, a_5 \ldots a_{2m-3} \, a_{2m-1}$, dann erhält man Complexionen von folgenden Eigenschaften:

1) In keiner der Combinationen kommt dasselbe Element zwei- oder mehrfach vor;
2) Unter den Combinationen giebt es keine identische;
3) Statt n gehen jetzt $n+m-1$ Elemente Verbindungen zur $m$ten Klasse ein und zwar müssen es:
4) alle Combinationen der $(n+m-1)$ Elemente: $a_1 \ldots a_n \ldots a_{n+m-1}$ zur $m$ten Klasse ohne Wiederholung sein.

Denn denkt man sich zwei Tabellen hergestellt, in der einen die Combinationen der n Elemente $a_1 \ldots a_n$ mit Wiederholung, in der anderen alle Combinationen der $n+m-1$ Elemente: $a_1 \ldots a_{n+m-1}$ ohne Wiederholung, jedes Mal zur $m$ten Klasse und reducirt die Indices der letzteren Combinationen nach demselben Prinzip, nach welchem vorhin die Indices der ersteren erhöht wurden, so muss sich jede so erhaltene Complexion der zweiten Tabelle auch in der ersten vorfinden. Würden nun nach dieser Reduction in beiden Tabellen die identischen Combinationen durchgestrichen, und blieben in der ersten noch einige übrig, dann würden diese, die Indices erhöht, Verbindungen jener $(n+m-1)$ Elemente zur $m$ten Klasse ohne Wiederholung liefern,

2

die unter den vorhin benutzten Individuen der zweiten Tabelle sich nicht vorgefunden hätten. Das kann aber nicht der Fall sein, weil sonst nicht alle Combinationen der $(n+m-1)$ Elemente zur mten Klasse ohne Wiederholung verzeichnet gewesen wären; es ist also:

14) $n\,C\,C_m = (n+m-1)\,C_m \cdot = \frac{(n+m-1)(n+m-2)\ldots n}{1.2\ldots m}$.

Beispiel: Die Elemente a, b, c, d zur 1sten, 2ten, 3ten, 4ten Klasse mit Wiederholung zu combiniren.
Die Anzahl der herzustellenden Complexionen ist bez.:

$\frac{4}{1}, \frac{5.4}{1.2} = 10, \frac{6.5.4}{1.2.3} = 20, \frac{7.6.5.4}{1.2.3.4} = 35.$

Die Combinationen selbst sind:

Zur I. Kl.:	Zur II. Kl.:	Zur III. Kl.:	Zur IV. Kl.:
a	aa bb cc dd	aaa bbb ccc ddd	aaaa bbbb cccc dddd
b	ab bc cd	aab bba cca dda	aaab bbba ccca dddа
c	ac bd	aac bbc ccb ddb	aaac bbbc cccb dddb
d	ad	aad bbd ccd ddc	aaad bbbd cccd ddde
		abc bcd	aabc bbce ccab ddab
		abd	aabd bbad ccad ddac
		acd	aacd bbcd ccbd ddbc
			aabb bbcc ccdd
			aacc bbdd
			aadd
			abcd

Eine zweite Art der Complexionen-Bildung ist die des Permutirens. Hierunter versteht man die Nebeneinander-Stellung gegebener Elemente in allen möglichen Reihenfolgen. So sind also für die drei Elemente a, b, c alle Permutationen: $abc, acb, bac, bca, cab, cba$. Wir beschäftigen uns zunächst mit dem Falle, in welchem die zu permutirenden m Elemente: $a, b, c \ldots k$ unter einander ungleich sind, bezeichnen die Anzahl aller Permutationen mit Pm und bestimmen den Werth dieses Symbols folgendermassen.

Dem ersten Elemente kann man offenbar m verschiedene Stellungen anweisen, und, nachdem dieses placirt ist, dem zweiten noch $m-1$. Denn nimmt z. B. in einer Complexion das erste Element die erste Stelle ein, so kann man dem zweiten noch die zweite, dritte … mte Stelle anweisen u. s. w. So kommen also auf je eine Stellung des ersten: $(m-1)$ des zweiten; also auf die m überhaupt möglichen des ersten: $m(m-1)$ der beiden ersten. Denkt man sich jetzt diese $m(m-1)$ Complexionen hingeschrieben, die noch unbesetzten $(m-2)$ Stellen vielleicht durch einen Strich (—) bezeichnet:

$$
\begin{array}{lllll}
ab----\ldots & ba----\ldots & b-a-\ldots & \ldots\ b\ldots\ldots a \\
a\cdot b-\ldots & -ab-\ldots & \cdot ba\ldots & \ldots b\ldots a \\
a--b\ldots & -a-b\ldots & --ab\ldots & --b\ldots a \\
\ldots\ldots & \ldots\ldots & \ldots\ldots & \ldots\ldots \\
a----\ldots b & -a---\ldots b & --a-\ldots b & \ldots\ldots ba
\end{array}
$$

so erkennt man sofort, dass durch jede nur mögliche Placirung des dritten Elementes c aus jeder dieser Verbindungen $m-2$ neue fliessen, d. h. aus ab—... —

$abc-\ldots$, $ab\cdot c\ldots$, ... $ab-\ldots c$, dass also, werden die drei ersten Elemente berücksichtigt, die Anzahl aller möglichen Permutationen $m(m-1)(m-2)$ sein muss. So weiter schliessend, findet man endlich:

15) $Pm = m(m-1)(m-2)\ldots(m-(m-1))$
$= m(m-1)(m-2)\ldots 3\cdot 2\cdot 1$.

Demnach lassen sich die 4 Elemente: a, b, c, d: $4.3.2.1 = 24$-mal permutiren. Die Permutationen selbst sind:

abcd	abdc	acbd	acdb	adbc	adcb
bacd	badc	bcad	bcda	bdac	bdca
cabd	cadb	cbad	cbda	cdab	cdba
dabc	dacb	dbac	dbca	dcab	dcba

Befinden sich unter den gegebenen m Elementen k gleiche, $m-k$ unter einander ungleiche:

$a, b, c \ldots o, p_{(m-k)}, q_1, q_2 \ldots q_k$

so ergiebt sich die Anzahl aller jetzt möglichen Permutationen, welche mit Pm_k bezeichnet werden soll, wenn man sich zunächst den $(m-k)$ ungleichen Elementen ihre $m(m-1)\ldots$ $[m-(m-k-1)] = m(m-1)\ldots(k+1)$ möglichen Stellungen angewiesen denkt. Die so erhaltenen Complexionen, in denen noch k Plätze auszufüllen sind, lassen sich etwa folgendermassen darstellen:

```
abc ... op -- -- -       abc ... po-- ...-     ... bc ...opa-- ...-
abc ... o-p- ...-         abc ... p-o-- ...-    ... bc ...op-a-- ...-
abc ... o--p ...-         abc ... p--o-- ...    ... br ...op--a ...- .
. . . . . . . .           . . . . . . . .       . . . . . . . .
abc ... o-- --...p;       abc ... p-- ----...o; ... bc ...op-- --... a
```

Weil es nun zu identischen Endresultaten führen muss, ob man den in irgend einer dieser noch zu vervollständigenden Complexionen ersten leeren Platz mit dem ersten, zweiten ... oder $k$ten q ausfüllt u. s. w., so kann jede der $m(m-1) \ldots (k+1)$ unvollständigen Permutationen nur je eine vollständige liefern, so dass also:

$$P m_k = m(m-1) \ldots (k+1)$$

sein muss. Die 5 Elemente: a, a, a, b, c lassen sich demnach: $5 \cdot 4 \cdot \ldots = 20$-mal permutiren und zwar erhält man:

```
aaabc   abacb   abcaa   acbaa   anbca   aacba   aaabc   aaacb
bacaa   cabaa   baaca   acaba   anbac   aacab
baaca   caaba   bcaaa   acaab
bcaaa   caaab
```

Bringt man letztere Formel auf die Form:
$$P m_k = \frac{m(m-1) \ldots (k+1) k \ldots 2.1}{1 \ldots k},$$

so kann das erhaltene Resultat folgendermassen in Worten ausgedrückt werden: Befinden sich unter m Elementen k gleiche, so erhält man die Anzahl aller Permutationen, wenn diejenige Permutationszahl, die man hätte nehmen müssen, wären alle Elemente ungleich, durch das Produkt $1 \ldots k$ dividirt wird.

So interpretirend findet man nun sehr leicht die Werthe von $P m_{k,l}$*), $P m_{k,l,r}$**) etc. Was zunächst $P m_{k,l}$ anbelangt, so überlege man, dass, wären nur k Elemente gleich, also $(m-k)$ unter einander ungleich, die Permutationszahl:

$$m(m-1) \ldots (k+1)$$

sein würde. Unter den $(m-k)$ Elementen befinden sich aber wieder l gleiche, folglich muss:

---

*) Der Index k soll anzeigen, dass sich unter m Elementen k gleiche befinden.

**) Die Indices $k, l; k, l, r$ bedeuten, dass unter m Elementen bez. 2 und 3 Gruppen gleiche von je k und l oder je k, l und r Individuen sich befinden.

und allgemein:
$$P_{m_{k,l}} = \frac{m(m-1)\ldots 2 \cdot 1}{1 \ldots k \cdot 1 \ldots l}$$

17) $P_{m_{2,3,7\ldots v(2,3+7+\cdots v-m)}} = \frac{m(m-1)\ldots 3 \cdot 2 \cdot 1}{1\ldots 2 \cdot 1\ldots 3\ldots 1\ldots v}$

sein.

Betrachtet man beim Combiniren Complexionen, welche die nämlichen Elemente nur in verschiedenen Reihenfolgen enthalten, wie z. B. abc, bca, acb u. s. w. als verschieden und bildet nun alle möglichen Zusammenstellungen von je 2, 3 ... m Elementen, welche $n (n \gtrless m)$ unter einander ungleiche Elemente mit einander eingehen können, so sagt man, diese n Elemente sind zur 2ten, 3ten ... $m$ten Klasse variirt worden und bezeichnet die Anzahl aller erhaltenen Variationen mit $_nVm$ oder $_nVVm$, je nachdem eine Wiederholung der Elemente nicht gestattet oder gestattet war.

Den Werth des Symboles $_nVm$ erhält man ohne weiteres durch die Ueberlegung, dass alle Variationen ohne Wiederholung sich ergeben müssen, wenn die gegebenen n Elemente zunächst zur $m$ten Klasse ohne Wiederholung combinirt und darauf jede Combination so oft als möglich permutirt wird. Die Anzahl der letzteren ist:
$$\frac{n(n-1)\ldots [n-(m-1)]}{1 \cdot 2 \ldots m};$$
aus jeder dieser Complexionen fliessen je:
$$1 \cdot 2 \ldots m$$

Permutationen, darum muss:

18) $_nVm = n(n-1) \ldots [n-(m-1)]$

sein. Demnach lassen sich z. B. die 4 Elemente a, b, c, d zur 1sten Klasse: 4-mal, zur 2ten Klasse: $4 \cdot 3 = 12$-mal, zur 3ten Klasse: $4 \cdot 3 \cdot 2 = 24$-mal, zur 4ten Klasse: $4 \cdot 3 \cdot 2 \cdot 1 = 24$-mal ohne Wiederholung variiren. Die Variationen selbst sind:

Zur I.K.: Zur II.K.: Zur III.Kl.:   Zur IV. Kl.:

a	$ab\ bc$	$abc\ abd\ acd\ bcd$	$abcd\ abdc\ acbd\ acdb\ adbc\ adcb$
b	$ac\ bd$	$acb\ adb\ adc\ bdc$	$bacd\ badc\ cabd\ cadb\ dabc\ dacb$
c	$ad\ cb$	$bac\ bad\ cad\ cbd$	$bcad\ bdac\ cbad\ cdab\ dbac\ dcab$
d	$ba\ db$	$bca\ bda\ cda\ cdb$	$bcda\ bdca\ cbda\ cdba\ dbca\ dcba$
	$ca\ cd$	$cab\ dab\ dac\ dbc$	
	$da\ dc$	$cba\ dba\ dca\ dcb$	

Was endlich die Anzahl aller Variationen von n Elementen zur $m$ten Klasse mit Wiederholung anbelangt, so bedenke man, dass, sind zunächst die gegebenen n Elemente zur $(m-1)$ten Klasse mit Wiederholung variirt, aus den letzteren Complexionen die verlangten sich ergeben müssen, wenn man einfach jeder Variation der Reihe nach das 1ste, 2te ... $n$te Element hinzufügt. Aus je einer Variation der ersteren Art erhält man demnach n der letzteren, so dass stattfinden muss:

$$n\, V\, V_m = n\,.\,[n\, V\, V(m-1)],$$

woraus man ohne Schwierigkeit ableitet:

19) $\quad n\, V\, V_m = n^m.$

So kann man aus den Zahlen 1, 2, 3, 4 : $4^2 = 16$ zweiziffrige Zahlen; $4^3 = 64$ drei-ziffrige Zahlen bilden; nämlich die folgenden:

11	111	222	333	444
22	112	221	331	441
33	121	212	313	414
44	113	223	332	442
12	131	232	323	424
21	114	224	334	443
13	141	242	343	434
31	122	211	311	411
14	123	233	312	412
41	132	231	321	421
23	124	213	314	413
32	142	214	341	431
24	133	241	322	423
42	134	234	324	432
34	143	243	342	422
43	144	244	344	433

Kehren wir nun zu unserem ursprünglichen Gegenstande, zur Aufsuchung des Werthes der Potenz $(x+a)^n$ zurück. Um einen Anhaltepunkt zu gewinnen, stellen wir zunächst die Producte her:

$(x+a_1)(x+a_2) = x^2 + (a_1+a_2)x + a_1 a_2$

$(x+a_1)(x+a_2)(x+a_3) = x^3 + (a_1+a_2+a_3)x^2 + (a_1 a_2 +$
$\qquad\qquad + a_1 a_3 + a_2 a_3)x + a_1 a_2 a_3$

$(x+a_1)(x+a_2)(x+a_3)(x+a_4) = x^4 + (a_1 + a_2 + a_3 + a_4)x^3 + (a_1 a_2$
$+ a_1 a_3 + a_1 a_4 + a_2 a_3 + a_2 a_4$
$+ a_3 a_4)x^2 + (a_1 a_2 a_3 + a_1 a_2 a_4$
$+ a_1 a_3 a_4 + a_2 a_3 a_4)x + a_1 a_2 a_3 a_4.$

Eine aufmerksame Betrachtung der erhaltenen Summen lässt bald das Gesetz erkennen, nach welchem sich die Factoren der verschiedenen Potenzen von x — man nennt erste: die Coefficienten — bilden. Je nachdem es sich nämlich um ein Product von 2, 3, 4 Factoren handelt, sind jene Coefficienten gleich den Summen der Combinationen *) ohne Wiederholung von 2 Elementen (a_1, a_2) zur 1sten und 2ten Klasse; die Summen der Combinationen ohne Wiederholung von 3 Elementen (a_1, a_2, a_3) zur 1sten, 2ten und 3ten Klasse; von 4 Elementen (a_1, a_2, a_3, a_4) zur 1sten, 2ten, 3ten und 4ten Klasse. Es fragt sich nun, ob dieses Gesetz allgemeine Gültigkeit hat. Um hierüber zur Entscheidung zu kommen, kann man folgenden Weg einschlagen.

Angenommen man könnte beweisen dass, wenn dieses Gesetz für ein Product von $k-1$ Factoren Gültigkeit hat, es auch für ein Produkt von k Factoren gelten muss, dass es also für irgend ein folgendes **) Product gilt, wenn es für das vorhergehende**) stattfindet; so wird es z. B. für 5 Factoren seine Gültigkeit haben müssen, weil es für 4 Factoren durch Ausführung der Multiplication bewiesen ist. Dann folgt weiter, dass es für ein Product von 6 Factoren gilt, weil es für 5 Factoren existirt, dass es für 7, 8, 9, ... für jede beliebige Anzahl von Factoren, — dass es allgemeine Gültigkeit hat.

Wir gehen darum aus von der Gleichung:
$(x + a_1)(x + a_2) \ldots (x + a_{k-1}) = x^{k-1} + k_1 x^{k-2} + k_2 x^{k-3}$
$+ k_3 x^{k-4} + \ldots + k_{k-2} x + k_{k-1}$

wo k_1 die Summe aller Combinationen o. W. der $(k-1)$ El. $a_1 \ldots a_{k-1}$ zur 1sten Kl.;
„ k_2 „   „   „   „   „   „   „   „   „   „   „   „ 2ten „
„ k_3 „   „   „   „   „   „   „   „   „   „   „   „ 3ten „

„ k_{k-2} „   „   „   „   „   „   „   „   „   „   „ $(k-2)$ „
„ k_{k-1} „   „   „   „   „   „   „   „   „   „   „ $(k-1)$ „
bedeuten soll.

---

*) Die in einer Complexion nebeneinanderstehenden Elemente als Factoren betrachtet.
**) In welchem Sinne diese beiden Worte genommen sind, ist leicht zu verstehen.

Wird jetzt auf beiden Seiten mit $x + a_k$ multiplicirt und das erhaltene Product nach Potenzen von x geordnet, so entsteht:
$$(x + a_1)(x + a_2) \ldots (x + a_{k-1})(x + a_k) = x^k + x^{k-1}(k_1 + a_k)$$
$$+ x^{k-2}(a_k k_1 + k_2) + x^{k-3}(a_k k_2 + k_3) + \ldots + x(a_k k_{k-2}$$
$$+ k_{k-1}) + a_k k_{k-1}.$$

Von dem ersten und letzten Coefficienten: $k_1 + a_k$ und $a_k k_{k-1}$ erkennt man sofort, dass sie die Summen aller Combinationen der jetzt in Frage kommenden Elemente: $a_1 \ldots a_k$ bez. zur 1sten und $k$ten Klasse sind. Alle übrigen sind von der Form:

$$a_k k_{l-1} + k_l.$$

Bedenkt man, dass k_{l-1} die Summe aller Combinationen ohne Wiederholung zur $(l-1)$ten Klasse, k_l die Summe aller Combinationen zur $l$ten Klasse der $(k-1)$ Elemente: $a_1, a_2 \ldots a_{k-1}$ ist und erinnert sich des Combinationsgesetzes, wornach man k Elemente: $a_1, a_2 \ldots a_{k-1}, a_k$ zur $l$ten Klasse ohne Wiederholung dadurch combinirt, dass man zunächst sämmtliche Elemente ausser a_k zur $(l-1)$ten Klasse combinirt, den so erhaltenen Complexionen a_k hinzufügt und darauf jene $(k-1)$ Elemente: $a_1 \ldots a_{k-1}$ zur $l$ten Klasse ohne Wiederholung nimmt, so sieht man, dass:

$$a_k k_{l-1} + k_l$$

die Summe aller Combinationen der k Elemente: $a_1 \ldots a_k$ zur $l$ten Klasse ohne Wiederholung sein muss, die wir kurzweg mit C'_l bezeichnen wollen.

Dadurch geht letztere Gleichung in:
$$(x + a_1) \ldots (x + a_k) = x^k + C'_1 x^{k-1} + C'_2 x^{k-2} + \ldots + C'_{k-1} x + C'_k$$

über, womit bewiesen ist, dass für jedes ganze, positive in übrigen beliebige n stattfinden muss:
$$(x + a_1) \ldots (x + a_n) = x^n + S_1 x^{n-1} + S_2 x^{n-2} + S_3 x^{n-3} + \ldots$$
$$+ S_{n-2} x^2 + S_{n-1} x + S_n$$

wo:
$$S_1 = a_1 + a_2 + a_3 + \ldots + a_n$$
$$S_2 = a_1 a_2 + a_1 a_3 + \ldots + a_{n-1} a_n$$
$$S_3 = a_1 a_2 a_3 + \ldots + a_{n-2} a_{n-1} a_n$$
$$\ldots$$
$$S_n = a_1 a_2 \ldots a_n.$$

Setzt man jetzt:
$$a_1 = a_2 = a_3 = \ldots = a_n = a$$

und erwägt, dass nach 2 die Anzahl der Combinationen von n Elementen zur 1sten, 2ten, 3ten ... $(n-1)$ten, $n$ten Klasse bez. ist:

$$n, \ \frac{n(n-1)}{1.2}, \ \frac{n(n-1)(n-2)}{1.2.3} \ ... \ \frac{n(n-1)...(n-(n-2))}{1.2...(n-1)} = n,$$

$$\frac{n(n-1)...(n-(n-1))}{1.2...n} = 1,$$

so erhält man:

20) $(x+a)^n = x^n + n x^{n-1} a + \frac{n(n-1)}{1.2} x^{n-2} a^2$

$+ \frac{n(n-1)(n-2)}{1.2.3} x^{n-3} a^3 + ... + n x a^{n-1} + a^n$

und durch Vertauschung des $+a$ mit $-a$:

21) $(x-a)^n = x^n - n x^{n-1} a + \frac{n(n-1)}{1.2} x^{n-2} a^2$

$- \frac{n(n-1)(n-2)}{1.2.3} x^{n-3} a^3 + ... \mp n x a^{n-1} \pm a^n$,

wo die oberen Zeichen der letzten Glieder für ein gerades, die unteren für ein ungerades n gelten.

Mit Hülfe der Ausdrücke 20) und 21), welche die Formeln des binomischen Lehrsatzes genannt werden, ist es nun leicht, den Werth jeder beliebigen Potenz irgend einer Basis direct, ohne Multiplication, herzustellen. So findet man z. B.

$(m+n)^5 = m^5 + 5 m^4 n + \frac{5.4}{1.2} m^3 n^2 + \frac{5.4.3}{1.2.3} m^2 n^3$

$+ \frac{5.4.3.2}{1.2.3.4} m n^4 + \frac{5.4.3.2.1}{1.2.3.4.5} n^5 = m^5 + 5 m^4 n + 10 m^3 n^2$

$+ 10 m^2 n^3 + 5 m n^4 + n^5$ oder: $(a-b)^7 = a^7 - 7 a^6 b + 21 a^5 b^2$

$- 35 a^4 b^3 + 35 a^3 b^4 - 21 a^2 b^5 + 7 a b^6 + b^7$, oder: $(a+b+c+d)^4 = (a+b)^4 + 4(a+b)^3(c+d) + 6(a+b)^2(c+d)^2 + 4(a+b)(c+d)^3 + (c+d)^4$, wo man jetzt noch die verschiedenen Potenzen von $a+b$ und $c+d$ durch ihre entsprechenden Summen ersetzen kann*). Ferner sind die einzelnen

---

*) Für den speciellen Fall der zweiten Potenz erhält man demnach, wenn die Basis irgend eine n-theilige Summe ist:

$(a+b+c+ ... +p+q)^2 = a^2 + 2a(b+c+ ... +p+q) + (b+c+ ... +p+q)^2$

$= a^2 + 2a(b+c+ ... +p+q) + b^2 + 2b(c+ ... +p+q)$

$+ (c+ ... +p+q)^2$

$= a^2 + 2a(b+c+ ... +p+q) + b^2 + 2b(c+ ... +p+q)$

$+ c^2 + 2c(d+ ... +p+q) + (d+ ... +p+q)^2$

Glieder der rechten Seite in 20 und 21 so regelmässig gebildet, dass man im Stande ist, irgend ein bestimmtes Glied der Summe, welche den Werth irgend einer Potenz einer gegebenen Basis darstellt, zu bestimmen, ohne die ganze Summe zunächst auszurechnen. Handelt es sich z. B. um das 18te Glied der Summe für $(x+y)^{31}$, so überlege man, dass nach 20 der Exponent des zweiten Theiles (in 20: a) um eine Einheit kleiner ist, als die [Rangzahl] des betreffenden Gliedes. Folglich kommt augenblicklich im 18ten Glied y in der 17ten Potenz vor. Ferner zeigt 20, dass die Summe der Exponenten beider Theile (x und a) in jedem Gliede $= n$ sein muss; im herzustellenden Gliede kommt also x in der 13ten Potenz vor, weil $14 + 17 = 31$. Hieraus folgt weiter, dass der Nenner des Coefficienten das Product: $1.2...16.17$, also der Zähler: $31.30...(31-15)(31-16)$, das vollständige Glied demnach:

$$\frac{31.30...16.15}{1.2...16.17} x^{11} y^{17}$$

heisst.

Die Summe, welche den Werth von $(a+b)^n$ darstellt, besteht, wie man leicht überblickt, aus $(n+1)$ Gliedern; je nachdem also der Total-Exponent n gerade oder ungerade ist, muss die Anzahl der Glieder ungerade oder gerade sein. Ist im ersten Fall $n = 2t$, d. i. eine gerade Zahl, so ist die Anzahl der Glieder $2t + 1$, und es muss eins, das $(t+1)$te. geben, dem t Glieder vorangehen und ebensoviele folgen. Dieses, darum Mittelglied genannt, hat, nach obigen Grundsätzen construirt, wenn die Potenz $(x+a)^n$ heisst, den Werth:

22) $\quad \frac{2t...(t+1)}{1.2...t} x^t a^t$.

Für ein ungerades $n = 2t + 1$ ist die Anzahl der Glieder $2t + 2$, eine gerade. Dieselben lassen sich demnach in zwei Gruppen von je $t + 1$ Gliedern zerlegen, von welchen man das letzte der ersten und das erste der zweiten Gruppe, also das $(t+1)$ste und $(t+2)$te die Mittelglieder nennt. Ihre Werthe sind:

$(a+b+c+...+p+q)^2 = a^2+b^2+c^2+...+q^2$
$\quad + 2a(b+c+...+p+q)+2b(c+...+p+q)+...+2pq$
$= a^2+b^2+c^2+...+q^2+2ab+2ac+...+2ap+2aq$
$\quad + 2bc+...+2bp+2bq+...+2pq$

d. h. das Quadrat jedes Polynoms ist gleich der Summe der Quadrate aller Bestandtheile plus der Summe aller möglichen doppelten Producte.

23) $\dfrac{(2t+1)2t\ldots(t+2)}{1.2\ldots t}x^{t+1}a^t$ (das $(t+1)$te od. 1ste Mittgl.).

24) $\dfrac{(2t+1)2t\ldots(t+2)(t+1)}{1.2\ldots t(t+1)}x^t a^{t+1}$ (das $(t+2)$te od. 2te Mittelgl.).

In möglichster Vollständigkeit lassen sich die Formeln des binomischen Lehrsatzes jetzt also folgendermassen geben:

$$(x+a)^n = \overbrace{x^n}^{\text{I.Gl.}} + \overbrace{2t\, x^{n-1}a}^{\text{II.Gl.}} + \overbrace{\dfrac{2t(2t-1)}{1.2}x^{n-2}a^2}^{\text{III.Gl.}} + \ldots + \overbrace{\dfrac{2t\ldots(t+2)}{1.2\ldots(t-1)}x^{t+1}a^{t-1}}^{t\text{te Gl.}}$$

$$+ \overbrace{\dfrac{2t\ldots(t+1)}{1\ldots t}x^t a^t}^{(t+1)\text{te Gl.}} + \overbrace{\dfrac{2t\ldots(t+1)}{1\ldots(t+1)}x^{t-1}a^{t+1}}^{(t+2)\text{te Gl.}} + \ldots + \overbrace{\dfrac{2t(2t-1)}{1.2}x^2 a^{n-2}}^{(2t-1)\text{Gl.}}$$

$$+ \overbrace{2t\, x a^{n-1}}^{2t\text{te Gl.}} + \overbrace{a^n}^{(2t+1)\text{te Gl.}}$$

$$(x+a)^{n+1} = \overbrace{x^{n+1}}^{\text{I.Gl.}} + \overbrace{(2t+1)x^n a}^{\text{II.Gl.}} + \overbrace{\dfrac{(2t+1)2t}{1.2}x^{n-1}a^2}^{\text{III.Gl.}} + \ldots$$

$$+ \overbrace{\dfrac{(2t+1)\ldots(t+3)}{1\ldots(t-1)}x^{t+2}a^{t-1}}^{t\text{te Gl.}} + \overbrace{\dfrac{(2t+1)\ldots(t+2)}{1\ldots t}x^{t+1}a^t}^{(t+1)\text{te Gl.}}$$

$$+ \overbrace{\dfrac{(2t+1)\ldots(t+2)(t+1)}{1\ldots t(t+1)}x^t a^{t+1}}^{(t+2)\text{te Gl.}} + \overbrace{\dfrac{(2t+1)\ldots t}{1\ldots(t+2)}x^{t-1}a^{t+2}}^{(t+3)\text{te Gl.}} + \ldots$$

$$+ \overbrace{\dfrac{(2t+1)2t}{1.2}x^2 a^{n-1}}^{2t\text{te Gl.}} + \overbrace{(2t+1)x a^n}^{(2t+1)\text{te Gl.}} + \overbrace{a^{n+1}}^{(2t+2)\text{te Gl.}}.$$

Nicht allein bei ausgeführten Rechnungen für einen bestimmten numerischen Werth des Total-Exponenten, sondern auch bei unserer allgemeinen Durchführung stollten sich Coefficienten verschiedener Glieder, z. B. des ersten und letzten, des zweiten und zweitletzten, des dritten und drittletzten als gleichwerthig heraus. Um zu erkennen, dass überhaupt Coefficienten derjenigen Glieder, die gleichweit vom Anfang und Ende entfernt sind, denselben Werth haben müssen, erinnere man sich daran, dass, falls der Total-Exponent n heisst, die Coefficienten des zweiten, dritten, vierten ... $(n-1)$ten, nten, $(n+1)$ten Gliedes bez. die Werthe der Symbole: $nC'1$, $nC'2$, $nC'3$ ... $nC'(n-2)$, $nC'(n-1)$. $nC'n$ sein müssen. Zwei Coefficienten, von denen der eine ebensoweit vom Anfang, wie der andere vom Ende entfernt ist, sind also allgemein: $nC'k$ und $nC'(n-k)$.

Nun ist aber (2):

$$n\,C_k = \frac{n(n-1)\ldots(n-k+2)(n-k+1)}{1.2\ldots(k-1)k}$$

$$n\,C(n-k) = \frac{n(n-1)\ldots(k+2)(k+1)}{1.2\ldots(n-k-1)(n-k)},$$

Hieraus folgt durch Division:

$$\frac{n\,C_k}{n\,C(n-k)} = \frac{n(n-1)\ldots(n-k+1)(n-k)\ldots 2.1}{1.2\ldots k.(k+1)\ldots n} = 1$$

also:

$$n\,C(k) = n\,C(n-k).$$

Um zu erkennen, in welchem Grössenverhältniss im Uebrigen die Binominal-Coefficienten zu einander stehen, soll folgender Weg eingeschlagen werden.

Die Coefficienten irgend zweier auf einander folgender Glieder der nten Potenz einer zweitheiligen Basis, etwa des $(k+1)$ten und $(k+2)$ten sind:

$$C_{k+1} = \frac{n(n-1)\ldots(n-k+1)}{1.2\ldots k}, \quad C_{k+2} = \frac{n(n-1)\ldots(n-k+1)(n-k)}{1.2\ldots k(k+1)}$$

woraus man durch Division:

$$\frac{C_{k+1}}{C_{k+2}} = \frac{k+1}{n-k}$$

erhält. Es wird also: $C_{k+1} \lessgtr C_{k+2}$ sein, je nachdem $\frac{k+1}{n-k} \lessgtr 1$, oder je nachdem $k+1 \lessgtr n-k$ d. i.

$$25) \quad k \lessgtr \frac{n-1}{2}$$

ist. Es sei nun erstens n eine gerade Zahl $2t$, dann geht letzteres Kennzeichen in:

$$k \lessgtr t - \tfrac{1}{2}$$

über, woraus offenbar folgt, dass: $C_{k+1} < C_{k+2}$ für $k=1,2,3\ldots t-1$, $C_{k+1} > C_{k+2}$ für $k=t, t+1 \ldots 2t$ stattfinden muss, dass endlich $C_{k+1} = C_{k+2}$ unmöglich ist, weil k und t Ganzzahlen sein müssen, also k niemals gleich $t - \tfrac{1}{2}$ sein kann. Das Gesetz, nach welchem die Coefficienten zu- und abnehmen, ist also folgendes:

26) $C_1 < C_2 < C_3 < \ldots < C_i < C_{i+1} > C_{i+2} > C_{i+3} > \ldots$
$> C_{n-1} > C_n > C_{n+1}$ *)

Für ein ungerades $n = 2i+1$ wird aus 25:

$$k \lessgtr i,$$

so dass jetzt für die auf einander folgenden Coefficienten stattfindet:

27) $C_1 < C_2 < \ldots < C_i < C_{i+1} = C_{i+1} > C_{i+2} > C_{i+3} > \ldots$
$> C_{n-1} > C_{n+1}$).

In beiden Fällen sind also die Coefficienten der Mittelglieder (22, 23, 24) die grössten; von ihnen nach links und rechts fortschreitend, nehmen ihre Werthe stets ab. So hat die Summe von $(a+b)^{30}$: 31 Glieder, also ein Mittelglied, das 16te; dessen Coefficient $\frac{30 \ldots 16}{1 \ldots 15}$ grösser ist als alle übrigen; hat $(m+n)^{99}$: 100 Glieder, also zwei Mittelglieder, das 50ste und 51ste. Ihre gleichwerthigen Coefficienten: $\frac{99 \ldots 51}{1 \ldots 49}$, $\frac{99 \ldots 51 \ldots 50}{1 \ldots 49 \ldots 50}$

---

*) Für die Summe aller dieser Coefficienten erhält man aus 20) für $x = a = 1$:

(I) $1 + n + \frac{n(n-1)}{1 \cdot 2} + \frac{n(n-1)(n-2)}{1 \cdot 2 \cdot 3} + \ldots + \frac{n(n-1)(n-2)}{1 \cdot 2 \cdot 3} + \frac{n(n-1)}{1 \cdot 2} + \frac{n}{1} + 1 = 2^n$

und für die Summe der Quadrate der Coefficienten, wenn man von 3) ausgehend, die beiden Bestandtheile rechter Hand in Rücksicht auf das in 3) liegende Gesetz der Reihe nach umformt:

$nC(m) = (n-1)C(m-1) + (n-1)C(m)$

$nC(m) = (n-2)C(m-2) + 2(n-2)C(m-1) + (n-2)C(m)$

$= (n-3)C(m-3) + 3(n-3)C(m-2) + 3(n-3)C(m-1) + (n-3)C(m)$

$= 1 + m[(n-m)C(1)] + \frac{m(m-1)}{1 \cdot 2}[(n-m)C(2)] + \frac{m(m-1)(m-2)}{1 \cdot 2 \cdot 3}[(n-m)C(3)] + \ldots$

$+ \frac{m(m-1)}{1 \cdot 2}[(n-m)C(m-2)] + m[(n-m)C(m-1)] + (n-m)C(m)$

und darauf $n = 2k$, $m = k$ setzt:

(2k)$C(k) = 1^2 + k^2 + \frac{k^2(k-1)^2}{1^2 \cdot 2^2} + \frac{k^2(k-1)^2(k-2)^2}{1^2 \cdot 2^2 \cdot 3^2} + \ldots$

$+ \frac{k^2(k-1)^2(k-2)^2}{1^2 \cdot 2^2 \cdot 3^2} + \frac{k^2(k-1)^2}{1^2 \cdot 2^2} + k^2 + 1^2$

$= \frac{2k(2k-1)\ldots(k+1)}{1 \cdot 2 \ldots k}$. (II)

sind nach obigem die grössten. — Werden nicht nur die Coefficienten, sondern die vollständigen Glieder mit einander in Bezug auf ihren Werth verglichen, so ist das Ergebniss, für die Wahrscheinlichkeits-Rechnung von grosser Bedeutung, ein ganz anderes. Aus irgend zwei aufeinanderfolgenden Gliedern, etwa dem $(k+1)$ten und $(k+2)$ten der Summe, welche den Werth von $(x+a)^n$ darstellt, d. i. aus:

$$G_{k+1} = \frac{n(n-1)\ldots((n-(k-1)))}{1 \cdot 2 \ldots k} x^{n-k} a^k$$

$$G_{k+2} = \frac{n(n-1)\ldots((n-(k-1))(n-k)}{1 \cdot 2 \ldots k(k+1)} x^{n-k-1} a^{k+1}$$

folgt durch Division:

28) $\quad \dfrac{G_{k+1}}{G_{k+2}} = \dfrac{x}{\frac{n-k}{k+1} a}$.

Existirt nun ein ganzes k, etwa k_1, für welches

$$\frac{n-k_1}{k_1+1} a = x \quad \text{d. i.} \quad \frac{n-k_1}{k_1+1} = \frac{x}{a}$$

stattfindet, dann ist:

$$G_{k_1+1} = G_{k_1+2}.$$

Für kleinere Werthe von $k : k_1 - 1, \, k_1 - 2 \ldots$ allgemein $k_1 - a$ folgt aus:

$$n - k_1 < n - (k_1 - a)$$
$$k_1 + 1 \geq (k_1 - a) + 1$$
$$\frac{n-k_1}{k_1+1} < \frac{n-(k_1-a)}{(k_1-a)+1}$$

oder:

$$\frac{x}{a} < \frac{n-(k_1-a)}{(k_1-a)+1}$$

und hieraus:

d. i.

$$\left(a \frac{x}{\frac{n-(k_1-a)}{(k_1-a)+1}} = \frac{G_{(k_1-a)+1}}{G_{(k_1-a)+2}} \right) < 1$$

$$G_{(k_1-a)+1} < G_{(k_1-a)+2}.$$

Dagegen erhält man für Werthe von k grösser als k_1: $k_1 + 1, \, k_1 + 2 \ldots$ allgemein $(k_1 + a)$:

$$\frac{n-k_1}{k_1+1} > \frac{n-(k_1+a)}{(k_1+a)+1}$$

also auch:

$$\left(a \frac{x}{\frac{n-(k_1+a)}{(k_1+a)+1}} = \frac{G_{(k_1+a)+1}}{G_{(k_1+a)+2}} \right) > 1$$

d. i.
$$G_{(k_1+2)+1} > G_{(k_1+2)+2}.$$

Die Glieder nehmen also in diesem Falle bis zum (k_1+1)ten stets zu, vom (k_1+2)ten wieder ab; hieraus folgt, dass das (k_1+1)te und (k_1+2)te die grössten Glieder der Reihe sein müssen, dass also in Bezug auf das Grössen-Verhältniss der einzelnen Glieder stattfindet:

$$G_1 < G_2 < G_3 < \ldots < G_k < G_{k+1} = G_{k+2} > G_{k+3} > G_{k+4} > \ldots > G_{n-1} > G_n > G_{n+1}$$

Z. B. für:

$$(\tfrac{1}{2}+\tfrac{1}{2})^7 = (\tfrac{1}{2})^7 + 7(\tfrac{1}{2})^6(\tfrac{1}{2})^1 + 21(\tfrac{1}{2})^5(\tfrac{1}{2})^2 + 35(\tfrac{1}{2})^4(\tfrac{1}{2})^3 + 35(\tfrac{1}{2})^3(\tfrac{1}{2})^4 + 21(\tfrac{1}{2})^2(\tfrac{1}{2})^5 + 7(\tfrac{1}{2})^1(\tfrac{1}{2})^6 + (\tfrac{1}{2})^7$$

ist $\frac{x}{a} = \frac{\tfrac{1}{2}}{\tfrac{1}{2}} = 1$. Denselben Werth hat der Quotient $\frac{7-k}{k+1}$ für $k = 2 : \frac{7-2}{2+1} = \tfrac{5}{3}$; demnach müssen das dritte und vierte Glied die grössten jener Summe sein. Und in der That liefert die Rechnung:

0,00045724 für das I.
0,00192043 „ „ II.
0,00345679 „ „ III.
0,00345679 „ „ IV.
0,00207407 „ „ V.
0,00074666 „ „ VI.
0,00014933 „ „ VII.
0,00001280 „ „ VIII.

Giebt es dagegen kein ganzes k, für welches jenes $\frac{n-k}{k+1} = \frac{x}{a}$ ist, dann hat man die Untersuchungen folgendermassen zu führen.

Denkt man sich alle Glieder der Summe für $(x+a)^n$ hingeschrieben und bildet nun die Quotienten aus dem Exponenten $(n-k)$ des ersten Theiles (x) und dem (k) des zweiten Theiles (a), plus 1, (wir nennen diese Brüche kurzweg Exponenten-Quotienten), dann lässt sich leicht dasjenige Glied ausfindig machen, dessen Exponenten in der eben beschriebenen Weise benutzt, einen Bruch liefern, der sich weniger von $\frac{x}{a}$ unterscheidet — die Differenz im absoluten Sinne genommen — als alle analog gebildeten Quotienten. Z. B. für:

$(5+1 4)^9 = 5^9 + 9.5^8.14 + 36.5^7.14^2 + 84.5^6.14^3 + 126.5^5.14^4$
$\qquad + 126.5^4.14^5 + 84.5^3.14^6 + 36.5^2.14^7$
$\qquad + 9.5^1.14^8 + 14^9$

sind die Exponenten-Quotienten:

$\tfrac{9}{1}. \tfrac{8}{2}. \tfrac{7}{3}. \tfrac{6}{4}. \tfrac{5}{5}. \tfrac{4}{6}. \tfrac{3}{7}. \tfrac{2}{8}. \tfrac{1}{9}. \tfrac{0}{10}.$

$\frac{r}{a}$ hat den Werth $\tfrac{14}{5}$, folglich sind die Differenzen zwischen letzteren Quotienten und $\frac{r}{a}$ bez.:

$\tfrac{37}{5}. \tfrac{16}{5}. \tfrac{21}{5}. \tfrac{16}{5}. \tfrac{11}{5}. \tfrac{6}{5}. \tfrac{1}{5}. -\tfrac{4}{5}. -\tfrac{9}{5}. -\tfrac{14}{5}.$

Nur den absoluten Werth dieser Differenzen berücksichtigt, sieht man, dass $\tfrac{1}{5}$ die kleinste ist, also der Exponenten-Quotient $\tfrac{3}{7}$, der vom 7ten Gliede obiger Summe herrührt, am nächsten an $\frac{r}{a}$ liegt.

Oder für:

$(1+1)^5 = (1)^5 + 5(1)^4 1 + 10(1)^3(1)^2 + 10(1)^2(1)^3 + 5 1(1)^4 + (1)^5$

sind die Exponenten-Quotienten:

$\tfrac{5}{1}. \tfrac{4}{2}. \tfrac{3}{3}. \tfrac{2}{4}. \tfrac{1}{5}. \tfrac{0}{6}.$

und weil $\frac{r}{a} = \tfrac{1}{1} = 1$ ist, die fraglichen Differenzen:

$4. \quad 1. \quad -\tfrac{1}{2}. \quad -\tfrac{3}{4}. \quad -\tfrac{4}{5}. \quad -1.$

Absolut genommen ist also die dritte die kleinste, es liegt also der vom dritten Gliede herrührende Exponenten-Quotient näher an $\frac{r}{a}$ als alle andern analog gebildeten Quotienten.

Allgemein möge nun der vom $(k_1 + 1)$ten Gliede herrührende Quotient am nächsten an $\frac{r}{a}$ liegen, so dass die Differenz:

$\frac{n-k}{k+1} - \frac{r}{a}$, im absoluten Sinne genommen, für $k = k_1$ kleiner ausfallen muss, also für Werthe von k, die $\gtrless k_1$ sind. Das Vorzeichen mit berücksichtigt, kann jene Differenz sowohl positiv (siehe das erste der vorigen Beispiele), als negativ (siehe das zweite Beispiel) ausfallen. Betrachten wir zunächst den ersten Fall, in welchem etwa:

$$\frac{n-k_1}{k_1+1} - \frac{r}{a} = +\iota \,(\iota > 0)$$

ist. Dann folgt für Werthe von k, die $< k_1$ sind, etwa für $k = k_1 - 1, \, k_1 - 2 \ldots$ allgemein für $k = k_1 - \alpha$ aus:

$$n - (k_1 - \alpha) > n - k_1$$

und:
$$(k_1 - a) + 1 < k_1 + 1$$

durch Division:
$$\frac{n - (k_1 - a)}{k_1 - a) + 1} > \frac{n - k_1}{k_1 + 1}$$

so dass:
$$\frac{n - (k_1 - a)}{(k_1 - a) + 1} - \frac{r}{a} > \frac{n - k_1}{k_1 + 1} - \frac{r}{a}$$

d. i.
$$\frac{n - (k_1 - a)}{(k_1 - a) + 1} - \frac{r}{a} > 1 - \varepsilon$$

sein muss. Bezeichnet man demnach den Werth der letzten Differenz linker Hand kurzweg mit δ, so muss $\delta > 0$ und $\delta > \varepsilon$ sein.

Andererseits dagegen hat man für Werthe von k, die $> k_1$ sind, etwa für $k = k_1 + 1$, $k_1 + 2 \ldots$ allgemein für $k = k_1 + a$:
$$n - (k_1 + a) < n - k_1$$
$$(k_1 + a) + 1 > k_1 + 1$$

demnach:
$$\frac{n - (k_1 + a)}{(k_1 + a) + 1} < \frac{n - k_1}{k_1 + 1}$$

also auch:
$$\frac{n - (k_1 + a)}{(k_1 + a) + 1} - \frac{r}{a} < \left(\frac{n - k_1}{k_1 + 1} - \frac{r}{a} = \varepsilon\right).$$

Nach unserer Voraussetzung sollte aber die rechte Seite kleiner sein als die linke; demnach muss die Differenz linker Hand einen negativen Werth haben, der absolut genommen $> \varepsilon$ ist. Aus den drei Gleichungen:

29) $\quad \frac{n - k_1}{k_1 + 1} - \frac{r}{a} = + \varepsilon$

30) $\quad \frac{n - (k_1 - a)}{(k_1 - a) + 1} - \frac{r}{a} = + \delta \,(\delta > \varepsilon)$

31) $\quad \frac{n - (k_1 + a)}{(k_1 + a) + 1} - \frac{r}{a} = - \eta_1 \,(\eta_1 > \varepsilon)$

und zwar zunächst aus 29) folgt nun:
$$\frac{n - k_1}{k_1 + 1} > \frac{r}{a}, \text{ oder } 1 > \left(\frac{r}{a \cdot \frac{n - k_1}{k_1 + 1}} = \frac{G_{k_1} + 1}{G_{k_1} + 2}\right)$$

3

d. i.
$$32)\quad G_{k_1+2} > G_{k_1+1};$$

und aus 30):
$$\frac{n-(k_1-2)}{(k_1-2)+1} > \frac{x}{a}$$

oder:
$$1 > \left(\frac{x}{a\frac{n-(k_1-2)}{(k_1-2)+1}} = \frac{G_{(k_1-2)+1}}{G_{(k_1-2)+2}}\right)$$

d. i.
$$G_{(k_1-2)+2} > G_{(k_1-2)+1}$$

und wenn hierin für a der Reihe nach 1, 2, 3 ... gesetzt wird:

$$33)\quad G_{k_1+1} > G_{k_1} > G_{k_1-1} > G_{k_1-2} \ldots G_2 > G_1;$$

und endlich aus 31):
$$\frac{n-(k_1+2)}{(k_1+2)+1} < \frac{x}{a}\quad \text{oder}\quad 1 < \left(\frac{x}{a\frac{n-(k_1+2)}{(k_1+2)+1}} = \frac{G_{(k_1+2)+1}}{G_{(k_1+2)+2}}\right)$$

d. i.
$$G_{(k_1+2)+2} < G_{(k_1+2)+1}$$

und für $a = 1, 2, 3 \ldots$:

$$34)\quad \ldots < G_{k_1+3} < G_{k_1+4} < G_{k_1+3} < G_{k_1+2}.$$

32, 33, 34 zusammengestellt, geben aber:

$$35)\quad G_1 < G_2 < \ldots < G_{k_1+1} < G_{k_1+2} > G_{k_1+3} > G_{k_1+4} > \ldots > G_{n+1}$$

so dass also das (k_1+2)te Glied das grösste der ganzen Reihe sein muss.

Für das erste der vorhin behandelten Beispiele $(5+14)^9$ muss demnach das 8te Glied: $36 \cdot 5^3 \cdot 14^7$ das grösste sein und in der That giebt die Rechnung:

1958125 für das I. Glied
49213750 „ „ II. „
551250000 „ „ III. „
8601500000 „ „ IV. „
15126300000 „ „ V. „
42353640000 „ „ VI. „
79000128000 „ „ VII. „
94872153600 „ „ VIII. „
66410507520 „ „ IX. „
20661046784 „ „ X. „

Oder für:
$$(\tfrac{1}{2}+\tfrac{1}{4})^6 = (\tfrac{1}{4})^6 + 6(\tfrac{1}{4})^5(\tfrac{1}{2}) + 15(\tfrac{1}{4})^4(\tfrac{1}{2})^2 + 20(\tfrac{1}{4})^3(\tfrac{1}{2})^3 + 15(\tfrac{1}{4})^2(\tfrac{1}{2})^4$$
$$+ 6(\tfrac{1}{4})^1(\tfrac{1}{2})^5 + (\tfrac{1}{2})^6$$

sind die Exponenten-Quotienten:

$$1, \tfrac{5}{2}, \tfrac{4}{3}, \tfrac{3}{4}, \tfrac{2}{5}, \tfrac{1}{6}, \tfrac{0}{7}$$

also die Differenzen zwischen letzten und: $\frac{x}{a} = \frac{1}{4} = \tfrac{1}{4}$:

$\tfrac{3}{4}, \tfrac{1}{4}, \tfrac{1}{12}, -\tfrac{1}{4}, -\tfrac{11}{20}, -\tfrac{11}{12}, -\tfrac{1}{4}$.

Das vierte Glied muss demnach das grösste sein; und in der That giebt die Rechnung:

0,015625 für das I. Glied
0,075   „   „ II.   „
0,15   „   „ III. „
0,16   „   „ IV.   „
0,096   „   „ V.   „
0,03072   „   „ VI.   „
0,004096 „   „ VII. „

Ist jetzt zweitens die Differenz $\frac{n-k_1}{k_1+1} - \frac{x}{a}$ negativ, etwa gleich $-\varepsilon$, so erhält man einerseits für kleinere k:

$$\frac{n-(k_1-a)}{(k_1-a)+1} > \frac{n-k_1}{k_1+1}$$

d. i.

$$\frac{x}{a} - \frac{n-(k_1-a)}{(k_1-a)+1} < \left(\frac{x}{a} - \frac{n-k_1}{k_1+1} = +\varepsilon\right)$$

woraus zu schliessen ist, dass die Differenz linker Hand einen negativen Werth haben muss, der absolut genommen $> \varepsilon$ ist: etwa:

$$\frac{x}{a} - \frac{n-(k_1-a)}{(k_1-a)+1} = -\delta \; (\delta > 0, \; \delta > \varepsilon):$$

dagegen andererseits für grössere Werthe für k:

$$\frac{n-(k_1+a)}{(k_1+a)+1} < \frac{n-k_1}{k_1+1}$$

also auch:

$$\frac{x}{a} - \frac{n-(k_1+a)}{(k_1+a)+1} > \left(\frac{x}{a} - \frac{n-k_1}{k_1+1} = +\varepsilon\right).$$

woraus folgt, dass die linke Seite letzter Ungleichung positiv und $> \varepsilon$ ist.

Statt der Gleichungen 29, 30 und 31 hat man demnach jetzt:

36) $\frac{x}{a} - \frac{n-k_1}{k_1+1} = +s \; (s>0)$.

37) $\frac{x}{a} - \frac{n-(k_1-\alpha)}{(k_1-\alpha)+1} = -\delta \; (\delta>0, \; \delta>s)$.

38) $\frac{x}{a} - \frac{n-(k_1+\alpha)}{(k_1+\alpha)+1} = +\tau_1 \; (\tau_1>0, \; \tau_1>s)$.

Nun folgt aber aus 36:

$\frac{x}{a} > \frac{n-k_1}{(k_1+1)}$ oder $\left(\frac{x}{a \cdot \frac{n-k_1}{k_1+1}} = \frac{G_{k_1+1}}{G_{k_1+2}}\right) > 1$

d. i.

39) $G_{k_1+1} > G_{k_1+2}$;

aus 37:

$\frac{x}{a} < \frac{n-(k_1-\alpha)}{(k_1-\alpha)+1}$ oder $\left(\frac{x}{a \cdot \frac{n-(k_1-\alpha)}{(k_1-\alpha)+1}} = \frac{G_{(k_1-\alpha)+1}}{G_{(k_1-\alpha)+2}} < 1\right)$

d. i.

$G_{(k_1-\alpha)+1} < G_{(k_1-\alpha)+2}$

und für $\alpha = 1, 2, 3 \ldots$

40) $\ldots < G_{k_1-2} < G_{k_1-1} < G_{k_1} < G_{k_1+1}$;

endlich aus 38:

$\frac{x}{a} > \frac{n-(k_1+\alpha)}{(k_1+\alpha)+1}$ oder $\left(\frac{x}{a \cdot \frac{n-(k_1+\alpha)}{(k_1+\alpha)+1}} = \frac{G_{(k_1+\alpha)+1}}{G_{(k_1+\alpha)+2}}\right) > 1$

d. i.

$G_{(k_1+\alpha)+1} > G_{(k_1+\alpha)+2}$

und für $\alpha = 1, 2, 3 \ldots$:

41) $G_{k_1+1} > G_{k_1+2} > G_{k_1+3} > G_{k_1+4} > \ldots$

39, 40 und 41 zusammengestellt liefern das Endergebniss:

$G_1 < G_2 < \ldots < G_{k_1+1} > G_{k_1+2} > \ldots > G_n > G_{n+1}$

d. h. G_{k_1+1} ist das grösste Glied der Summe.

Es muss demnach für das zweite der obigen Beispiele (vergl. pag. 32): $(\frac{1}{2}+\frac{1}{2})^5$ das dritte Glied das grösste sein. Die Rechnung giebt:

0,0041152 für das I. Glied
0,0154321 „ „ II. „
0,0231481 „ „ III. „
0,0173611 „ „ IV. „
0,0065104 „ „ V. „
0,0009765 „ „ VI. „

Tritt endlich der Fall ein, dass zwei auf einander folgende Exponenten-Quotienten gleich nahe an $\frac{x}{a}$ liegen, dass also etwa $\frac{n-k_1}{k_1+1} - \frac{x}{a}$ und $\frac{n-(k_1+1)}{(k_1+1)+1} - \frac{x}{a}$, — absolut genommen — gleiche Werthe haben, dann gestaltet sich die Sache wie folgt. Zunächst lässt sich leicht erkennen, dass die Differenz: $\frac{n-k}{k+1} - \frac{x}{a}$ desto grösser sein muss, je kleiner k ist und umgekehrt. Setzt man demnach statt k der Reihe nach 1, 2, 3 ... n ein, so wird jeder folgende Werth jener Differenz kleiner als der vorhergehende ausfallen. Es giebt darum für diese Werthe nur ein Zweifaches; entweder sind alle negativ oder die ersten positiv (für $k = 1, 2 ...$) die letzten negativ. Hieraus folgt, dass nur dann $\frac{n-k_1}{k_1+1} - \frac{x}{a}$ und $\frac{n-(k_1+1)}{(k_1+1)-1} - \frac{x}{a}$ im absoluten Sinne gleichwerthig sein können, wenn erste Differenz positiv, letzte negativ ist. Alsdann aber hat man:

$$\frac{n-k_1}{k_1+1} > \frac{x}{a} \text{ oder } 1 > \left(\frac{x}{a \frac{n-k_1}{k_1+1}} = \frac{G_{k_1+1}}{G_{k_1+2}} \right)$$

d. i.
$$G_{k_1+2} > G_{k_1+1}$$

und:
$$\frac{n-(k_1+1)}{(k_1+1)+1} < \frac{x}{a} \text{ oder } 1 < \left(\frac{x}{a \frac{n-(k_1+1)}{(k_1+1)+1}} = \frac{G_{k_1+2}}{G_{k_1+3}} \right)$$

d. i.
$$G_{k_1+3} < G_{k_1+2};$$

das (k_1+2)te Glied ist demnach das grösste.

Beispiel:
$$(\tfrac{2}{3}+\tfrac{1}{3})^7 = (\tfrac{2}{3})^7 + 7(\tfrac{2}{3})^6(\tfrac{1}{3}) + 21(\tfrac{2}{3})^5(\tfrac{1}{3})^2 + 35(\tfrac{2}{3})^4(\tfrac{1}{3})^3 + 35(\tfrac{2}{3})^3(\tfrac{1}{3})^4$$
$$+ 21(\tfrac{2}{3})^2(\tfrac{1}{3})^5 + 7(\tfrac{2}{3})(\tfrac{1}{3})^6 + (\tfrac{1}{3})^7.$$

Die Exponenten-Quotienten sind:

$\tfrac{7}{1} \cdot \tfrac{3}{2} \cdot \tfrac{3}{1} \cdot \tfrac{1}{1} \cdot \tfrac{1}{2} \cdot \tfrac{2}{1} \cdot \tfrac{1}{1} \cdot \tfrac{2}{1}$

also die Werthe der Differenzen:

$\tfrac{n-k}{k+1} \left(\tfrac{r}{a} - \tfrac{1}{b} \right)$: $\tfrac{3}{2} \cdot \tfrac{1}{2} \cdot +\tfrac{1}{3} \cdot 1 \cdot -\tfrac{1}{2} \cdot -\tfrac{2}{15} \cdot -\tfrac{2}{3} \cdot -1.$

Das 5te Glied muss demnach das grösste sein, was die Rechnung bestätigt. Man findet nämlich:

0,027093 für das I. Glied
0,244944 „ „ II. „
0,916540 „ „ III. „
1,913625 „ „ IV. „
2,392031 „ „ V. „
1,794023 „ „ VI. „
0,747509 „ „ VII. „
0,133484 „ „ VIII. „

II.
Zahl- und Ziffernsysteme. Dekadische Ganzzahlen.

Werden sämmtliche Ganzzahlen der natürlichen Zahlenreihe, welche kleiner sind als eine willkührlich gewählte Zahl b, Einheiten genannt, dann sind alle Zahlen grösser b nach einem System der Basis b geordnet, wenn dieselben durch Summen von Einheiten und Vielfachen von b, d. i. durch einen Ausdruck von der Form: $m \cdot b + a_0$ dargestellt werden. Hierin muss also a_0 kleiner als b sein, während im allgemeinen für $m : \lessgtr b$ stattfinden kann. In den beiden letzten Fällen lässt sich m wieder auf die Form: $n b + a_1$ $(a_1 < b$, $n \lessgtr b)$ bringen, wodurch $m b + a_0$ in: $n b^2 + a_1 b + a_0$ übergeht. Ist n nicht kleiner als b, dann kann man mit der Zerlegung fortfahren und zwar so lange, bis man zu einer nach ganzen Potenzen von b geordneten Summe gekommen, d. i. allgemein zu einem Ausdrucke von der Form:

$$a_n b^n + a_{n-1} b^{n-1} + a_{n-2} b^{n-2} + \ldots + a_2 b^2 + a_1 b^1 + a_0.$$

in welchem die Coefficienten: $a_0, a_1, a_2 \ldots a_{n-1}$ zwischen o und $b-1$ (die Grenzen eingeschlossen), a_n jedoch zwischen 1 und $b-1$ liegt.

Bei einer solchen Anordnung der Zahlen nennt man $b^1, b^2 \ldots b^n$ bez. die Einheit ersten, zweiten ... nten Ranges und stellt dieselben durch die Zeichen: 10, 100, 1000 ... dar, so dass z. B. im System der Basis zwei: $10 =$ zwei, $100 =$ vier, $1000 =$ acht ... im System der Basis drei: $10 =$ drei, $100 =$ neun, $1000 =$ sieben und zwanzig, — dass in unserem dekadischen System, d. i. im System der Basis zehn: $10 =$ zehn, $100 =$ hundert, $1000 =$ tausend ... Einheiten repräsentirt. Alsdann wird z. B. diejenige Zahl, welche aus 3 Einheiten 4ter, 2 Einheiten 3ter, 7 Einheiten 2ter, 5 Einheiten 1ster, 6 Einheiten 0ter Ordnung besteht, durch den Ausdruck:

$$30000 + 2000 + 700 + 50 + 6$$

repräsentirt, den man der Kürze halber in:

$$32756$$

zusammenzieht. Allgemein, so sieht man, wird jetzt jede Zahl durch einen Ausdruck dargestellt, in welchem, rechnet man von rechts nach links, das Zahlzeichen, welches die Anzahl der Einheiten nullter, erster, zweiter ... Ordnung repräsentirt bez. die erste, zweite, dritte Stelle einnimmt, so dass der Rang jedes einzelnen Zeichens eine unmittelbare Consequenz seiner Stellung ist. Und weiter folgt aus Vorigem, dass man zur Darstellung jeder Zahl im System der Basis b nur b Zeichen, Ziffern genannt, nämlich $b-1$ für die $b-1$ Einheiten und eins für die Null bedarf. Diese Ziffern sind bekanntlich für das dekadische System: 1, 2, 3, 4, 5, 6, 7, 8, 9, 0; für das System der Basis elf dagegen würde noch ein besonderes Zeichen für die Zahl zehn, für das System der Basis zwölf noch zwei Zeichen für die Zahlen zehn und elf u. s, w. hinzuzufügen sein. Käme man demnach überein, die Zahl Zehn durch z zu repräsentiren, dann würde z. B. die dekadische Zahl 57589 im System der Basis 11 wegen: $57589 = 5235 \cdot 11 + 4 = 475 \cdot 11^2 + 10 \cdot 11 + 4 = 43 \cdot 11^3 + 2 \cdot 11^2 + 10 \cdot 11 + 4 = 3 \cdot 11^4 + 10 \cdot 11^3 + 2 \cdot 11^2 + 10 \cdot 11 + 4:$ $3 z 2 z 4$ geschrieben werden müssen.

Nach diesen allgemeinen Betrachtungen wenden wir uns zum Nachweis verschiedener Eigenschaften dekadischer Zahlen und beginnen hierbei mit der Erklärung einiger Bezeichnungen, deren wir uns in dem Folgenden häufig bedienen werden.

Erhält man bei der Division einer Zahl b in eine Zahl a keinen Rest, so sagt man: a ist durch b theilbar. In diesem Falle muss also: $\frac{a}{b} = q$, wo q irgend eine Ganzzahl bedeutet, also auch: $a = b \cdot q$ stattfinden, muss also a durch ein Produkt ganzer Factoren ersetzbar sein, von denen mindestens einer gleich b ist. Darum nennt man auch wohl unter diesen Umständen b einen Factor oder Divisor von a und a ein Vielfaches oder Multiplum von b. Ist b ausserdem ein Factor der Zahl c, ist etwa: $\frac{c}{b} = q_1$ (q_1 irgend eine Ganzzahl), oder $c = b \cdot q_1$, so folgt aus:

$a = bq$ und: $c = b q_1$ einmal durch Addition, ein andermal durch Subtraktion: $a + c = b(q \pm q_1)$ oder: $\frac{a \pm c}{b} = q + q_1$, woraus zu schliessen ist, dass die Summe $a + c$ wie die Differenz $a - c$ zweier Zahlen, die gleichzeitig durch dieselbe dritte Zahl theilbar sind, ebenfalls Vielfache dieser dritten Zahl b sein müssen.

Eine Betrachtung der Zahlen unserer sogenannten natürlichen Zahlenreihe: 1, 2, 3, 4, 5, 6, 7, 8, 9 ... lässt sofort erkennen, dass verschiedene Individuen dieser Reihe nur durch sich selbst und die Einheit theilbar sind, z. B.: 1, 2, 3, 5, 7, 11, 13 ..., während die übrigen ausser durch die Einheit und durch sich selbst auch durch Zahlen der ersteren Gruppe dividirt werden können, z. B.: 4, 6, 8, 9, 10, 12 ... . Die Zahlen erster Eigenschaft werden Primzahlen (numeri primi), auch wohl absolute Primzahlen, die der letzten zusammengesetzte Zahlen (numeri compositi) genannt, weil man, den gegebenen Erklärungen zufolge, letzte aus ersten als Factoren zusammengesetzt auffassen kann. Geschieht dieses in jedem speciellen Falle, zerlegt man also die zusammengesetzte Zahl in ihre Prim-Factoren, z. B. $6 = 2.3$, $54 = 18.3 = 2.9.3 = 2.3^3$, $100 = 10.10 = 2^2.5^2$, so wird man stets zu einem Ausdruck von der Form: $a^\alpha . b^\beta . c^\delta ... n^\nu$, in welchem a, b, c ... n absolute Primzahlen, α, β, γ ... ν irgend welche positive Ganzzahlen mit Einschluss der Null bedeuten, gelangen müssen, der demnach als Repräsentant aller zusammengesetzten Zahlen erscheint. In Folge dieser Bemerkung lässt sich die Untersuchung der letzten Zahlen von einem sehr allgemeinen Standpunkt aus führen; man darf nur von der Grösse $a^\alpha . b^\beta . c^\delta ... n^\nu$ ausgehen, um zu Resultaten zu gelangen, welche für jede zusammengesetzte Zahl Gültigkeit haben. Um z. B. die Anzahl der Divisoren einer Zahl letzter Art zu erhalten, überlege man, dass: $a^\alpha . b^\beta . c^\delta ... n^\nu$ durch alle Zahlen theilbar sein muss, welche aus letztem Produkte dadurch folgen, dass man statt α die $\alpha + 1$ Werthe: 0, 1, 2, 3 ... α, statt β die $\beta + 1$ Werthe: 0, 1 ... β, ... statt ν die $\nu + 1$ Werthe: 0, 1, 2 ... ν substituirt. Die Anzahl der Divisoren der zusammengesetzten Zahlen: $a^\alpha b^\beta ... n^\nu$ ist demnach: $(\alpha + 1)(\beta + 1)(\gamma + 1)...(\nu + 1)$. So hat z. B. die Zahl: $1400 = 2^3 . 5^2 . 7$: $(3 + 1)(2 + 1)(1 + 1) = 24$ Theiler, nämlich:

$2^0.5^0.7^0 =$	1	$2^1.5^0.7^0 =$	2	$2^2.5^0.7^0 =$	4	$2^3.5^0.7^0 =$	8
$2^0.5^1.7^0 =$	5	$2^1.5^1.7^0 =$	10	$2^2.5^1.7^0 =$	20	$2^3.5^1.7^0 =$	40
$2^0.5^2.7^0 =$	25	$2^1.5^2.7^0 =$	50	$2^2.5^2.7^0 =$	100	$2^3.5^2.7^0 =$	200
$2^0.5^0.7^1 =$	7	$2^1.5^0.7^1 =$	14	$2^2.5^0.7^1 =$	28	$2^3.5^0.7^1 =$	56
$2^0.5^1.7^1 =$	35	$2^1.5^1.7^1 =$	70	$2^2.5^1.7^1 =$	140	$2^3.5^1.7^1 =$	280
$2^0.5^2.7^1 =$	175	$2^1.5^2.7^1 =$	350	$2^2.5^2.7^1 =$	700	$2^3.5^2.7^1 =$	1400

Man kann die Frage aufwerfen, ob sämmtliche zusammengesetzten Zahlen aus einer bestimmten Anzahl von Primzahlen gebildet sind, oder ob die Anzahl der letzten unendlich gross ist. Um sich hierüber zu entscheiden, nehme man als alle möglichen Primzahlen die Zahlen: 1, 2, 3, 5, 7, 11 ... p an. Bildet man nun das Produkt der letzten: $1.2.3.7.11...p$, addirt hierzu 1, so entsteht eine Zahl z:

$$z = 1.2.3.5.7.11 \ldots p + 1$$

die zusammengesetzt oder prim ist. Im ersten Fall muss sie durch irgend eine der Primzahlen von 1 bis p theilbar sein, d. h. es muss stattfinden:

$$\frac{z}{\delta} = \frac{1.2.3.5.7.11\ldots p + 1}{\delta} = g \text{ (Ganzzahl)}.$$

wenn δ einer der Factoren des ersten Theiles im Zähler ist. Der erste Bestandtheil ist demnach durch δ theilbar; folglich kann z nur dann durch δ getheilt werden, wenn $\frac{1}{\delta}$ eine Ganzzahl ist. Dieses ist nur möglich für $\delta = 1$, so dass z nur durch die Einheit und durch sich selbst theilbar ist, also eine Primzahl sein muss. Nun ist z jedenfalls grösser als p, also kein Glied der Reihe: $1.2.3 \ldots p$; man sieht also, die Anzahl der Primzahlen kann keine begrenzte sein, denn wie gross man sie auch nehmen möge, das Produkt aller plus 1 ist immer wieder eine neue Primzahl.

Der von jeher gemachte Versuch, eine allgemeine Form der Primzahlen zu finden, ist bis jetzt noch nicht gelungen. Um sich daher darüber zu entscheiden, ob eine Zahl prim oder zusammengesetzt ist, muss man, wenn keine Tabelle der Primzahlen zur Hand ist, entweder die Division derselben durch kleinere Zahlen versuchen oder folgenden Weg einschlagen. Mit Ausnahme der Zahl 2 kann keine gerade Zahl prim sein, weil jede gerade Zahl ein Multiplum von 2 ist. Will man daher aus einer Zahlenreihe alle zusammengesetzten Zahlen ausscheiden, so hat man nur die ungeraden zu berücksichtigen und aus ihnen alle ungeraden Vielfachen von 3, 5, 7, 11, 13, 17 ... zu entfernen. Demnach schreibe man wie folgt, wenn man etwa sämmtliche Primzahlen in der Reihe von 1 bis 100 erfahren will:

3, 5, 7, 9, 11, 13, 15, 17, 19, 21, 23, 25, 27, 29, 31, 33, 35, 37, 39, 41, 43, 45, 47, 49, 51, 53, 55, 57, 59, 61, 63, 65, 67, 69, 71, 73, 75, 77, 79, 81, 83, 85, 87, 89, 91, 93, 95, 97, 99.

und streiche nun von 3 ausgehend jede dritte Zahl, d. i. jede Zahl von der Form: $(2n+1).3$, jedes ungerade Multiplum von 3 weg; von 5 ausgehend jede 5te Zahl, d. i. jede Zahl von der Form: $(2n+1).5$, jedes ungerade Vielfache von 5. wobei jedoch die vorhin schon durchstrichenen natürlich noch mit zu zählen sind; von 7 ausgehend in der nämlichen Weise jede 7te. Weil nun alle ungeraden Multipla von 9 schon gleichzeitig mit denen von 3 ausgeschieden sind, und $11 > \sqrt{100}$ ist (wovon gleich weiter die Rede sein soll), so müssen alle übrig gebliebenen, fügt man ihnen noch 1 und 2 hinzu, die absoluten Primzahlen von 1 bis 100 sein, nämlich:

1, 2, 3, 5, 11, 13, 17, 19, 23, 29, 31, 37, 41, 43, 47, 53, 59, 61, 67, 71, 73, 79, 83, 89, 97.

Dass auf diesem Wege alle durch 3, 5, 7 theilbare Zahlen entfernt werden, also nur Primzahlen übrig bleiben, ist klar; nur das bedarf noch eines Beweises, dass es z. B. im vorliegenden Falle genügte, bis 7 zu gehen, weil, wie wir vorhin sagten, $11 > \sqrt{100}$ ist und daraus schlossen, dass keine der noch vorhandenen Zahlen durch 11, 13, 17 ... theilbar sein könne. Allgemein kommt es also darauf an, zu zeigen, dass, wenn p die grösste in $\sqrt{A}$ enthaltene Primzahl ist, z. B. 7 die grösste in $\sqrt{71}$, zwischen 8 und 9 gelegen, enthaltene, A selbst prim sein muss, falls A durch keine der Primzahlen von 2 bis p getheilt werden kann. Nimmt man zu dem Zwecke A als zusammengesetzt an, dann ist A stets durch das Produkt mindestens zweier absoluter Primzahlen, etwa m und n, ersetzbar, von denen jede grösser p und grösser $\sqrt{A}$ sein muss, weil sonst nicht p, sondern m bez. n die grösste in $\sqrt{A}$ enthaltene Primzahl sein würde. Die Annahme, A ist unter augenblicklichen Umständen eine zusammengesetzte Zahl, führt demnach einmal zu $A = mn$, ein andermal zu $A > mn$: — das ist unmöglich: folglich muss A absolut prim sein. Nun sind die in: $\sqrt{A}=1$, $\sqrt{A}-2$, $\sqrt{A}-3$ ... enthaltenen grössten Primzahlen entweder gleich oder kleiner p; hat man demnach erkannt, dass die Zahlen von 5 bis A durch keine der Primzahlen von 3 bis p theilbar sind, so weiss man, dass sie absolut prim sein müssen.

Haben zwei oder mehrere Zahlen ausser der Einheit keinen gemeinsamen Divisor, so nennt man sie **relativ prim zu einander** oder **relative Primzahlen**. Es sind also alle absoluten Primzahlen stets relativ prim zu einander; ebenso irgend zwei auf einander folgende Glieder der natürlichen Zahlen-Reihe. Um zu erkennen, ob zwei Zahlen relativ prim zu einander sind, kann man nach der folgenden Methode den grössten gemeinschaftlichen Divisor derselben aufsuchen: jenachdem dieser ≥ 1 ist, werden sie relativ prim sein oder nicht.

Wenn von zwei Zahlen a und b mit der kleineren, etwa b, in die grössere a dividirt wird, so kann man bei dieser Division zu einem Reste gleich Null oder verschieden von Null kommen. Im ersten Fall ist offenbar b der grösste gemeinschaftliche Divisor von a und b; im zweiten Falle hat man zunächst etwa:

$$\frac{a}{b} = q + \frac{r}{b}$$

wo $r > o$ und $< b$ sein muss und q den ganzen Quotienten bedeutet. Hieraus folgt:

$$a = bq + r,$$

eine Gleichung, aus der bewiesen werden kann, dass der grösste gemeinschaftliche Divisor von a und b mit dem von b und r zusammenfallen muss. Denn ist irgend ein gemeinschaftlicher Theiler von b und $r:\lambda$, so muss $\frac{b}{\lambda}$ und $\frac{r}{\lambda}$, also auch: $\frac{bq+r}{\lambda} = \frac{a}{\lambda}$ eine Ganzzahl, d. i. a durch λ theilbar sein, so dass jeder gemeinsame Divisor von b und r auch ein solcher für a und b ist. Und ist umgekehrt irgend ein gemeinsamer Factor von a und $b:\epsilon$, so muss: $\frac{a}{\epsilon}$ und $\frac{b}{\epsilon}$, also auch: $\frac{a-bq}{\epsilon} = \frac{r}{\epsilon}$ eine Ganzzahl, d. i. r durch ϵ theilbar sein. Die gemeinschaftlichen Divisoren von a und b fallen also mit denen von b und r zusammen, und umgekehrt; also muss auch der **grösste Divisor von a und b ebenfalls der grösste von b und r sein**. Anstatt mit a und b kann man also mit b und r fortrechnen. Man dividirt mit r in b; ist der Rest Null, so ist r das grösste gemeinschaftliche Maass von r und b, also auch von a und b; ist er verschieden von Null, etwa $= r_1$ $(r_1 < r)$, so wird jetzt mit r_1 in r dividirt. Wird dieses Verfahren hinreichend fortgesetzt, so muss man schliesslich einmal zu einem Reste gleich Null gelangen, weil die Reste: r, r_1, ... stets abnehmen. Der letzte Divisor, d. i. derjenige, welcher zum Rest Null Veranlassung gab, ist dann das verlangte grösste gemeinschaftliche Maass von a und b. So erhält man z. B. für 48 und 256, wenn zunächst mit 48 in 256 dividirt wird, als Quotient 5, als Rest 16; der grösste gemeinschaftliche Divisor von 256 und 48 fällt demnach mit dem grössten gemeinschaftlichen Divisor von 16 und 48 zusammen. Letzter aber ist 16. Oder für 51 und 248 erhält man wegen:

$$248 : 51 = 4$$
$$204$$
$$51 : 44 = 1$$
$$44$$
$$44 : 7 = 6$$
$$42$$
$$7 : 2 = 3$$
$$6$$
$$2 : 1 = 2$$
$$2$$
$$0$$

als grössten gemeinschaftlichen Divisor die Einheit; 51 und 248 sind demnach relativ prim zu einander.

Die folgenden Untersuchungen werden sehr vereinfacht durch den von Gauss eingeführten Begriff congruenter Zahlen. Ist nämlich die Differenz zweier Zahlen durch eine dritte Zahl ohne Rest theilbar, so nennt man die beiden ersteren nach dem Divisor als Modulus einander congruent. So sind die Zahlen 7 und 3 nach dem Modul 2, 9 und -3 nach dem Modul 6 u. s. w. congruent. Das Zeichen der Congruenz ist $\equiv$, so dass man schreibt: $7 \equiv 3$ (mod. 2), $9 \equiv -3$ (mod. 6); allgemein: $a \equiv b$ (mod. k), wenn $\frac{a-b}{k}$ gleich einer Ganzzahl ist.

In Bezug auf die Rechnung mit Zahlen-Congruenzen giebt es folgende Sätze. Findet: $a \equiv b$ (mod. k) und $b \equiv c$ (mod. k)

statt. oder. was dasselbe sagt, ist: $\frac{a-b}{k} = g$, $\frac{b-c}{k} = g_1$, wo erhält man durch Addition: $\frac{a-c}{k} = g + g_1$, also $a \equiv c \pmod{k}$; d. h.: Sind zwei Zahlen derselben dritten Zahl nach dem nämlichen Modul congruent, so sind sie auch diesem Modul auch unter einander congruent. Ferner folgt aus: $a \equiv b \pmod{k}$ und $c \equiv d \pmod{k}$, d. i. aus: $\frac{a-b}{k} = g$, $\frac{c-d}{k} = g_1$; $\frac{(a+c)-(b+d)}{k} = g + g_1$, d. i. $a + c \equiv b + d \pmod{k}$; und wenn man weiter die Gleichung: $a - b = kg$ mit c, die Gleichung $c - d = kg_1$ mit b multiplicirt und darauf addirt, so erhält man: $ac - bd = cky + bkg_1 = k(cg + bg_1)$, d. i. $ac \equiv bd \pmod{k}$, womit bewiesen ist, dass die Summe, Differenz und das Produkt der linken Seiten mehrerer Congruenzen desselben Modulus der Summe, Differenz oder dem Produkte der rechten Seiten nach dem nämlichen Modul congruent sein muss. Für den Fall, dass $c = a$ und $d = b$ ist, geht letztere Congruenz in $a^2 \equiv b^2 \pmod{k}$ über; diese Congruenz wieder mit $a \equiv b \pmod{k}$ durch Multiplication verbunden, giebt $a^3 \equiv b^3 \pmod{k}$. So kann man bis zu jeder Potenz fortfahren, kommt also zu dem Resultate, dass aus $a \equiv b \pmod{k}$ stets $a^n \equiv b^n \pmod{k}$ gefolgert werden kann, falls n irgend eine positive Ganzzahl bedeutet.

Was die Division zweier congruenter Zahlen durch eine dritte anbelangt, so wird dieselbe nur unter gewissen Umständen zulässig sein. Ist nämlich etwa $am \equiv bm \pmod{k}$, d. i.: $\frac{am - bm}{k} = \frac{m(a-b)}{k}$ eine Ganzzahl g, dann wird aus dem Vorausgesetzten nur dann geschlossen werden können, dass $a - b$ durch k theilbar sein muss, wenn kein Primfactor des k mit irgend einem des m übereinstimmt, d. h. wenn m und k relativ prim an einander sind. Die Congruenzen:

$$am \equiv bm \pmod{k}$$
$$m \equiv m \pmod{k}$$

können also nur dann durch Division vereinigt, d. h. kann aus ihnen $a \equiv b \pmod{k}$ geschlossen werden, wenn m und k relativ prim sind.

Zu diesen Sätzen fügen wir schliesslich noch den hinzu: dass der Dividendus jedesmal seinem Reste nach dem Divisor als Modulus congruent sein muss, wie,

falls $a > b$, aus: $\frac{a}{b} = q + \frac{r}{b}$ unmittelbar: $\frac{a}{b} - \frac{r}{b} = q$ d. i.
$a \equiv r \pmod{b}$ folgt.

Nach diesen Vorbereitungen beginnen wir diejenigen Sätze der Zahlentheorie zu entwickeln, welche die Basis späterer Untersuchungen bilden. Es mögen a und b zwei Zahlen sein, die relativ prim zu einander sind. Dann wird keines der Multipla: $a, 2a, 3a \ldots (b-1)a$ durch b theilbar sein können, weil der erste Factor in jeder dieser Grössen $< b$ und der zweite prim zu b ist. Letztere durch b dividirt, lassen demnach Reste, die zwischen 0 und b liegen müssen. Unter diesen Resten kann es ferner keine gleichen geben. Denn liessen etwa ma und na gleichzeitig den Rest r, so folgte aus:

$$ma \equiv r \pmod{b} \qquad na \equiv r \pmod{b}$$

$$ma \equiv na \pmod{b} \text{ d. i. } \frac{a(m-n)}{k} = g,$$ was unmöglich ist, weil a
relativ prim zu b und $m < b$, $n < b$, also erst recht $m - n < b$
sein muss. Zieht man nun diese vier Punkte in Betracht: erstens,
kein *Rest ist $= 0$; zweitens, jeder Rest ist $< b$; drittens, die
Anzahl der Reste beträgt $b-1$, und viertens, alle Reste sind ungleich, so folgt mit Nothwendigkeit, dass die Reste mit den Zahlen:
$1, 2, 3 \ldots (b-1)$ zusammenfallen müssen, d. h. dass es unter
den Resten nicht mehr und nicht weniger als einen geben muss,
der $= 1$ ist; nicht mehr und nicht weniger als einen, der $= 2$
ist u. s. w. Denkt man sich jetzt jeden der Dividenden: $1a, 2a \ldots (b-1)a$ mit seinem entsprechenden Reste zu einer
Congruenz des Modul b vereinigt, und multiplicirt darauf alle
diese Congruenzen mit einander, so ergiebt sich:

$$1a \cdot 2a \cdot 3a \ldots (b-1)a \equiv 1 \cdot 2 \cdot 3 \ldots (b-1) \pmod{b},$$

woraus für eine absolute Primzahl b, die zu allen kleineren
Zahlen $b-1, b-2 \ldots 3, 2, 1$ relativ prim ist, der sogenannte
Fermat sche Lehrsatz:

$$a^{b-1} \equiv 1 \pmod{b}$$

folgt. Dieser Satz, der das Fundament der Zahlentheorie ist, lässt
sich auch als specieller Fall aus einem allgemeineren Theoreme,
dem sogenannten Wilson schen Satz, folgendermassen ableiten.

Bedeuten $a_1, a_2, a_3 \ldots a_n$ diejenigen Zahlen der natürlichen
Zahlenreihe, welche kleiner sind als eine willkürlich gewählte
Zahl a und mit a ausser der Einheit keinen gemeinsamen Factor

haben, und ist b irgend eine zweite Zahl, relativ prim zu a, dann müssen die Multipla:

$$b a_1, \ b a_2, \ b a_3, \ \ldots \ b a_n$$

durch a dividirt Reste lassen, die mit den Zahlen $a_1, a_2, a_3, \ldots a_n$ zusammenfallen. Denn erstens kann keins dieser Vielfachen durch a theilbar sein, weil jeder der beiden ein Multiplum bildenden Factoren zu a prim ist. Es liegen also die Reste zwischen 0 und a. Zweitens müssen alle Reste ungleich sein; denn gäben etwa $b a_p$ und $b a_q$ ($p \lessgtr n$, $q \lessgtr n$, $p \lessgtr q$) denselben Rest r, so folgte aus: $b a_p \equiv r (\mathrm{mod.} \ a)$, $b a_q \equiv r (\mathrm{mod.} \ a)$: $b a_p \equiv b a_q$ (mod. a) oder weil b zu a relativ prim ist $a_p \equiv a_q$ (mod. a), was unmöglich. Und endlich müssen sämmtliche a Reste zu a relativ prim sein. Denn ist etwa: $\frac{b a_q}{a} = t + \frac{r}{a}$ oder: $b a_q = a \cdot t + r$ und hätten a und r den gemeinsamen Factor δ, dann müsste $at + r$ durch a, also $b a_q$ durch a theilbar sein, so dass für $b a_q$ und a ein gleichzeitiger Divisor δ existirte, was unmöglich ist. Hieraus folgt, dass die Reste der Dividenden:

$$b a_1, \ b a_2, \ b a_3, \ \ldots \ b a_n.$$

falls a der Divisor ist, in irgend einer Reihenfolge mit den Zahlen:

$$a_1, \ a_2, \ a_3, \ \ldots \ a_n$$

zusammenfallen müssen, woraus die Congruenz:

$$b a_1 \cdot b a_2 \cdot b a_3 \ldots b a_n \equiv a_1 \cdot a_2 \cdot a_3 \ldots a_n \ (\mathrm{mod.} \ a)$$

und weiter der Wilson'sche Satz:

$$b^n \equiv 1 \ (\mathrm{mod.} \ a)$$

sich ergiebt.

So giebt es für die Zahl $30 : 8$ Zahlen, die relativ prim zu 30 und kleiner als 30 sind, nämlich: $1, 7, 11, 13, 17, 19, 23, 29$. Es muss demnach jede Zahl, die zu 30 relativ ist, zur 8ten Potenz erhoben durch 30 dividirt den Rest 1 lassen, oder der Einheit nach dem Modul 30 congruent sein.

Ist a eine absolute Primzahl, so wird $n = a - 1$, und letztere Congruenz geht in die Fermat'sche:

$$b^{a-1} \equiv 1 \ (\mathrm{mod.} \ a)$$

über, wonach also jede Zahl b, die mit einer absoluten Primzahl a keinen gemeinsamen Factor ausser der Einheit hat, zur $(a-1)$ten Potenz erhoben, durch a dividirt, den Rest 1 lassen muss. Hiermit soll jedoch keineswegs behauptet werden, dass die $(a-1)$te Potenz von b die kleinste*) oder die einzige Potenz von b ist, welche nach dem Modul a der Einheit congruent sei. Im Gegentheil überzeugt man sich, was den ersten Punkt anbelangt, leicht auf folgendem Wege, dass unter Umständen schon niedrigere Potenzen als die $(a-1)$te sich durch jene Eigenschaft auszeichnen. Für alle Werthe des a mit Ausnahme der 2, die wir hiermit treffen, ist $a-1$ gerade, folglich $\frac{a-1}{2}$ eine Ganzzahl. Schreibt man nun obige Congruenz in folgender Form:

$$\frac{\left(b^{\frac{a-1}{2}}\right)^2 - 1}{a} = \frac{b^{\frac{a-1}{2}} \cdot b^{\frac{a-1}{2}} - 1}{a} = g \text{ (d. h. gleich einer Gauzzahl)}$$

oder:

$$\frac{\left(b^{\frac{a-1}{2}} - 1\right)\left(b^{\frac{a-1}{2}} + 1\right)}{a} = g,$$

so sieht man, dass entweder: $b^{\frac{a-1}{2}} - 1$ oder: $b^{\frac{a-1}{2}} + 1$ durch a theilbar sein, dass also entweder: $b^{\frac{a-1}{2}} = +1$ (mod. a) oder: $b^{\frac{a-1}{2}} = -1$ (mod. a) stattfinden muss.

So lässt nach dem Modul 7 sowohl: $4^{7-1} = 4^6 = 4096$ den Rest 1, wie auch: $4^{\frac{7-1}{2}} = 4^3 = 64$; dagegen: $3^{7-1} = 3^6 = 729$ den Rest $+1$ und: $3^{\frac{7-1}{2}} = 3^3 = 27$ den Rest -1.

Bei der Bestimmung aller Potenzen von a, die nach dem Modul b den Rest 1 lassen, stellen wir uns auf einen allgemeineren Standpunkt, indem wir a nur als relativ prim zu b voraussetzen. Es wird sich dann zunächst zeigen lassen, dass irgend welche Individuen der beliebig fortsetzbaren Potenz-Reihe:

$$a^1, \; a^2, \; a^3, \; a^4, \; a^5 \ldots$$

der Einheit nach dem Modul b congruent sein müssen. Denn weil a und b relativ prim sind, so kann keine der Potenzen durch b theilbar sein; folglich müssen alle Reste zwischen 0 und

---

*) Es bedarf wohl kaum der Erwähnung, das bei allen diesen Betrachtungen von der nullten Potenz abgesehen ist.

b liegen. Während also die Anzahl der Reste eine unbeschränkte ist, ist ihr Werth zwischen bestimmten Grenzen eingeschlossen; hieraus folgt offenbar, dass die Restzahlen sich irgendwie wiederholen müssen. Lassen nun die $m$te und $n$te Potenz den nämlichen Rest r, so folgt aus: $a^m \equiv r \pmod{b}$ und: $a^n \equiv r \pmod{b}$: $a^m \equiv a^n \pmod{b}$ und wenn $n > m$ vorausgesetzt wird, so dass a^{n-m} ein Glied in obiger Dividenden-Reihe sein muss; $a^m \cdot a^{n-m} \equiv a^m \pmod{b}$ oder; $a^{n-m} \equiv 1 \pmod{b}$.

Ist nun die $k$te Potenz die kleinste oder niedrigste, welche den Rest 1 giebt, dann folgt aus: $a^k \equiv 1 \pmod{b}$ für jedes ganze, positive p:

$$a^{pk} \equiv 1 \pmod{b},$$

so dass alle Potenzen obiger Reihe, deren Exponenten Multipla von k sind, der Einheit nach dem Modul b congruent sein müssen. Und weiter lässt sich beweisen, dass nur diese Potenzen den Rest 1 lassen können. Denn wäre:

$$a^n \equiv 1 \pmod{b}$$

und n kein Vielfaches von k, etwa: $n = pk + r$ ($r < k$), so folgte aus:

$$a^n = a^{pk+r} = a^{pk} a^r \equiv 1 \pmod{b}$$

und aus: $a^k \equiv 1 \pmod{b}$, also auch: $a^{pk} \equiv 1 \pmod{b}$:

$$a^r \equiv 1 \pmod{b},$$

was wegen der Voraussetzung, die $k$te-Potenz sei die kleinste des Restes 1, unmöglich ist.

Hat man demnach die kleinste Potenz von a bestimmt, welche nach dem Modul b den Rest 1 lässt, so sind hiermit alle Potenzen derselben Eigenschaft bekannt. So ist für $a = 4$, $b = 15$ die zweite Potenz, $4^2 = 16$, die erste, welche nach 15 als Modul der Einheit congruent ist; es sind also: die 4te, 6te, 8te, 10te ... die einzigen Potenzen der Basis 4, welche durch 15 dividirt den Rest 1 geben.

Und weiter lässt sich beweisen, dass unter obigen Voraussetzungen die Potenzen, welche der $k$ten vorhergehen, ungleiche Reste geben müssen. Denn ist, falls $d < e$ und $d < k$ und $e < k$ stattfindet:

$$a^d \equiv r \pmod{b} \quad \text{und} \quad a^e \equiv r \pmod{b},$$

so muss:

$$a^d \equiv a^e \pmod{b} \quad \text{oder} \quad a^d \equiv a^{e-d} a^d \pmod{b}$$

also auch:
$$a^{e-d} \equiv 1 \pmod{b}$$
sein, was gegen die Voraussetzung, die $k$te Potenz sei die kleinste des Restes 1, ist. Werden jetzt die demnach ungleichen Reste der Potenzen: $a^1, a^2, a^3 \ldots a^{k-1}$ mit $r_1, r_2, r_3 \ldots r_{k-1}$ bezeichnet, so dass:
$$a^1 \equiv r_1 \pmod{b}$$
$$a^2 \equiv r_2 \pmod{b}$$
$$a^3 \equiv r_3 \pmod{b}$$
$$-\ -\ -\ -$$
$$a^{k-1} \equiv r_{k-1} \pmod{b}$$
stattfindet; wird darauf jede dieser Congruenzen erst mit $a^k \equiv 1 \pmod{b}$, dann mit $a^m \equiv 1 \pmod{b}$ ..., allgemein mit $a^{pk} \equiv 1 \pmod{b}$ multiplicirt, so erhält man:
$$a^{k+1} \equiv r_1 \pmod{b}, \quad a^{k+2} \equiv r_2 \pmod{b}, \quad a^{k+3} \equiv r_3 \pmod{b} \ldots$$
$$\ldots a^{2k-1} \equiv r_{k-1} \pmod{b}$$
$$a^{m+1} \equiv r_1 \pmod{b}, \quad a^{m+2} \equiv r_2 \pmod{b}, \quad a^{m+3} \equiv r_3 \pmod{b} \ldots$$
$$\ldots a^{3k-1} \equiv r_{k-1} \pmod{b}$$
$$-\ -\ -\ -\ -\ -$$
$$a^{pk+1} \equiv r_1 \pmod{b}, \quad a^{pk+2} \equiv r_2 \pmod{b}, \quad a^{pk+3} \equiv r_3 \pmod{b} \ldots$$
$$\ldots a^{(p+1)k-1} \equiv r_{k-1} \pmod{b},$$
woraus hervorgeht, dass die Reste:
$$r_1, \quad r_2, \quad r_3 \ldots r_{k-1}, \quad 1$$
sich periodisch wiederholen, dass also die Reste sämmtlicher Potenzen der Basis a nach dem Divisor b bekannt sind, so wie man diejenigen Reste kennt, die dem ersten Rest $= 1$ vorangehen. Z. B. für $a = 4$, $b = 9$ giebt 4^1 den Rest 4, $4^2 = 16$ den Rest 7, $4^3 = 64$ den Rest 1; man erhält demnach folgende Reihen von Dividenden und Resten:

Dividenden: $4^0, 4^1, 4^2, 4^3, 4^4, 4^5, 4^6, 4^7, 4^8, 4^9, 4^{10}, 4^{11} \ldots$
Divisor: 9
Reste: 1, 4, 7, 1, 4, 7, 1, 4, 7, 1, 4, 7 …
und nennt 1, 4, 7 die Periode.

Bei der Bestimmung aller Potenz-Reste, welche die Periode bilden, kann man noch von folgenden Bemerkungen Gebrauch machen, die das Verfahren sehr abkürzen. Geben nämlich: a^l und a^{l+1} bez. die Reste: ρ und ρ_1, so dass:

$a^i \equiv p \pmod{b}$. $a^{i+1} \equiv p \pmod{b}$)

stattfindet, dann erhält man aus erster Congruenz, wenn sie mit: $a \equiv a \pmod{b}$ multiplicirt wird: $a^{i+1} \equiv ap \pmod{b}$ und dieses mit: $a^{i+1} \equiv p_1 \pmod{b}$ verglichen:

$$ap \equiv p_1 \pmod{b},$$

so dass ap mit a^{i+1} den nämlichen Rest lassen muss.

Anstatt also im obigen Beispiel den Rest von 4^3 durch Division mit 9 in: $4^3 = 64$ zu bestimmen, kann man einfach den Rest 7 der vorhergehenden Potenz mit 4 multipliciren : 28, und dies Product durch 9 theilen. So findet man für $a = 6$, $b = 11$:

Divid.: $6^0, 6^1, 6^2$, statt 6^3: 18, st. 6^4: 42, st. 6^5: 54. $6^6, 6^7, 6^8, 6^9, 6^{10}, 6^{11}$...
Divis.: 11
Reste: 1, 6, 3, 7, 9, 10, 5, 8, 4, 2, 1, 6 ..,

Ist ferner die kleinste Potenz von a, welche nach dem Modul b den Rest 1 lässt, eine gerade, etwa die 2nte und: $a^n - 1$ relativ prim zu b, so stehen die n ersten und n letzten Reste der Periode in einem solchen Zusammenhange, dass man nur der Kenntniss der n ersten bedarf, um die ganze Rest-Periode angeben zu können.

Hat man nämlich die folgenden Reihen von Dividenden und Resten:

Divid.: $a^0, a^1, a^2, a^3 \ldots a^{n-1}, a^n, a^{n+1}, a^{n+2}, a^{n+3} \ldots a^{2n-1}, a^{2n}, a^{2n+1} \ldots$
Divis.: b
Resto: 1, $r_1, r_2, r_3 \ldots r_{n-1}, r_n, r_{n+1}, r_{n+2}, r_{n+3} \ldots r_{2n-1}, 1, r_1 \ldots$,

dann folgt aus:

$$\frac{a^0 - 1}{b} = 0, \quad \frac{a^1 - r_1}{b} = g_1, \quad \frac{a^2 - r_2}{b} = g_2 \ldots \frac{a^{n-1} - r_{n-1}}{b} = g_{n-1}$$

$$\frac{a^n - r_n}{b} = g_n, \quad \frac{a^{n+1} - r_{n+1}}{b} = G_1, \quad \frac{a^{n+2} - r_{n+2}}{b} = G_2, \ldots$$

$$\ldots \frac{a^{2n-1} - r_{2n-1}}{b} = G_{n-1},$$

wenn stets zwei unter einander stehende Gleichungen addirt werden:

$$\frac{(a^n+1)-(r_n+1)}{b} = y_n, \quad \frac{a(a^n+1)-(r_{n+1}+r_1)}{b} = y_1 + a_1,$$

$$\frac{a^2(a^n+1)-(r_{n+2}+r_2)}{b} = y_2 + a_2, \ldots$$

Der Voraussetzung nach ist: $a^{2n}-1 = (a^n-1)(a^n+1)$ durch b theilbar und: a^n-1 zu b relativ prim; es muss demnach: a^n+1 durch b dividirt den Rest Null, oder was dasselbe sagt, a^n den negativen Rest -1 oder den positiven: $b-1$ lassen. Dieses berücksichtigt, folgert man sofort aus letzten Gleichungen, dass:

$$r_n+1, \quad r_{n+1}+r_1, \quad r_{n+2}+r_2 \ldots r_{2n-1}+r_{n-1}$$

durch b theilbar sein müssen, so dass, weil alle Reste kleiner als b sind, stattfinden muss:

$$r_n+1 = b, \quad r_{n+1}+r_1 = b, \quad r_{n+2}+r_2 = b \ldots r_{2n-1}+r_{n-1} = b.$$

Und umgekehrt, ist $r_n+1 = b$, so folgt aus der ersten Gleichung: $\frac{a^n+1}{b} = y_n+1$, d. h.: a^n+1 ist durch b theilbar, darum aus der zweiten, dritten u. s. w.: $r_{n+1}+r_1 = r_{n+2}+r_2 = \ldots = b$.

Dieses Gesetz lässt sich zur einfacheren Restbestimmung folgendermassen benutzen. Dividirt man der Reihe nach die Potenzen: $x^0, x^1, x^2 \ldots$ durch y, wo y zu x relativ prim sein soll und findet einen Rest $= y-1$, dann muss der folgende Rest, zu dem von x^1 addirt, gleich y sein u. s. w. So findet man nach dem Modul 17:

Dividenden:	10^0,	10^1,	10^2,	10^3,	10^4,	10^5,	10^6,	10^7,	10^8
Reste:	1,	10,	15,	14,	4,	6,	9,	5,	16

$16+1 = 17$, daraus folgen die weiteren Reste mit:

$$7, 2, 3, 13, 11, 8, 12, 1.$$

Auf diese allgemeinen Sätze, deren Constatirung für unsere Zwecke hinreicht, lassen wir noch einige Untersuchungen über die Theilbarkeit bestimmter Zahlen unseres dekadischen Systems durch gewisse Divisoren folgen. Wir schlagen hierbei einen Weg ein, welcher Kennzeichen der Theilbarkeit für jeden beliebigen Divisor liefert.

Im Eingange gegenwärtigen Abschnittes bemerkten wir bereits, dass jede $(n+1)$ ziffrige Zahl des Systems der Basis 10 durch die Summe:

$$a_n 10^n + a_{n-1} 10^{n-1} + a_{n-2} 10^{n-2} + \ldots + a_2 10^2 + a_1 10 + a_0 = Z_{n+1}$$

dargestellt ist, falls a_n zwischen 1 bis 9, die übrigen Coefficienten $a_{n-1}, a_{n-2} \ldots a_1, a_0$ zwischen 0 und 9 liegend (die Grenzen eingeschlossen) vorausgesetzt wird.

Angenommen nun, die in Z_{n+1} enthaltenen Potenzen von 10 liefern durch irgend eine Zahl d dividirt die Quotienten: $q_1, q_2 \ldots q_n$ und die Reste: $r_1, r_2, \ldots r_n$, in der Weise, dass:

$$\frac{10^1}{d} = q_1 + \frac{r_1}{d} \quad \text{oder:} \quad 10^1 = d q_1 + r_1$$

$$\frac{10^2}{d} = q_2 + \frac{r_2}{d} \quad \text{oder:} \quad 10^2 = d q_2 + r_2$$

$$\frac{10^n}{d} = q_n + \frac{r_n}{d} \quad \text{oder:} \quad 10^n = d q_n + r_n$$

stattfindet, dann lässt sich obige Summe zunächst auf die Form:

$$Z_{n+1} = d(a_n q_n + a_{n-1} q_{n-1} + a_{n-2} q_{n-2} + \ldots + a_2 q_2 + a_1 q_1)$$
$$+ a_n r_n + a_{n-1} r_{n-1} + \ldots + a_2 r_2 + a_1 r_1 + a_0$$

bringen, woraus man ohne weiteres erkennt, dass Z_{n+1} durch d theilbar sein muss, wenn der zweite Theil der rechten Seite letzter Gleichung:

$$a_n r_n + a_{n-1} r_{n-1} + a_{n-2} r_{n-2} + \ldots + a_2 r_2 + a_1 r_1 + a_0$$

durch d getheilt werden kann. Hieraus lassen sich Kennzeichen der Theilbarkeit für jeden Divisor ableiten. Z. B.

Für $d = 2$ ist: $r_1 = r_2 = \ldots = r_n = 0$; für $d = 3$ ist: $r_1 = r_2 = \ldots = r_n = 1$; für $d = 4$ ist: $r_1 = 2, r_2 = r_3 = \ldots = r_n = 0$; für $d = 5$: $r_1 = r_2 = \ldots = r_n = 0$; $d = 6$; $r_1 = r_2 = \ldots r_n = 4$; $d = 7$: $r_1 = 3, r_2 = 2, r_3 = 6, r_4 = 4, r_5 = 5, r_6 = 1, r_7 = 3, r_8 = 2 \ldots$; $d = 8$: $r_1 = 2, r_2 = 4, r_3 = r_4 = r_5 = \ldots = r_n = 0$; $d = 9$: $r_1 = r_2 = \ldots = r_n = 1$; $d = 10$: $r_1 = r_2 = \ldots = r_n = 0$; $d = 11$: $r_1 = -1, r_2 = +1, r_3 = -1, r_4 = +1 \ldots$

Darum muss eine Zahl durch 2 theilbar sein, wenn a_0, die Einer, es sind; durch 3, wenn: $a_0 + a_1 + a_2 + a_3 + \ldots$ die Quersumme der Ziffern; durch 4, wenn: $a_0 + 2a_1$; durch 5, wenn a_0: durch 6. wenn: $a_0 + 4(a_1 + a_2 + \ldots)$; durch 7, wenn: $a_0 + 3a_1 + 2a_2 + 6a_3 + 4a_4 + 5a_5 + a_6 + 3a_7 + 2a_8 + \ldots$; durch 8, wenn: $a_0 + 2a_1 + 4a_2$; durch 9, wenn: $a_0 + a_1 + a_2 + \ldots$, die Quersumme der Ziffern; durch 10, wenn a_0; durch 11, wenn: $a_0 + a_2 + a_4 + \ldots - (a_1 + a_3 + a_5 \ldots)$, d. i. wenn die Quersumme der Ziffern vom ungeraden Range weniger der Quersumme der Ziffern vom geraden Range es ist.

Die Herstellung solcher Theilbarkeits-Kennzeichen lässt sich offenbar bis ins Beliebige fortsetzen; jedoch sind die weiteren Resultate im allgemeinen von keiner praktischen Bedeutung, weil man sich für höhere Divisoren ebenso wie vorhin schon bei der 7 durch eine directe Division viel rascher von der Theilbarkeit oder Nicht-Theilbarkeit überzeugt, als durch Anwendung des etwaigen Kennzeichens.

III.
Die Decimalbrüche.

Die Leichtigkeit, womit sich den Ganzzahlen des dekadischen Systems im vorigen Abschnitt einige Eigenschaften nachweisen liessen, wenn von der Bemerkung, dass jede ganze Zahl durch eine Summe nach ganzen Potenzen von 10 geordnet dargestellt sei, Gebrauch gemacht wurde, führt in natürlicher Weise zu der Ueberlegung, ob dasselbe oder doch etwas Aehnliches auch für Brüche ausführbar ist. Um hierüber zu einem Resultate zu gelangen, gehen wir von einem Bruche $\frac{a}{b}$ aus, der als echt, d. i. $a < b$ und als reducirt, d. i. a relativ prim zu b vorausgesetzt werden soll. Nehmen wir nun an, es sei:

1) $\frac{a \cdot 10}{b} = q_1 + \frac{r_1}{b}$ oder: $a \cdot 10 = bq_1 + r_1$.

so wird sich zunächst beweisen lassen, dass der Quotient $q_1 < 10$ sein muss. Denn aus $a < b$ folgt: $a \cdot 10 < b \cdot 10$ und wegen: $a \cdot 10 = bq_1 + r_1 : bq_1 + r_1 < b \cdot 10$; um so mehr: $bq_1 < b \cdot 10$ d. i. $q_1 < 10$. Und weiter hat man für den Rest r_1, dass derselbe zwischen 0 und $b-1$ (die Grenzen eingeschlossen) liegen muss und zwar nur dann gleich Null sein kann, wenn 10^1 durch b theilbar ist. Vorausgesetzt, letztes sei nicht der Fall; es sei also: $b > r_1 > 0$. Wird dann 1) mit 10 multiplicirt:

2) $\frac{a \cdot 10^2}{b} = q_1 \cdot 10 + \frac{r_1 \cdot 10}{b}$

und

3) $\frac{r_1 \cdot 10}{b} = q_2 + \frac{r_2}{b}$

angenommen, dann ergiebt sich:

4) $\frac{a \cdot 10^2}{b} = q_1 \cdot 10 + q_2 + \frac{r_2}{b}$.

wo für die rechter Hand vorkommenden Grössen q, und r, leicht zu erweisen ist, dass einerseits: $q_2 < 10$ und andererseits r_2 gleichzeitig der Rest von $r_1 10$ und von $a 10^2$ nach dem Divisor b sein, im allgemeinen also zwischen ($b-1$) und 0 (die Grenzen eingeschlossen) liegen muss und nur dann verschwinden, d. i. gleich Null sein kann, wenn 10^2 durch b theilbar ist. Tritt letzter Fall nicht ein, so giebt eine abermalige Multiplication der Gleichung 4 mit 10 zunächst:

$$\frac{a 10^2}{b} = q_1 10^2 + q_2 10 + \frac{r_2 10}{b},$$

und wenn: $\frac{r_2 10}{b} = q_3 + \frac{r_3}{b}$, vorausgesetzt wird:

5) $\quad \frac{a 10^3}{b} = q_1 10^2 + q_2 10^2 + q_3 + \frac{r_3}{b}$

wo wieder $q_3 < 10$ stattfindet und r_3, der gleichzeitige Rest von $a 10^3$ und $r_2 10$ nach dem Modul b, nur dann gleich Null ist, wenn 10^3 durch b getheilt werden kann.

Wird nun allgemein die nte Potenz von 10 als die erste durch b theilbare angenommen, so dass der nte, mit r_n zu bezeichnende, Rest gleich Null sein muss, dann führt eine hinreichende Wiederholung der obigen Schlussweise endlich zu:

6) $\quad \frac{a 10^n}{b} = q_1 10^{n-1} + q_2 10^{n-2} + \ldots + q_{n-1} 10^2 + q_{n-1} 10$

$$+ q_n + \left(\frac{r_n}{b} = 0\right)$$

oder zu:

7) $\quad \frac{a}{b} = q_1 10^{-1} + q_2 10^{-2} + \ldots + q_{n-2} 10^{-(n-2)} + q_{n-1} 10^{-(n-1)}$

$$+ q_n 10^{-n}$$

d. i. also zu einer nach ganzen Potenzen von 10 geordneten Summe, in der sämmtliche Coefficienten: $q_1, q_2, q_3, \ldots q_n$ gleichzeitig kleiner als die Basis 10 sind.

Man zieht es jedoch aus Gründen, die bald hervortreten werden, vor, die Division mit 10^n, welche 6 in 7 verwandelt, nicht auszuführen, sondern nur anzudeuten, also zu schreiben:

8) $\quad \frac{a}{b} = \frac{q_1 10^{n-1} + q_2 10^{n-2} + q_3 10^{n-3} + \ldots + q_{n-2} 10^2 + q_{n-1} 10 + q_n}{10^n}$,

wodurch man für $\frac{a}{b}$ einen Ausdruck von folgenden bemerkenswerthen Eigenschaften erhalten hat. Der Zähler ist eine $n$stellige

Gauzzahl des dekadischen Systems, die in Rücksicht auf unser besonderes Ziffersystem kurzweg: $q_1 q_2 \ldots q_{n-1} q_n$ geschrieben werden kann. Der Nenner ist diejenige Potenz von 10, deren Exponent n, d. i. so viele Einheiten enthält, als der Zähler Ziffern hat, so dass aus der Kenntniss des Zählers sofort die des Nenners, als auch des ganzen Bruches, der in dieser Form den Namen: Decimalbruch führt, folgt, die einfache Angabe des Zählers demnach zur vollständigen Bestimmung des Decimalbruchs genügt. Für die Darstellung jedoch bedarf es offenbar noch eines besondern Zeichens, welches dem allein hinzuschreibenden Zähler hinzugefügt werden muss, damit sich erkennen lässt, dass man es nicht mit einer Ganzzahl an und für sich, sondern mit dem Zähler eines Decimalbruches zu thun hat. Dieses besteht, dem Gebrauch gemäss, in einem Comma, Decimalcomma genannt, welches vor die erste Ziffer des Decimalbruches gesetzt wird, vor welches Comma dann wieder diejenigen Ganzen geschrieben werden, mit welchen der Bruch etwa noch zu verbinden ist.

Darnach wird kurzweg geschrieben:

9) $\frac{a}{b} = 0. q_1 q_2 q_3 \ldots q_{n-1} q_n$

und weil z. B.

$4\frac{8}{3} = 4 + 8.10^{-1} + 1.10^{-2} + 2.10^{-3} + 5.10^{-4}, \frac{1}{125} - 8.10^{-2} + 8.10^{-3}$

ist: $4\frac{3}{8} = 4,8125, \frac{1}{125} = 0,088$.

Im Vorigen sind die Prinzipien enthalten, nach welchen ein gemeiner Bruch in einen Decimalbruch zu verwandeln ist. Man multiplicirt den Zähler mit 10; der Quotient aus dem so erhaltenen Product und dem Nenner ist die erste Ziffer; der Rest wird wieder mit 10 multiplicirt, man sagt wohl kurzweg, an den Rest wird eine Null gehängt, und mit dem Nenner vom neuen in dieses Product hineindividirt; der Quotient ist die zweite Ziffer u. s. w.

Die Anzahl der Stellen des Decimalbruches hängt, wie schon oben gezeigt wurde, von der kleinsten Potenz von 10 ab, die durch den Neuner theilbar ist; darum wird man bei einer allgemeinen Untersuchung, deren Zweck die Bestimmung der Ziffern-Anzahl eines herzustellenden Decimalbruches sein soll, von den verschiedenen Verhältnissen ausgehen müssen, die zwischen dem Nenner und der Zahl 10 existiren können. Es lassen sich in dieser Hinsicht die drei Fälle unterscheiden: erstens, der Nenner

b enthält nur die Primzahlen 2 und 5, ist etwa von der Form: $2^\alpha 5^\beta$; zweitens, der Nenner ist relativ prim zu 10 und drittens, der Nenner ist aus 2 und 5 und noch anderen Primfactoren zusammengesetzt, also von der Form: $2^\alpha 5^\beta k$, wo α und β irgend welche positive Ganzzahlen im allgemeinen mit Einschluss der Null bedeuten und k zu 10 relativ prim ist.

Im ersten Fall: $b = 2^\alpha 5^\beta$ erkennt man sofort, dass, jenachdem $m \leq n$ stattfindet, die $n$te oder $m$te Potenz von 10 die niedrigste sein muss, welche durch b dividirt, den Rest Null lässt. Es entsteht demnach jetzt ein sogenannter endlicher Decimalbruch, dessen Ziffern-Anzahl gleich dem höchsten Exponenten des Nenners ist. Also muss: $\frac{27}{80} = \frac{27}{2^4 . 5}$ in einen vierstelligen; $\frac{11}{6250} = \frac{11}{2.6^5}$ in einen fünfstelligen Decimalbruch verwandelt werden können, und zwar erhält man:

```
80) 270 | 0,3375      6250) 11000  0,00176
    240                     6250
    ───                     ─────
    300                     47500
    240                     43750
    ───                     ─────
     600                     37500
     560                     37500
     ───                     ─────
     400
     400
```

Zweitens sei b relativ prim zu 10; dann wird keine Potenz von 10 durch b theilbar, also keiner der obigen Reste: $r_1, r_2, r_3, \ldots r_n$ gleich Null sein können, folglich der Decimalbruch niemals abbrechen. In diesem Falle zeichnen sich die Ziffern desselben durch besondere Eigenschaften aus, die wir folgendermassen erkennen.

Werden die aufeinanderfolgenden Potenzen von 10:

$$10^1, 10^2, 10^3, 10^4, 10^5 \ldots$$

der Reihe nach durch b dividirt, so muss man früher oder später (pag. 50) zu einem Reste $= 1$ kommen. Ist nun die $n$te Potenz die niedrigste, welche den Rest 1 lässt, dann hat man, wie pag. 50 und 51 bewiesen wurde, folgende Reihen von Dividenden und Resten:

Divd.: $10^0, 10^1, 10^2, 10^3 \ldots 10^{n-1}, 10^n, 10^{n+1}, 10^{n+2} \ldots 10^{m-1}, 10^m \ldots$
Divis.: b

Reste: $1, r_1, r_2, r_3 \ldots r_{n-1}, 1, r_1, r_2, \ldots r_{n-1}, 1 \ldots$

wo $r_1, r_2, \ldots r_{n-1}$ unter einander ungleiche Zahlen, jede grösser als Null und kleiner als b bedeuten. Folglich geben die Dividenden:

$a10^0, a10^1, a10^2, a10^3 \ldots a10^{n-1}, a10^n, a10^{n+1}, a10^{n+2} \ldots a10^{m-1}, a10^m \ldots$

nach dem Divisor b die Reste:

$a, ar_1, ar_2, ar_3 \ldots ar_{n-1}, a, ar_1, ar_2 \ldots ar_{n-1}, a \ldots$

in Bezug auf welche jedoch zu bemerken ist, dass dieselben offenbar auch grösser als b ausfallen, man die Division mit b also wird fortsetzen können, um etwa statt der letzten die neuen Reste:

$a, \rho_1, \rho_2, \rho_3 \ldots \rho_{n-1}, a, \rho_1, \rho_2 \ldots \rho_{n-1}, a \ldots$

zu erhalten. Von diesen Zahlen: $\rho_1, \rho_2 \ldots \rho_{n-1}$, kann keine gleich Null sein, weil jeder der Dividenden von der Form ar ist, a aber relativ prim zu b und $r < b$ stattfindet. Und weiter sind alle diese Reste ungleich; denn wäre: $\rho_k = \rho_l$ (k und l gleich oder kleiner $n-1$ vorausgesetzt), so müsste: $ar_k - ar_l = a(r_k - r_l)$ durch b theilbar sein, was unmöglich ist.

Bildet man nun nach obiger Tabelle der Dividenden und Reste den Decimalbruch, so gestaltet sich die Rechnung folgendermassen:

Aus: $\dfrac{a10}{b} = q_1 + \dfrac{\rho_1}{b}$.

wird der Reihe nach:

$\dfrac{a10^2}{b} = q_1 \cdot 10 + q_2 + \dfrac{\rho_2}{b}$

$\dfrac{a10^3}{b} = q_1 \cdot 10^2 + q_2 \cdot 10 + q_3 + \dfrac{\rho_3}{b}$

— — — — —

$\dfrac{a10^{n-1}}{b} = q_1 \cdot 10^{n-2} + q_2 \cdot 10^{n-3} + \ldots + q_{n-2} \cdot 10 + q_{n-1} + \dfrac{\rho_{n-1}}{b}$

10) $\dfrac{a10^n}{b} = q_1 \cdot 10^{n-1} + q_2 \cdot 10^{n-2} + \ldots + q_{n-2} \cdot 10^2 + q_{n-1} \cdot 10 + q_n + \dfrac{a}{b}$,

aus welcher letzten Gleichung zunächst hervorgeht, dass die n ersten Ziffern des Decimalbruches: $q_1, q_2 \ldots q_n$ sein müssen. In der obigen Weise fortschreitend, könnte man auch die folgenden

Ziffern bestimmen; einfacher geschieht dieses jedoch dadurch, dass man 10) mit 10^n multiplicirt:

11) $\quad \frac{a \, 10^m}{b} = q_1 10^{m-1} + q_2 10^{m-2} + \ldots + q_{n-2} 10^{n+2} + q_{n-1} 10^{n+1}$
$$+ q_n 10^n + \frac{a \, 10^n}{b}.$$

um nun aus 11 und 10 abzuleiten:

$\frac{a \, 10^n}{b} = q_1 10^{m-1} + q_2 10^{m-2} + \ldots + q_{n-1} 10^{n+1} + q_n 10^n$
$\quad + q_1 10^{n-1} + q_2 10^{n-2} + \ldots + q_{n-1} 10 + q_n + \frac{a}{b}.$

Dieses Verfahren lässt sich offenbar beliebig oft wiederholen, so dass man zu dem Resultate gelangt: der Decimalbruch, in welchen der echte und reducirte Bruch $\frac{a}{b}$ verwandelt werden kann, muss, falls b relativ prim zu 10 ist, in der Weise ins Unendliche verlaufen, dass sich die n ersten Ziffern: $q_1, q_2, \ldots q_n$ stets in der nämlichen Reihenfolge wiederholen. Dieses stellt man dadurch dar, dass man schreibt:

12. $\quad \frac{a}{b} = 0. \overline{q_1 q_2 \ldots q_n} \; \overline{q_1 q_2 \ldots q_n} \; \overline{q_1 q_2 \ldots q_n} \ldots$

und nennt nun die rechte Seite einen rein periodischen Decimalbruch der Periode: $q_1 q_2 \ldots q_n$. Z. B.:

$$\frac{7}{11} = 0.03 + \frac{7}{11 \cdot 10^2}$$
$$= 0{,}0363 + \frac{7}{11 \cdot 10^4}$$
$$= 0{,}\overline{63}\,\overline{63}\,\overline{63} \ldots$$
$$\frac{13}{21} = 0{,}\overline{023809047} \; \overline{023809047} \ldots$$

So wie aus Gleichung 10 einmal das Gesetz, nach welchem die Ziffern des Decimalbruches aufeinanderfolgen, sich ergab, so lässt sich aus derselben auch ein ander Mal die Lösung des umgekehrten Problems, den Werth eines rein periodischen Decimalbruches zu bestimmen, dadurch ableiten, dass man einfach das letzte Glied rechter Hand in 10 auf die linke Seite bringt:

$\frac{a}{b} (10^n - 1) = q_1 10^{n-1} + q_2 10^{n-2} + \ldots + q_{n-2} 10^2 + q_{n-1} 10 + q_n$

und jetzt noch durch den Factor von $\frac{a}{b}$ dividirt:

13) $\frac{a}{b} = 0, q_1 q_2 \ldots q_n q_1 q_2 \ldots q_n \ldots = \frac{q_1 10^{n-1} + q_2 10^{n-2} + \ldots + q_{n-1} 10 + q_n}{10^n - 1}$.

In diesem für $\frac{a}{b}$ erhaltenen Werth bedeutet offenbar der Zähler eine dekadische Ganzzahl der n Ziffern: $q_1, q_2 \ldots q_{n-1}, q_n$, welche im Decimalbruche bekanntlich die Periode bilden, und ist der Nenner $10^n - 1$ eine Zahl, die aus n Neunen besteht. Man findet also den Werth eines rein periodischen Decimalbruches durch Division der als Ganzzahl betrachteten Periode durch eine Zahl, die aus so viel Neunen besteht, als die Periode Ziffern hat. Demnach ist $0,732732\ldots = \frac{732}{999}$. $6,5314 5314 \ldots = 6\frac{5314}{9999}$ u. s. w.

Tritt der pag. 62 und 53 besprochene Fall ein, dass irgend eine gerade, etwa die 2kte Potenz von 10 die erste ist, welche durch b dividirt den Rest 1 lässt, und dass gleichzeitig: $10^n - 1$ zu b relativ prim ist, so muss der Decimalbruch in Rücksicht auf folgende Tabelle hergestellt werden:

Dividenden:	$a, a 10^\lambda, a 10^2, a 10^3 \ldots a 10^{\lambda-3}, a 10^{\lambda-2}, a 10^{\lambda-1}, a 10^\lambda, a 10^{\lambda+1}, a 10^{\lambda+2} \ldots a 10^{\lambda n-3}, a 10^{\lambda n-2}, a 10^{\lambda n-1}, a 10^{\lambda n}$
Divisor:	b
Reste:	$1, r_1, r_2, r_3 \ldots r_{n-4}, r_{n-3}, r_{n-2}, b-1, b-r_1, b-r_2 \ldots b-r_{n-4}, b-r_{n-3}, b-r_{n-2}, 1 \ldots$

Dividenden:	$10^0, 10^1, 10^2, 10^3 \ldots 10^{\lambda-3}, 10^{\lambda-2}, 10^{\lambda-1}, 10^\lambda, 10^{\lambda+1}, 10^{\lambda+2} \ldots 10^{\lambda n-3}, 10^{\lambda n-2}, 10^{\lambda n-1}, 10^{\lambda n} \ldots$
Divisor:	b
Reste:	$a, a r_1, a r_2, a r_3 \ldots a r_{n-4}, a r_{n-3}, a r_{n-2}, a b-a, a b-a r_1, a b-a r_2 \ldots a b-a r_{n-4}, a b-a r_{n-3}, a b-a r_{n-2}, a \ldots$
Kleinst. Rest:	$a, p_1, p_2, p_3 \ldots p_{n-4}, p_{n-3}, p_{n-2}, b-a, b-p_1, b-p_2 \ldots b-p_{n-4}, b-p_{n-3}, b-p_{n-2}, a \ldots$

Man erhält dann für die Ziffern $q_1, q_2 \ldots q_n, q_{n+1} \ldots q_{2n}$ des Decimalbruches folgende Gleichungen:

$$\frac{a \cdot 10^1}{b} = q_1 + \frac{\rho_1}{b}, \quad \frac{10(b-a)}{b} = q_{n+1} + \frac{b-\rho_1}{b},$$

$$\frac{10\rho_1}{b} = q_2 + \frac{\rho_2}{b}, \quad \frac{10(b-\rho_1)}{b} = q_{n+2} + \frac{b-\rho_2}{b},$$

$$\frac{10\rho_2}{b} = q_3 + \frac{\rho_3}{b}, \quad \frac{10(b-\rho_2)}{b} = q_{n+3} + \frac{b-\rho_3}{b},$$

$$\frac{10\rho_{k-2}}{b} = q_{k-1} + \frac{\rho_{k-1}}{b}, \quad \frac{10(b-\rho_{k-2})}{b} = q_{n-1} + \frac{b-\rho_{k-1}}{b},$$

$$\frac{10\rho_{k-1}}{b} = q_k + \frac{b-a}{b}, \quad \frac{10(b-\rho_{k-1})}{b} = q_{2n} + \frac{a}{b},$$

woraus sich durch Addition stets zweier neben einander stehender Gleichungen für die Ziffern der Periode das bemerkenswerthe Gesetz ergiebt:

$$q_1 + q_{n+1} = 9 \qquad q_{k-1} + q_{n-1} = 9$$
$$q_2 + q_{n+2} = 9 \qquad q_k + q_{2n} = 9.$$
$$q_3 + q_{n+3} = 9$$

Z. B. $\frac{4}{7} = 0{,}\overline{571428} \; \overline{571428} \ldots$

$\frac{11}{17} = 0{,}\overline{6470588235294117} \; \overline{6470588235294117} \ldots$

Enthält endlich der Nenner des echten und reducirten Bruches $\frac{a}{b}$ ausser den Primfactoren 2 und 5 noch andere, die also zu 10 relativ prim sind, d. h. ist etwa: $b = 2^\alpha 5^\beta k$, wo α und β irgend welche positive Ganzzahlen mit Einschluss der Null und k eine Prim — oder zusammengesetzte Zahl, die aber mit 10 ausser der Einheit keinen gemeinsamen Factor hat, bedeuten, dann lässt sich die Natur des Decimalbruches, worin $\frac{a}{b}$ verwandelt werden kann, allerdings auch auf einem Wege, analog dem letzten, erkennen. Wir ziehen jedoch das folgende Verfahren vor, einmal seiner Kürze halber und ein andermal, um durch unsere Untersuchungen möglichst viele Gesichtspunkte zu eröffnen.

Wenn $\frac{a}{b}$ ein echter, reducirter Bruch ist und b durch das Product zweier Factoren, die relativ prim zu einander sind, ersetzt werden kann, etwa durch $m \cdot n$, dann lässt sich beweisen, dass a stets auf die Form: $mx + ny$ gebracht, also $\frac{a}{l}$ in: $\frac{mx+ny}{mn} = \frac{x}{n} + \frac{y}{m}$, verwandelt werden kann, wo x und y Ganzzahlen bedeuten, die bez. zu a und m relativ prim sind. Denn soll unter obigen Umständen: $a = mx + ny$ sein, so heisst das, es soll die Congruenz: $mx = a \pmod{n}$ stattfinden; und lässt sich umgekehrt beweisen, dass es stets ein ganzes x giebt, welches der Congruenz: $mx = a \pmod{n}$ genügt, so ist damit die Möglichkeit der obigen Zerlegung dargethan.

Dieses kann aber folgendermassen geschehen. Um Fermat's Lehrsatz zu beweisen (pag. 47) wurde zunächst gezeigt, dass, falls m und n zwei relative Primzahlen sind, die Reste der Multipla:

$$1.m, \; 2.m, \; 3.m \; \ldots \; (n-1)m$$

nach dem Divisor n mit den Zahlen: $1, 2 \ldots (n-1)$ zusammenfallen, woraus umgekehrt folgt, dass jedenfalls irgend eines dieser letzten Vielfachen durch n dividirt den Rest 1 geben muss. Es existirt demnach stets ein ganzes x_1, welches > 0 und $< n$ sein muss, für welches:

$$m x_1 = 1 \pmod{n}$$

stattfindet. Diese Congruenz mit: $a = a \pmod{n}$ multiplicirt, giebt aber:

$$m(x_1 a) = a \pmod{n}$$

womit offenbar der Nachweis, dass es stets ein ganzes: $x = x_1 a$ geben muss, welches der Congruenz: $mx = a \pmod{n}$ Genüge leistet, geliefert ist. Die Bestimmung dieses x lässt sich nach bestimmten Prinzipien, die wir später mittheilen werden, stets bewerkstelligen; vor der Hand genügt es, die Möglichkeit der Lösung einer Congruenz: $mx = a \pmod{n}$, wo m und n relativ prim zu einander sind, constatirt zu haben. Ausserdem lässt sich durch einen Versuch der Werth von x ohne Mühe ermitteln, weil x_1 zwischen bestimmten Grenzen liegen muss. So findet man z. B. für: $3x = 7 \pmod{11} : x = 4.7 = 28$, für: $11x = 2 \pmod 7$: $x = 2.2 = 4$. Dieses sind jedoch nicht die einzigen Lösungen; denn wenn $mx - a$ durch n theilbar ist, dann muss auch $mx - a + t$ mal jedem Multiplum von n durch n dividirt eine Ganzzahl sein, muss also allgemein: $mx + nmt = a \pmod{n}$ oder: $m(x + nt) = a \pmod{n}$ stattfinden, wo t irgend eine positive oder negative Ganzzahl bedeutet. Die allgemeine Lösung der

Congruenz: $3x = 7 \pmod{11}$ ist demnach: $x = 26 + 11\,t$, woraus für: $t = -2, -1, 0, +1 \ldots t = 6, 17, 28, 39 \ldots$ als sämmtliche positive Lösungen sich ergeben. Nachdem nun x gefunden ist, lässt sich y leicht aus der Gleichung: $y = \frac{a-mx}{n}$ berechnen, womit die Zerlegung des $\frac{a}{b}$ in seine beiden Partialbrüche: $\frac{x}{m}$ und $\frac{y}{n}$ beschafft ist. Hierin müssen x und n einerseits, y und m andererseits relativ prim sein. Denn hätten z. B. x und n den gemeinsamen Factor $\delta(>1)$, so dass etwa: $x = \xi.\delta$, $n = v.\delta$ stattfände, dann folgte aus:

$$a = mx + ny = m\xi\delta + v\delta y,$$

dass a und $b = mn = mv\delta$ gleichzeitig durch δ theilbar wären, was gegen die Voraussetzung ist.

Beispiel: $\frac{17}{39} = \frac{17}{3.13} = \frac{3x + 13y}{3.13}$. Die Lösung der Congruenz: $3x = 17 \pmod{13}$ ist: $x = 10 + 13.t$; daraus folgt: $y = \frac{17 - 3x}{13} = \frac{17 - 3(10 + 13.t)}{13} = -1 - 3.t$; demnach ist: $\frac{17}{37} = \frac{10 + 13.t}{13} + \frac{-1 - 3.t}{3} = \frac{10}{13} - \frac{1}{3}$.

Bestimmen wir jetzt den Decimalbruch, worin $\frac{a}{b}$ verwandelt werden kann, wenn $b = 2^\alpha 5^\beta k$ ist, wo k keine der Primzahlen 2 und 5 enthält. Setzt man kurzweg $2^\alpha 5^\beta = r$, so ist: $\frac{a}{b} = \frac{a}{r.k}$, wo r und k relativ prim zu einander sind; folglich kann nach Obigem $\frac{a}{b}$ stets durch die Summe zweier reducirter Partialbrüche ersetzt werden, deren Nenner bez. r und k sind. Man erhält etwa:

$$\frac{a}{b} = \frac{x}{2^\alpha 5^\beta} + \frac{y}{k}.$$

$\frac{x}{2^\alpha 5^\beta}$ giebt aber einen endlichen Decimalbruch von α oder β Stellen, jenachdem $\alpha > \beta$ oder $\alpha < \beta$ ist; $\frac{y}{k}$ einen rein periodischen Bruch, weil k zu 10 relativ prim ist; denkt man sich nun diese beiden Brüche vereinigt, wie das Zeichen es vorschreibt, so entsteht offenbar ein periodischer Decimalbruch, dessen Periode jedoch α oder β nicht periodische

Ziffern vorhergehen. Darum nennt man einen solchen Decimalbruch gemischt periodisch und kann das erhaltene Resultat folgendermassen aussprechen: Enthält der Nenner b des echten, reducirten Bruches $\frac{a}{b}$ ausser 2 und 5 noch andere Primfactoren, so lässt sich $\frac{a}{b}$ in einen gemischt periodischen Decimalbruch verwandeln, in welchem der Periode so viel Ziffern vorangehen, als der höchste Exponent der im Nenner vorkommenden Potenzen von 2 und 5 Einheiten hat.
So ist:

$$\frac{223}{280} = \frac{223}{40.7} = \frac{9}{40} + \frac{4}{7} = \frac{9}{2^3.5} + \frac{4}{7} = 0{,}225 + 0{,}\overline{571428571428}\ldots$$
$$= 0{,}796\overline{428571428571}\ldots$$

Ist ein gemischt periodischer Decimalbruch, allgemein etwa $0. q_1 q_2 \ldots q_n \overline{r_1 r_2 \ldots r_m} \overline{r_1 r_2 \ldots r_m} \ldots$ gegeben, so erhält man seinen Werth W, wenn die Gleichung:

$$W = 0, q_1 q_2 \ldots q_{(n)} \overline{r_1 r_2 \ldots r_{(m)}} \overline{r_1 r_2 \ldots r_{(m)}} \ldots$$

erst mit 10^{m+n}, darauf mit 10^n multiplicirt wird:

$$10^{m+n}. W = q_1 q_2 \ldots q_{(n)} r_1 r_2 \ldots r_{(m)}, \overline{r_1 r_2 \ldots r_{(m)}} \ldots$$
$$10^n. W = \phantom{q_1 q_2 \ldots q_{(n)}} q_1 q_2 \ldots q_{(n)}, \overline{r_1 r_2 \ldots r_{(m)}} \ldots$$

und die erhaltenen Producte von einander subtrahirt werden. Aus dieser Differenz findet man sofort:

$$14)\quad W = \frac{q_1 q_2 \ldots q_n r_1 r_2 \ldots r_{(m)} - q_1 q_2 \ldots q_{(n)}}{10^{m+n} - 10^n}.$$

Was die Rechnung mit Decimalbrüchen anbelangt, so zeigt Gleichung 7 die bei der Addition und Subtraction zu befolgenden einfachen Grundsätze. Aus:

$$\frac{a}{b} = q_1 10^{-1} + q_2 10^{-2} + q_3 10^{-3} + \ldots + q_{(k)} 10^{-k} + \ldots + q_{(n)} 10^{-n}$$

$$\frac{c}{d} = t_1 10^{-1} + t_2 10^{-2} + t_3 10^{-3} + \ldots + t_{(k)} 10^{-k}$$

folgt nämlich ohne weiteres als Summe oder Differenz der beiden endlichen Decimalbrüche rechter Hand:

$$15)\quad \frac{a}{b} \pm \frac{c}{d} = (q_1 \pm t_1) 10^{-1} + (q_2 \pm t_2) 10^{-2} + \ldots$$
$$+ (q_{(k)} \pm t_{(k)}) 10^{-k} + q_{(k+1)} 10^{-(k+1)} + \ldots + q_{(n)} 10^{-n}.$$

Man schreibe also die durch Addition oder Subtraction zu vereinigenden Brüche so untereinander, dass je zwei Ziffern derselben Rangordnung eine Verticalcolumne bilden; dann sind bez. die Summen oder Differenzen der so unter einander stehenden Ziffern die Ziffern der gesuchten Summe oder Differenz; dass es hierbei am zweckmässigsten ist, von rechts nach links zu rechnen, bedarf wohl kaum einer Erwähnung. So findet man:

```
    3,58197           0,793146          17,136
    1,22631           0,153              5,04912978
   ─────────        ─────────         ──────────────
    4,80828 als S.    0,946146 als S.   22,18512978 als S.
    2,35566 als D.    0,640146 als D.   12,04687022 als D.
```

Die Regeln zur Bildung des Productes und Quotienten erhält man am einfachsten, wenn die vorhin schon benutzten Brüche zunächst auf die Form:

$$\frac{a}{b} = \frac{q_1 10^{n-1} + q_2 10^{n-2} + \cdots + q_{(n)}}{10^n} = \frac{q_1 q_2 \cdots q_{(n)}}{10^n}$$

$$\frac{c}{d} = \frac{t_1 10^{k-1} + t_2 10^{k-2} + \cdots + t_{(k)}}{10^k} = \frac{t_1 t_2 \cdots t_{(k)}}{10^k}$$

gebracht werden. Es ergiebt sich dann:

$$\frac{a}{b} \cdot \frac{c}{d} = \frac{q_1 q_2 \cdots q_{(n)} \cdot t_1 t_2 \cdots t_{(k)}}{10^{n+k}}$$

d. h. das Product ist ein $n+k$ stelliger Decimalbruch, dessen Zähler gleich dem Product der Zähler der beiden Factoren ist. Hiernach hat man z. B.:

$$0,123 \cdot 0,42 = \frac{123 \cdot 42}{10^5} = \frac{5166}{10^5} = 0,05166.$$

$$7,132 \cdot 0,000089 = \frac{7132 \cdot 89}{10^9} = \frac{634748}{10^9} = 0,000634748.$$

Den Quotienten: $\dfrac{0, q_1 q_2 \cdots q_{(n)}}{0, t_1 t_2 \cdots t_{(k)}}$ berechnet man am einfachsten, nachdem Zähler und Nenner mit einer solchen Potenz von 10 multiplicirt worden, dass beide in Ganzzahlen übergegangen sind; so würde man, je nachdem $n \gtreqless k$ ist, zunächst mit 10^n oder 10^k multipliciren, um dann durch Division der erhaltenen Ganzzahlen den Werth des Quotienten der Decimalbrüche zu bestimmen.

Z. B.: $\frac{0{,}137}{0{,}29} = \frac{137}{290} = 0{,}472\ldots;\quad \frac{11{,}13}{0{,}1257} = \frac{111300}{1257} = 88{,}54\ldots;$

$\frac{0{,}00013}{71{,}25} = \frac{13}{7125000} = 0{,}0000018\ldots$

Sind die Decimalbrüche periodisch, also bis ins Unendliche verlaufend, so ist den letzten Bemerkungen noch Folgendes hinzuzufügen. Haben die Perioden der beiden zu vereinigenden Brüche bez. m und n Stellen und werden die Perioden selbst, als Ganzzahlen betrachtet, mit P und Q bezeichnet, dann sind nach 13 die Werthe der Decimalbrüche: $\frac{P}{10^m - 1}$ und $\frac{Q}{10^n - 1}$, folglich ihre Summe oder Differenz: $\frac{P(10^n - 1) + Q(10^m - 1)}{(10^m - 1)(10^n - 1)}$. Der Nenner ist also, welchen Werth auch die Exponenten m und n haben mögen, eine Zahl, deren letzte Ziffer, der Repräsentant der Einheiten-Anzahl, eine 1 ist, so dass dieselbe weder durch 2 noch durch 5 theilbar sein kann, also zu 10 relativ prim sein muss; der resultirende Decimalbruch muss darum wieder rein periodisch sein. Die Anzahl der Stellen seiner Periode würde man dadurch finden können, dass man, falls: $P(10^n - 1) \pm Q(10^m - 1)$ zu $(10^m - 1)(10^n - 1)$ relativ prim wäre, die kleinste Potenz von 10 aufsuchte, welche durch $(10^m - 1)(10^n - 1)$ dividirt den Rest 1 liesse. Ob aber diese erste Bedingung erfüllt wird, lässt sich im allgemeinen nicht erkennen, weil dieses offenbar von den jedesmaligen Werthen der 4 Grössen: P, Q, m, n abhängt; darum muss man sich über die Ziffern-Anzahl der resultirenden Periode auf folgendem Wege entscheiden. Denkt man sich die Periode der zu addirenden oder zu subtrahirenden Brüche so oft hingeschrieben, bis der Fall eintritt, dass, sind die Ziffern gleichen Ranges immer vertical unter einander gesetzt, die letzte Ziffer der Periode des ersten Bruches und der des zweiten eine Vertical-Columne bilden, dann wird offenbar mit der Summe oder Differenz dieser beiden Ziffern die erste Periode des herzustellenden Bruches schliessen, so dass die Anzahl ihrer Ziffern gleich der kleinsten Zahl ist, welche gleichzeitig durch m und n getheilt werden kann. Z. B. für $0{,}\overline{683526}\ldots$ und $0{,}\overline{21432143}\ldots$ schreibt man:

0,683526683526 683526 . . .
0,214321432143 214321 . . .

Die erste 6stellige Periode ist also 2-mal, die 4stellige 3-mal zu wiederholen, bis der Fall eintritt, dass die beiden letzten Ziffern; 6 und 3 der Perioden eine Vertical-Columne bilden; demnach ist die Ziffern-Anzahl der durch Addition oder Subtraction resultirenden Periode gleich 12, was man ohne weiteres durch die Ueberlegung hätte bestimmen können, dass 12 der kleinste Dividend von 6 und 4 ist. Man erhält:

$$0{,}\overline{897848115669}\ \overline{807848115669}\ldots \text{ als Summe,}$$
$$-0{,}\overline{469205251383}\ \overline{469205251383}\ldots \text{ als Differenz.}$$

Sind die Brüche gemischt periodisch, dann sind sie durch eine additive oder subtractive Verbindung je zweier Brüche von der Form: $\dfrac{A}{2^m 5^n}$ und $\dfrac{B}{k}$ für den ersten, und: $\dfrac{A_1}{2^{m_1} 5^{n_1}}$ und $\dfrac{B_1}{r}$ für den zweiten entstanden, wenn m, n, m_1, n_1 positive Ganzzahlen mit Einschluss der Null, k und r Zahlen relativ prim zu 10, A und A_1 Zahlen bez. relativ prim zu $2^m 5^n$ und $2^{m_1} 5^{n_1}$, B und B_1 relativ prim zu r und r_1 bedeuten.

Die Summe oder Differenz der beiden ersten Bestandtheile $\dfrac{A}{2^m 5^n}$ und $\dfrac{A_1}{2^{m_1} 5^{n_1}}$ ist ein endlicher Decimalbruch, dessen Ziffern-Anzahl so gross ist, wie die höchste Ziffern-Anzahl in einem der zu vereinigenden Decimalbrüche; die Summe oder Differenz der beiden letzten Bestandtheile: $\dfrac{B}{k}$ und $\dfrac{B_1}{k_1}$ ist ein rein periodischer Bruch, dessen Periode t stellig sein muss, wenn t der kleinste Dividend der Zahlen ist, welche die Anzahl der Ziffern der Perioden der Brüche $\dfrac{B}{k}$ und $\dfrac{B_1}{k_1}$ angeben. Durch Addition oder Subtraction zweier gemischt periodischer Brüche erhält man demnach im allgemeinen wieder einen **gemischt periodischen Bruch**; nur dann wird derselbe **rein periodisch** sein, wenn die den Perioden vorangehenden Ziffern so beschaffen sind, dass ihre Summe oder Differenz dieselben Ziffern in derselben Reihenfolge wie die Periode der Summe oder Differenz enthält. So ist z. B.:

für: $0{,}154\overline{532632}\ldots$ für: $0{,}625\overline{974974}\ldots$
$0{,}727\overline{349349}\ldots$ $0{,}201\overline{732732}\ldots$
die Summe: $0{,}881\overline{881881}\ldots$ d. Diff.: $0{,}424\overline{242242}\ldots$

dagegen für: $0{,}6392\overline{173}\overline{173}\overline{173}\overline{173}\overline{173}17\ldots$
$\phantom{\text{dagegen für: }}0{,}213\overline{54175417541754175}4\ldots$

Summe: $0{,}852750071492734855907\overline{1}\ldots$
Differenz: $0{,}425675503141899775503\ldots$

Was das Product zweier unendlicher Decimalbrüche, rein oder gemischt periodisch, anlangt, so muss man, soll ihr Werth absolut genau gefunden werden, zunächst die zu vereinigenden Brüche nach den angegebenen Regeln in gemeine Brüche verwandeln, und diese mit einander multipliciren. Gewöhnlich begnügt man sich hierbei jedoch mit einem gewissen Grade von Genauigkeit, der sowohl in Rücksicht auf die Natur der vorliegenden Aufgabe, wie auf die der Rechnung zum Grunde gelegten Einheit zu bestimmen ist. Alsdann ist Folgendes zu beachten.

Stellt man das Product der unendlichen Decimalbrüche: $0, q_1 q_2 q_3 \ldots q_n \ldots$ und $0, t_1 t_2 t_3 \ldots t_n \ldots$ her, so überzeugt man sich leicht, dass dasselbe um den Werth von:

$$F = t_1 q_{n+1} \left| 10^{-(n+1)} + t_2 q_{n+2} \right| 10^{-(n+2)} + t_3 q_{n+3} \left| 10^{-(n+3)} \ldots \right.$$
$$\begin{array}{l} t_{n+1} q_1 \\ t_2 q_{n+1} \\ t_{n+1} q_2 \\ t_{n+2} q_1 \end{array} \quad \begin{array}{l} t_2 q_{n+2} \\ t_3 q_{n+1} \\ t_{n+1} q_3 \\ t_{n+2} q_2 \\ t_{n+3} q_1 \end{array}$$

grösser ist, als das $2n$ stellige Product der n ziffrigen Brüche: $0, q_1 q_2 \ldots q_n$ und $0, t_1 t_2 \ldots t_n$. Würde man also an die Stelle des ersten das letzte setzen, so beginge man einen Fehler $= F$, dessen höchster Werth erhalten wird, wenn alle Ziffern in obiger Summe gleich neun gesetzt werden. Demnach ist:

$$F \lessgtr 2 \cdot 81 \cdot 10^{-(n+1)} \left(1 + \frac{2}{10} + \frac{3}{10^2} + \frac{4}{10^3} + \ldots \right)$$
$$\lessgtr 2 \cdot 81 \cdot 10^{-(n+1)} (1{,}234\ldots)$$

also jedenfalls:

$F < (2{,}81 \cdot 10^{-(n+1)} \cdot 1{,}3 = 2 \cdot 10^{-n} + 1 \cdot 10^{-(n+1)} + 0 \cdot 10^{-(n+2)} + 6 \cdot 10^{-(n+3)})$.

Um demnach das $2n$ stellige Product der n ziffrigen Brüche in das der bis ins Unendliche verlaufenden zu verwandeln, hat man höchstens von der $n$ten Stelle ab die Decimalen des ersten zu erhöhen und zwar die nte Decimale selbst höchstens um eine oder zwei Einheiten; die vorhergehenden Decimalen bis zur $(n-1)$ten bleiben unverändert, falls nicht die nte eine 8 oder 9 ist und bez. um 2 oder 1 Einheit vergrössert werden muss, wodurch dann allerdings auch die vorhergehende $(n-1)$te Decimale afficirt wird. Man kommt daher zu folgendem Resultat: Um den Werth des Productes zweier unendlicher Decimalbrüche etwa bis auf $(n-1)$ Stellen genau zu erhalten, schneide man von den beiden Factoren vom Komma nach rechts gehend n Decimalen ab und multiplicire die so erhaltenen n ziffrigen Brüche; dann sind die $(n-1)$ ersten Decimalen dieses Productes gleichzeitig die $(n-1)$ ersten Decimalen des Productes der gegebenen Brüche, wenn nicht die nte Decimale des ersten eine 8 oder 9 ist. In diesem letzten Fall kann man sich auf die $(n-1)$te Ziffer nicht unbedingt mehr verlassen und muss sich daher entweder mit einem geringeren Grade von Genauigkeit begnügen oder statt der n ersten Ziffern der gegebenen Brüche etwa die $(n+1)$ oder $(n+2)$ ersten in Anrechnung bringen.

Im allgemeinen bedarf man demnach von den $2n$ Ziffern des Productes der beiden n stelligen Brüche nur der Kenntniss der n ersten, und zeigen wir daher noch, wie sich diese in der kürzesten Weise bestimmen lassen, indem wir zu dem Zwecke von den beiden etwa 6 ziffrigen Decimalbrüchen: $0, q_1 q_2 q_3 q_4 q_5 q_6$ $= q_1.10^{-1} + q_2.10^{-2} + q_3.10^{-3} + q_4.10^{-4} + q_5.10^{-5} + q_6.10^{-6}$ und $0, t_1 t_2 t_3 t_4 t_5 t_6 = t_1.10^{-1} + t_2.10^{-2} + t_3.10^{-3} + t_4.10^{-4} + t_5.10^{-5} + t_6.10^{-6}$ ausgehen, für deren volles Product man zunächst nach den bekannten Regeln verfahrend findet:

$t_1 q_1.10^{-2}$	$+t_1 q_2.10^{-3}$	$+t_1 q_3.10^{-4}$	$+t_1 q_4.10^{-5}$	$+t_1 q_5.10^{-6}$	$+t_1 q_6.10^{-7}$
$t_2 q_1$	$t_2 q_2$	$t_2 q_3$	$t_2 q_4$	$t_2 q_5$	
	$t_3 q_1$	$t_3 q_2$	$t_3 q_3$	$t_3 q_4$	
		$t_4 q_1$	$t_4 q_2$	$t_4 q_3$	
			$t_5 q_1$	$t_5 q_2$	
				$t_6 q_1$	

Bringt man nun nur die Glieder diesseits des dickeren Striches in Anrechnung, so wird der Factor von 10^{-7} so fehlerhaft ausfallen, dass auch der von 10^{-6} nicht als richtig erklärt werden kann, also kein Product bis auf 6 Decimalen genau erhalten wird. Man muss darum die Ziffern in der Vertical-Columne: 10^{-7} in Rücksicht auf die jenseits des Striches stehenden Glieder so verbessern, dass die als Factor von 10^{-7}, d. i. als 7te Decimale, resultirende Zahl höchstens um eine oder zwei Einheiten falsch sein kann, der in der 7ten Ziffer enthaltene Fehler demnach auf die 6te Ziffer im allgemeinen ohne Einfluss ist. Diese Correctionen sind folgendermassen anzubringen. Bei der Bildung der zweiten Horizontalcolumne berechnet man auch $t_2 q_6$. Es wird sich hierfür im allgemeinen: $\alpha \cdot 10 + \beta$ ergeben, wo α zwischen 0 und 8, β zwischen 0 und 9 (die Grenzen inclusive) liegt, weil der höchste Werth von $t_2 q_6 : 81$, für $t_2 = q_6 = 9$, der niedrigste 0 ist. Je nachdem nun: $\beta < 5$, oder: $\beta \gtreqless 5$ ist, fügt man den Werth von $t_2 q_5$: α oder $\alpha + 1$ Einheiten hinzu. In gleicher Weise macht man es für jede der folgenden Horizontalcolumnen; dann wird man als Factor von 10^{-7} eine Zahl erhalten müssen, die, wo nicht absolut richtig, höchstens mit einem Fehler gleich einer oder gleich zwei Einheiten behaftet sein kann, der demnach auf die 6te Ziffer im allgemeinen einflusslos sein muss. Sollte der Fall eintreten, dass in allen Producten: $t_1 q_5, t_3 q_4, t_4 q_6, t_5 q_3, t_6 q_2$ die Einheiten < 5 ausfielen, so wird man vielleicht abwechselnd die Verbesserung $\alpha + 1$ statt α (im obigen Sinne) anbringen. Ueberhaupt wird man nicht immer an der vorigen Regel unbedingt haften, sondern dieselbe in einer den jedesmaligen Umständen angemessenen Weise, über die sich der Rechner bei klarer Einsicht in das der Correction zum Grunde liegende Prinzip leicht entscheiden kann, modificiren.

Z. B.:

0,837124
0,531976

4185620 (erste Horizontalcolumne: $l_1 q_1 10^{-1} + l_2 q_2 10^{-3} + \ldots + l_7 q_7 10^{-7}$)
251137 (zweite Horizontalcolumne. Ohne Verbesserung: 251136
wegen 3.4 = 12, Verbesserung: 1
251137

8371 (8371 Verbesserung 0 wegen 1.2 < 5)
7534 (7533
    1 Verbesserung wegen 9.1 = 9 > 5)
586 (581
    5 Verbesserung wegen 7.7 = 49)

50 (48
    2 Verbesserung wegen 3.6 = 18)

0,4453298

Der wahre Werth des Productes ist: 0,445329677024.

4,67135
11.7619

467135
46714
32699
2803
47
41

54,9439

Der wahre Werth des Productes ist: 54,943961565.

0,72604302
0,30100807

217812906
726043
5808
50

0,218544807

Der wahre Werth des Productes ist: 0,2185448081671714.

Für das Product der beiden bis ins Unendliche verlaufenden Brüche: $0,\overline{3125731257}\ldots$ und $0,\overline{7630152 7630152}\ldots$ findet man endlich bis auf 9 Decimalen genau aus:

$$0,3125731259$$
$$0,7630152763$$

2189011879 7
1875438754
93771938
312573
156286
6251
2187
187
9
_____
0,2384980698 5.

Die Berechnung des Quotienten zweier unendlicher Decimalbrüche geschieht am einfachsten nach der von Fourier angegebenen Methode der sogenannten geordneten Division. Dieselbe ist, wie man erkennen wird, auch auf die Theilung ganzer Zahlen und endlicher Decimalbrüche anwendbar, giebt absolute richtige Resultate und reducirt die Arbeit des ganzen Geschäftes auf ein Minimum.

Um den ihr zum Grunde liegenden Gedanken mitzutheilen, bilden wir zunächst das Product etwa der dekadischen Ganzzahlen:

15) $a_5 10^5 + a_4 10^4 + a_3 10^3 + a_2 10^2 + a_1 10^1 + a_0$
16) $b_4 10^4 + b_3 10^3 + b_2 10^2 + b_1 10^1 + b_0$

mit:

17) $a_5 b_4 10^9 + a_5 b_3 | 10^8 + a_5 b_2 | 10^7 + a_5 b_1 | 10^6 + a_5 b_0 | 10^5$
$\ a_4 b_4 a_4 b_3 a_4 b_2 a_4 b_1$
$ a_3 b_4 a_3 b_3 a_3 b_2$
$ a_2 b_4 a_2 b_3$
$ a_1 b_4$

$+ a_4 b_0 | 10^4 + a_3 b_0 | 10^3 + a_2 b_0 | 10^2 + a_1 b_0 | 10 + a_0 b_0$
$ a_3 b_1 a_2 b_1 a_1 b_1 a_0 b_1$
$ a_2 b_2 a_1 b_2 a_0 b_2$
$ a_1 b_3 a_0 b_3$
$ a_0 b_4$

Wird also umgekehrt mit 15 in 17 dividirt, so muss sich 16 ergeben. Nach der gewöhnlichen Methode berechnet man diesen Quotienten bekanntlich dadurch, dass mit 15 zunächst in die 5 oder 6 ersten Ziffern von 17 getheilt, der erhaltene Quotient mit 15 multiplicirt und dieses Product von 17 subtrahirt wird. Nachdem zu dem so erhaltenen Reste die nächste Ziffer des ursprünglichen Dividenden hinzugefügt ist, wird in die so vervollständigte Zahl vom neuen mit 15 hineindividirt; der erhaltene Quotient ist die zweite Ziffer von 16 u. s. w. Der Unterschied dieser und der Fourier'schen Methode besteht nun darin, dass von den Producten des ersten, zweiten ... Theils des Quotienten in den Divisor nur immer diejenigen Theile berücksichtigt werden, welche zur Bestimmung des neuen Dividenden unumgänglich nothwendig sind, so dass man folgendermassen rechnet.

Von dem Divisor 15 nimmt man zunächst etwa nur die beiden ersten Ziffern: $a_1 a_4$, die durch einen Strich besonders markirt und der überstrichene Divisor genannt werden. Jenachdem nun die beiden ersten Ziffern des Dividendus $> a_1 a_4$ oder $< a_1 a_4$ sind, bilden sie oder die drei ersten den überstrichenen Dividenden. So ist für $\overline{54}943951565 : \overline{46}7135$, falls man 46 als den überstrichenen Divisor nimmt, 54 der überstrichene Dividend; würde dagegen die erste Ziffer des Dividend keine 5, sondern eine 4, 3, 2 oder 1 gewesen sein, dann hätte man als

überstrichenen Dividend $\genfrac{}{}{0pt}{}{4}{11}$ 49 nehmen müssen, damit in ihn mit

dem überstrichenen Divisor hineingetheilt werden kann. Diese Division:

allgemein mit $a_1 10^3 + a_4 10^0$ in $a_2 b_1 10^n + a_3 b_2 | 10^n$ giebt: $b_1 10^1$
 $a_4 b_4 |$

für das Beispiel mit 46 in 54 — 1.

Mit dem so erhaltenen ersten Theil: $b_1 10^1$ (1) des Quotienten wird der überstrichene Divisor multiplicirt und das Product: $a_4 b_1 10^0 + a_1 b_1 10^1$ (1.46 = 46) vom Dividenden subtrahirt. Der Rest ist, nimmt man die folgende Ziffer des Dividenden hinzu:

$a_1 b_1 10^n + a_2 b_2 | 10^1$, $\quad \left(\genfrac{}{}{0pt}{}{467135}{46} \genfrac{}{}{0pt}{}{)54943951565 (1}{89} \right)$
$ a_4 b_2 |$
$ a_1 b_4 |$

76

Diese Grösse, ohne Weiteres als neuen Dividend benutzt, muss im allgemeinen einen fehlerhaften zweiten Theil des Quotienten liefern, weil vom ursprünglichen Dividenden nicht, wie es muss, $b_4 10^4$ mal Total-Divisor, sondern nur: $b_4 10^4$ mal Uebst.-Divisor subtrahirt wurde, man also:

$$b_4 10^4 (a_3 10^3 + a_2 10^2 + a_1 10^1 + a_0) = a_3 b_4 10^7 + a_2 b_4 10^6 + a_1 b_4 10^5 + a_0 b_4$$

abzuziehen unterliess. Diese Grösse mit dem neuen Dividenden verglichen, sieht man sofort, dass letzter, wäre alles subtrahirt, einen andern Werth erhalten hätte, indem beide Theile ein Glied mit 10^7 enthalten. Darum corrigirt man den Dividenden dadurch, dass man noch $a_3 b_4 10^7$ subtrahirt, um als sogenannten verbesserten Dividend zu erhalten:

$$a_3 b_4 10^4 + a_2 b_2 10^1,$$
$$a_4 b_3 \Big| \quad \begin{pmatrix} 89 \\ 7 \ (7.1, \text{ d. i. die erste Ziffer: 7, welche} \\ 82 \ \text{auf den überstrichenen Divisor} \\ \text{folgt, multiplicirt mit der ersten} \\ \text{Ziffer: 1 des Quotienten.} \end{pmatrix}$$

Diese Subtraction ist aber nur dann möglich, wenn:

$$a_2 b_3 10 > a_3 b_4 \ ^*)$$

und weil a_3 höchstens $= 9$ sein kann, wenn man:

$a_3 b_3 10 \gtreqless 10 . b_4$ oder: $a_3 b_3 \gtreqless b_4 \ (8 > 1)$

hat. Wird diese Gleichung bez. Ungleichung erfüllt, dann ist die Verbesserung anzubringen, und: $b_4(1)$ die erste richtige Ziffer

---

*) Der noch nicht corrigirte Dividend ist nämlich allgemein eine Zahl von der Form:

$$N = A 10^n + a 10^{n-1} + \beta 10^{n-2} + \gamma 10^{n-3} + \ldots$$

und der nicht subtrahirte Theil des Productes aus dem ersten Theil des Quotienten und Total-Divisor im allgemeinen eine Zahl von der Form:

$$N_1 = A_1 10^{n-1} + \beta_1 10^{n-2} + \gamma_1 10^{n-3} + \ldots$$

wo A und A_1 beliebige Ganzzahlen, dagegen: $a, \beta, \gamma \ldots \beta_1, \gamma_1, \ldots$ Ganzzahlen < 10 bedeuten. Bringt man erstere auf die Form:

$$N = (A 10 + a) 10^{n-1} + \beta 10^{n-2} + \gamma 10^{n-3} + \ldots$$

so erkennt man sofort, dass $N > N_1$ sein muss, also N_1 von N subtrahirt werden kann, wenn:

$$A 10 + a > A_1$$

also jedenfalls, wenn:

$$A 10 > A_1$$

stattfindet.

des Quotienten. Ist dieses jedoch nicht der Fall, dann folgt offenbar noch nicht mit Nothwendigkeit:
$$a_2 b_2 10^5 + a_2 b_1 10^4 < a_2 b_1 10^7 + a_2 b_1 10^6 + a_1 b_1 10^5 + a_2 b_1 10^4$$
$$a_1 b_2$$
$$a_1 b_1$$

und nur die weitere Rechnung muss entscheiden, ob die Verbesserung möglich ist oder nicht. Man subtrahirt nämlich die Verbesserung vom letzten Dividenden; ergiebt sich dann ein negativer Rest, so folgt, dass erste nicht angebracht werden kann, dass also die erste Ziffer des Quotienten niedriger zu nehmen ist.

Nach geschehener Correction wird mit dem Uebst. Divisor in den neuen verbesserten Dividenden getheilt, also mit:

$$a_2 10^5 + a_1 10^4 \text{ in } a_2 b_1 10^5 + a_2 b_1 | 10^4 , (46 \text{ in } 82)$$
$$a_1 b_2$$

der Quotient ist: $b_1 10^3$ (1); hiermit den Uebst. Divisor multiplicirt, dass Product subtrahirt und die folgende Ziffer des gegebenen Dividenden heruntergenommen, giebt:

$$a_2 b_1 10^7 + a_2 b_1 | 10^6 , \binom{46) 82 (1}{46}$$
$$a_1 b_2$$
$$a_1 b_1$$
$$a_1 b_1 \qquad \qquad 364$$

Demnach ist bis jetzt unterlassen zu subtrahiren:
$$a_2 b_1 10^6 + a_1 b_1 10^5 + a_2 b_1 10^4 \text{ (von der ersten Division her)}$$
$$b_1 10^3 (a_2 10^3 + a_1 10^2 + a_1 10^1 + a_0) = a_2 b_1 10^6 + a_2 b_1 10^5 + a_1 b_1 10^4$$
$$+ a_0 b_1 10^3 \text{ (von der letzten)}.$$

Hiervon werden: $a_2 b_1 10^6 + a_2 b_1 10^5$ jetzt berücksichtigt, so dass der neue v. Dividend ist:

$$a_1 b_1 10^7 + a_2 b_1 | 10^6 , \binom{364}{8 (1.7+1.1)}{356}$$
$$a_1 b_1 |$$

Als Bedingung, dass diese Correction angebracht werden kann, hat man:
$$a_2 b_2 10 > a_2 b_1 + a_1 b_3$$

oder weil a_2 und a_1 höchstens $= 9$ sein können:
$$a_2 b_2 \geq b_1 + b_3, \qquad 36 > 1 + 1.$$

In dieser Weise wird fortgerechnet. In den neuen v. Dividenden wird mit dem Uebst. Divisor vom neuen getheilt, d. i. also mit:

$a_3 10^5 + a_4 10^4$ in $a_3 b_1 10^7 + a_4 b_1 | 10^6$: Quotient $= b_1 10^2$
$\quad\quad\quad\quad\quad\quad a_4 b_2 |$
$\quad\quad a_3 b_1 10^7 + a_4 b_1 10^6$
$\quad\quad\quad\quad\quad a_5 b_1 10^6 + a_5 b_0 \ 10^5$
$\quad\quad\quad\quad\quad\quad\quad a_4 b_1 |$
$\quad\quad\quad\quad\quad\quad\quad a_3 b_2 |$
$\quad\quad\quad\quad\quad\quad\quad a_2 b_3 |$
$\quad\quad\quad\quad\quad\quad\quad a_1 b_4 |$

Von den bis jetzt nicht subtrahirten Theilen:

$a_1 b_1 10^5 + a_2 b_1 10^4$ (von der ersten Division, her)
$a_2 b_2 10^5 + a_1 b_2 10^4 + a_4 b_2 10^3$ (von der zweiten Division her)
$a_3 b_3 10^5 + a_2 b_3 10^4 + a_1 b_3 10^3 + a_4 b_3 10^2$ (von der letzten Div.)

werden die 3 Glieder mit 10^5 als Verbesserung angebracht, so dass der neue Dividend:

$a_3 b_1 10^6 + a_3 b_0 | 10^5$
$\quad\quad\quad\quad a_4 b_1 |$

und die Bedingung, dass die Correction möglich ist, sein muss:

$a_3 b_1 10 > a_1 b_4 + a_2 b_3 + a_3 b_2$

oder:

$a_3 b_1 \geq b_4 + b_3 + b_2$.

Führt man so fort, bis sich der letzte Theil b_p des Quotienten ergeben hat, vergleicht darauf die bei den verschiedenen Subtractionen unberücksichtigt gebliebenen Glieder mit dem übrig gebliebenen Theile des gegebenen Dividenden, so wird man vollkommene Uebereinstimmung wahrnehmen, also schliessen müssen, dass der erhaltene Quotient absolut richtig ist.

Für unser Beispiel gestaltet sich die weitere Rechnung folgendermassen:

467135) 54943951565 (117619,000
$\quad\quad\quad$ 40
$\quad\quad\quad$ ─────
$\quad\quad\quad$ 89 (8 > 1, also 1 sicher)
$\quad\quad\quad$ 7 (1 . 7 V.)
$\quad\quad\quad$ ───
$\quad\quad\quad$ 82

82
46
364 (36 > 1 + 1, also die zweite Ziffer sicher)
 8 (1.7 + 1.1 V.)
───────
356
322
343 (34 > 1 + 1 + 7, also 7 sicher)
 53 (7.7 + 1.1 + 1.3)
───────
290
276
149 (14 < 1 + 1 + 7 + 6, also 6 unsicher, aber:
 57 (6.7+7.1+1.3+1.5 anzubringen, also 6 sicher)
───────
92
46
465 (46 > 1 + 1 + 7 + 6 + 1, 1 sicher)
 39 (1.7 + 6.1 + 7.3 + 1.5)
───────
426
414
 121 (12<1+1+7+6+1+9, also 9 unsicher, aber:
 117 (9.7+1.1+6.3+7.5 anzubringen, also 9 sicher)
  45 (4 < 1 + 1 + 7 + 6 + 1 + 9 + 0)
  42 (0.7 + 9.1 + 1.3 + 6.5)
   36 (3 < 1 + 1 + 7 + 6 + 1 + 9 + 0 + 0)
   32 (0.7 + 0.1 + 9.3 + 1.5)
    45
    45 (0.7 + 0.1 + 0.3 + 9.5)
     0.

0,$\overline{341\,341}$...) 12,$\overline{17\,17}$... (= 35.058 ...
    102
     197 (19 > 3)
      3 (3.1)
     ────
     194

194
170
241 (24 > 3 + 5)
 14 (5.1 + 3.3)
227
204
237 (23 > 3 + 5 + 6)
 33 (6.1 + 5.3 + 3.4)
204
170
341 (34 > 3 + 5 + 6 + 5)
 46 (5.1 + 6.3 + 5.4 + 3.1)
295
272
237 (23 < 3 + 5 + 6 + 5 + 8, 8 unsicher)
 61 (8.1 + 5.3 + 6.4 + 5.1 + 3.3)
176
u. s. w.

17,153) 0,85246372 $\Big($ = 0,04970
         68   697 ...
         172 (17>4) .   = 0,049697 ...
           4 (4.1)
         168
         153
         154 (15 > 4 + 9)
          29 (9.1 + 4.5)
         125
         119
         66 (6 < 4 + 9 + 7, 7 unsicher)
         64 (7.1 + 9.5 + 4.3)
         23 (2 < 4 + 9 + 7 + 0, 0 unsicher)
         62 (0.1 + 7.5 + 9.3) Verbesserung nicht anzu-
                               bringen, darum die Rechnung zu wiederholen)

$$\begin{array}{l}
125 \\
102 \\
\overline{236} \ (23 > \overline{4+9+6)} \\
63 \ (6.1+9.5+4.3) \\
\overline{173} \\
153 \\
\overline{203} \ (20 < \overline{4+9+6+9)} \\
66 \ (9.1+6.5+9.3) \\
\overline{127}
\end{array}$$

Bei längeren Rechnungen empfiehlt es sich der Kürze wegen, im Laufe der Division als überstrichenen Divisor mehr Ziffern des Total-Divisors zu nehmen, als dies ursprünglich der Fall war. So nahmen wir bei unserer allgemeinen Abhandlung zunächst die beiden ersten Ziffern: a_3, a_4 als Uebst. Divisor, um die drei ersten Ziffern des Quotienten: b_4, b_3 und b_2 zu erhalten. Es war dann noch mit:

$$a_3 10^5 + a_1 10^4 + a_4 10^3 + a_2 10^2 + a_1 10^1 + a_0$$

in:

$$\begin{array}{l}
a_3 b_1 10^5 + a_3 b_0 10^3 + a_4 b_0 | 10^4 + a_3 b_0 | 10^3 + a_2 b_0 \ 10^2 + a_1 b_0 | 10 + a_0 b_0 \\
a_4 b_1 | a_3 b_1 a_1 b_1 a_1 b_1 a_0 b_1 | \\
 a_3 b_2 | a_1 b_2 a_0 b_2 | \\
 a_1 b_3 | a_0 b_3 | \\
 a_0 b_4 |
\end{array}$$

zu theilen und bei der Bestimmung der neuen Dividenden zu berücksichtigen, dass:

$a_0 b_4 10^4$ (von der ersten Division her)

$a_1 b_3 10^4 + a_0 b_3 10^3$ (von der zweiten Division her)

$a_2 b_2 10^4 + a_1 b_2 10^3 + a_0 b_2 10^2$ (von der dritten Division her)

bis jetzt zu subtrahiren unterlassen worden.

Nimmt man nun die drei ersten Ziffern a_3, a_4 und a_2 des Total-Divisors als Uebst. Divisor, also auch die drei Glieder mit 10^4, 10^3 und 10^2 als Uebst. Dividenden:

$$\begin{array}{l}
a_3 b_1 10^4 + a_3 b_0 \ 10^3 + a_4 b_0 \ 10^2 \\
 a_4 b_1 a_3 b_1 | \\
 a_2 b_1 | \\
 a_1 b_0 \\
 a_0 b_4 |
\end{array}$$

dann wird letzter dadurch zunächst noch zu verbessern sein, dass man diejenigen der noch zu subtrahirenden Glieder, welche den Factor 10^4 haben, berücksichtigt, also vor der Division die Correction:

$$\begin{array}{c|c} a_0 b_4 & 10^4 \\ a_1 b_3 & \\ a_2 b_2 & \end{array}$$

anbringt, wodurch man als neuen verbesserten Dividenden erhält:

$$a_2 b_1 \cdot 10^4 + a_3 b_0 \begin{vmatrix} 10^3 + a_1 b_0 \\ a_1 b_1 \end{vmatrix} \begin{vmatrix} 10^4 \\ a_3 b_1 \end{vmatrix}$$

Mit diesem und dem Uebst. Divisor in der bekannten Weise fortgerechnet, wird man nun die folgenden Ziffern des Quotienten erhalten.

Beispiel:

$0,\overline{341341341}\ldots$) $12,\overline{171717}\ldots$ ($35,6584910\overline{69}\ldots$

       102

        197
         $3\ (3.1)$

        194
        170

         241
         $14\ (5.1+3.3)$

         227
         204

          237
          $33\ (6.1+5.3+3.4)$

$0,\overline{341341341}\ldots$) 2041

Jetzt 341 als Uebst. $41\ (6.3+5.4+3.1)$

Divisor genommen, ist 2000

zunächst der Dividend 1705

204 durch Hinzufügung

der folgenden Ziffer des 2957

Total-Dividenden zu $53\ (5.3+6.4+5.1+3.3)$

vervollständigen und 2904

durch Anbringung der

```
Correction: 6.3+5.4+3.1     2904
= 41 zu verbessern.          2728
                             ────
                             1761
                               77   (8.3+5.4+6.1+5.3+3.4)
                             ────
                             1684
                             1364
                             ────
                             3207
                               90   (4.3+8.4+5.1+6.3+5.4
0.3413431341... ) 31171            +3.1)
                               77   ⎛Verbesserung wegen des⎞
                             ────   ⎜neuen Uebst. Div.: 3413⎟
                             31094  ⎜4.4+8.1+5.3+6.4        ⎟
                             30717  ⎝    +5.1+3.3           ⎠
                             ────
                             3777
                              117   (9.4+4.1+8.3+5.4
                             ────    +6.1+5.3+3.4)
                             3660
                             3413
                             ────
                             2471
                              103   (1.4+9.1+4.3+8.4+5.1
                             ────        +6.3+5.4+3.1)
                             23687
                              105
                             ────
                             23582
                             20478
                             ────
                             31041
                              144
                             ────
                             30897
                             30717
                             ────
                              180 > 3+5+6+5+8+4
                                   +9+1+0+6+9.
                              also 9 sicher.
```

IV.
Die Kettenbrüche.

Eine zweite Form, worauf man gemeine Brüche zu bringen pflegt, ist die des Kettenbruches. Hierunter ist ein Bruch zu verstehen, dessen Zähler aus einer ganzen Zahl, dessen Nenner aus einer ganzen Zahl + einem Bruche besteht, der also die Form: a hat, wenn $a, b, c, d, e, f \ldots$ irgend welche

$$\cfrac{b+c}{d+e\phantom{\cfrac{}{f+\ldots}}}$$

Ganzzahlen bedeuten. In dem besonderen Falle, in welchem sämmtliche Zähler gleich 1 sind und im Nenner nur die additive Verbindung vorkommt, hat man es mit einem sogenannten gemeinen Kettenbruche zu thun, der allein den Gegenstand unserer folgenden Untersuchungen bilden soll.

Was zunächst die Verwandelung eines echten und reducirten Bruches in einen gemeinen Kettenbruch anbetrifft, so hat man in Rücksicht auf die gestellte Aufgabe folgendes Verfahren. Soll der Bruch $\frac{a}{b}$ so umgeformt werden, dass der Zähler in 1 übergeht, dann wird man den Zähler durch sich selbst, also auch den Nenner b durch a zu dividiren haben. Dieser giebt, wegen $b > a$:

$$\frac{a}{b} = \frac{a:a}{b:a} = \cfrac{1}{q_1 + \cfrac{r_1}{b}}, \text{ wo } r_1 < b \text{ ist. Um den zweiten Zähler}$$

r_1 in 1 zu verwandeln, muss vom neuen r_1, also auch b, durch r_1 getheilt werden, wodurch man etwa erhält:

$$\frac{a}{b} = \cfrac{1}{q_1 + \cfrac{r_1 : r_1}{b : r_1}} = \cfrac{1}{q_1 + \cfrac{1}{q_2 + \cfrac{r_2}{r_1}}} \cdots$$

In dieser Weise fortgefahren, muss man, da die Reste $r_1, r_2 \ldots$ stets abnehmen, früher oder später zu einem Rest $= 1$ gelangen, womit das Geschäft beendigt ist. Z. B.:

$$\frac{13}{31} = \frac{13:13}{31:13} = \cfrac{1}{2 + \frac{5}{13}} = \cfrac{1}{2 + \cfrac{5:5}{13:5}} = \cfrac{1}{2 + \cfrac{1}{2 + \frac{3}{5}}} = \cfrac{1}{2 + \cfrac{1}{2 + \cfrac{1}{1 + \frac{2}{3}}}} = \cfrac{1}{2 + \cfrac{1}{2 + \cfrac{1}{1 + \cfrac{1}{1 + \frac{1}{2}}}}}$$

Da man bei dieser Einrichtung eines gemeinen Kettenbruches im Voraus weiss, dass sämmtliche Zähler $= 1$ sein müssen, so genügt in jedem Falle die Bestimmung der einzelnen Nenner: $q_1, q_1, \ldots$ die, wie aus Vorstehendem folgt, durch Division mit a in b, mit r_1 in $a \ldots$ sich ergeben. Darum rechnet man z. B. für den vorigen Bruch $\frac{13}{31}$ oder für $\frac{23}{61}$ am kürzesten wie folgt:

```
 31 : 13 = 2        61 : 23 = 2
 26                 46
 ─────              ─────
 5 ) 13 = 2         15 ) 23 = 1
     10                  15
     ─────               ─────
     3 ) 5 = 1           8 ) 15 = 1
         3                   8
         ─────               ─────
         2 ) 3 = 1           7 ) 8 = 1
             2                   7
             ─────               ─────
             1 ) 2 = 2           1 ) 7 = 7
```

aus welchen erhaltenen Quotientzahlen man findet:

$$\frac{13}{31} = \cfrac{1}{2 + \cfrac{1}{2 + \cfrac{1}{1 + \cfrac{1}{1 + \frac{1}{2}}}}} \qquad \frac{23}{61} = \cfrac{1}{2 + \cfrac{1}{1 + \cfrac{1}{1 + \cfrac{1}{1 + \frac{1}{7}}}}}$$

Es sei allgemein:

1) $\dfrac{a}{b} = \cfrac{1}{q_1 + \cfrac{1}{q_2 + \cfrac{1}{q_3 + \cfrac{1}{q_4 + \cdots + \cfrac{1}{q_{n-1} + \cfrac{1}{q_n}}}}}}$

Dann wird das erste Glied: $\dfrac{1}{q_1}$ der erste; der reducirte Werth der zwei, der drei, der vier ... ersten Glieder bez. der zweite, dritte, vierte ... Näherungswerth genannt, so dass, wenn allgemein der Zähler des nten Näherungswerthes mit Z_n, sein Nenner mit N_n bezeichnet wird, man erhält:

2) $\dfrac{Z_1}{N_1} = \dfrac{1}{q_1}$ $(Z_1 = 1, \; N_1 = q_1)$

3) $\dfrac{Z_2}{N_2} = \dfrac{1}{q_1 + \dfrac{1}{q_2}} = \dfrac{q_2}{q_2 q_1 + 1}$ $(Z_2 = q_2, \; N_2 = q_2 q_1 + 1)$

4) $\dfrac{Z_3}{N_3} = \dfrac{q_3 + \dfrac{1}{q_3}}{q_1 \left(q_2 + \dfrac{1}{q_3}\right) + 1} = \dfrac{q_3 q_2 + 1}{q_3 (q_2 q_1 + 1) + q_1} = \dfrac{q_3 Z_2 + Z_1}{q_3 N_2 + N_1}$

5) $\dfrac{Z_4}{N_4} = \dfrac{q_2 \left(q_3 + \dfrac{1}{q_4}\right) + 1}{q_2 q_1 \left(q_3 + \dfrac{1}{q_4}\right) + \left(q_3 + \dfrac{1}{q_4}\right) + q_1}$

$= \dfrac{q_4 (q_3 q_2 + 1) + q_2}{q_4 (q_3 q_2 q_1 + q_3 + q_1) + (q_2 q_1 + 1)} = \dfrac{q_4 Z_3 + Z_2}{q_4 N_3 + N_2}.$

Man sieht also, dass die auf einander folgenden Näherungswerthe in einem gewissen Zusammenhange stehen; der dritte $\dfrac{Z_3}{N_3}$ ist durch den 2ten und 1ten, der vierte durch den 3ten und 2ten dargestellt. Um zu erkennen, ob in derselben Weise, wie im 4ten und 3ten, jeder Näherungswerth durch die beiden ihm vorhergehenden ausgedrückt werden kann, schlagen wir ähnlich wie pag. 23 folgenden Weg ein.

Angenommen, das Gesetz, nach welchem sich den Gleichungen 4 und 5 zufolge der 3te und 4te Näherungswerth bilden, gelte auch für den $(n-1)$ten; es sei also:

6) $\quad \dfrac{Z_{n-1}}{N_{n-1}} = \dfrac{q_{n-1} Z_{n-2} + Z_{n-3}}{q_{n-1} N_{n-2} + N_{n-3}}$,

dann erhält man für den folgenden Näherungswerth durch directe Berechnung:

7) $\quad \dfrac{Z_n}{N_n} = \dfrac{\left(q_{n-1} + \dfrac{1}{q_n}\right) Z_{n-2} + Z_{n-3}}{\left(q_{n-1} + \dfrac{1}{q_n}\right) N_{n-2} + N_{n-3}}$

$= \dfrac{q_n (q_{n-1} Z_{n-2} + Z_{n-3}) + Z_{n-2}}{q_n (q_{n-1} N_{n-2} + N_{n-3}) + N_{n-2}}$

oder mit Rücksicht auf 6:

8) $\quad \dfrac{Z_n}{N_n} = \dfrac{q_n Z_{n-1} + Z_{n-2}}{q_n N_{n-1} + N_{n-2}}$.

Hieraus geht hervor, dass das fragliche Gesetz für jeden folgenden Näherungswerth existirt, wenn es für den vorhergehenden Gültigkeit hat, dass es also für den 5ten gelten muss, weil es für den 4ten durch Rechnung nachgewiesen ist, dass es darum für den 6ten, 7ten Näherungswerth, dass es allgemeine Gültigkeit hat.

Nach Gleichung 8 ist es nun leicht, die Näherungswerthe eines gemeinen Kettenbruches zu berechnen, wenn die beiden ersten auf directem Wege bestimmt sind. So findet man für die früheren Beispiele:

$\dfrac{Z_1}{N_1} = \tfrac{1}{2}$ $\qquad$ $\dfrac{Z_1}{N_1} = \tfrac{1}{3}$

$\dfrac{Z_2}{N_2} = \dfrac{1}{2+\tfrac{1}{2}} = \tfrac{2}{5}$ $\qquad$ $\dfrac{Z_2}{N_2} = \dfrac{1}{2+\tfrac{1}{3}} = \tfrac{3}{7}$

$\dfrac{Z_3}{N_3} = \dfrac{1.2+1}{1.5+2} = \tfrac{3}{7}$ $\qquad$ $\dfrac{Z_3}{N_3} = \dfrac{1.1+1}{1.3+2} = \tfrac{2}{5}$

$\dfrac{Z_4}{N_4} = \dfrac{1.3+2}{1.7+5} = \tfrac{5}{12}$ $\qquad$ $\dfrac{Z_4}{N_4} = \dfrac{1.2+1}{1.5+3} = \tfrac{3}{8}$

$\dfrac{Z_5}{N_5} = \dfrac{2.5+3}{2.12+7} = \tfrac{13}{31}$ $\qquad$ $\dfrac{Z_5}{N_5} = \dfrac{7.3+2}{7.8+5} = \tfrac{23}{61}$

Um zu erkennen, in welchem Verhältnisse die Näherungswerthe zum wahren Werth des Kettenbruches stehen, bezeichnen wir in:

$$9) \quad \frac{a}{b} = \cfrac{1}{q_1 + \cfrac{1}{q_2 + \cdots + \cfrac{1}{q_m + \cfrac{1}{q_{m+1} + \cdots}}}}$$

den Theil, welcher mit q_m beginnt, d. i. $q_m + \cfrac{1}{q_{m+1} + \cdots}$ kurzweg mit x, so dass wegen:

$$10) \quad \frac{Z_m}{N_m} = \frac{q_m Z_{m-1} + Z_{m-2}}{q_m N_{m-1} + N_{m-2}}$$

stattfinden muss:

$$11) \quad \frac{a}{b} = \frac{x Z_{m-1} + Z_{m-2}}{x N_{m-1} + N_{m-2}}.$$

Zunächst folgt dann aus 11:

$$12) \quad x \left(\frac{a}{b} - \frac{Z_{m-1}}{N_{m-1}} \right) N_{m-1} = \left(\frac{Z_{m-2}}{N_{m-2}} - \frac{a}{b} \right) N_{m-2},$$

worin sowohl x wie die Nenner: N_{m-1} und N_{m-2} offenbar positive Grössen bedeuten; demnach wird, jenachdem: $\frac{a}{b} \gtrless \frac{Z_{m-1}}{N_{m-1}}$ ist, $\frac{Z_{m-2}}{N_{m-2}} \gtrless \frac{a}{b}$ sein müssen, so dass also der wahre Werth $\frac{a}{b}$ des Kettenbruches stets zwischen zwei aufeinanderfolgenden Näherungswerthen liegt. Nun giebt die directe Betrachtung, dass der erste Näherungswerth $\frac{1}{q_1}$ grösser $\frac{a}{b}$ sein muss, weil $\frac{a}{b} = \cfrac{1}{q_1 + \text{einer posit. Gr.}}$ stattfindet; folglich ist $\frac{Z_2}{N_2} < \frac{a}{b}, \frac{Z_3}{N_3} > \frac{a}{b} \ldots$ sind allgemein alle Näherungswerthe vom geraden Range kleiner, vom ungeraden grösser als der wahre Werth des Bruches.

Und weiter folgt aus 12, wenn man bedenkt, dass wegen:
$N_{m-1} = q_{m-1} N_{m-1} + N_{m-2}$, und wegen: $x = q_m + \dfrac{1}{q_{m+1}+\dots}$

also auch:
$$x \cdot N_{m-1} > N_{m-1}$$
$$x > 1$$

sein muss:

13) $x\, N_{m-1} > N_{m-2}$

14) $\dfrac{a}{b} - \dfrac{Z_{m-1}}{N_{m-1}} < \dfrac{Z_{m-1}}{N_{m-1}} - \dfrac{a}{b}$

Es ist hiernach die Differenz zwischen dem wahren Werth und dem (m−1)ten Näherungswerth des Kettenbruches kleiner als die zwischen dem wahren Werth und (m−2)ten Näherungswerth. Ist also eine Grösse in einen gemeinen Kettenbruch verwandelt, dann wird der Fehler, den man durch Vertauschung dieser Grösse mit einem der Näherungswerthe begeht, desto kleiner ausfallen, je höher die Rangordnung des gewählten Näherungswerthes ist.

Die genaue Berechnung dieses Fehlers ist, so lange man nicht den wahren Werth des Kettenbruchs kennt, unmöglich; jedoch kann man in jedem Falle eine Zahl finden, die grösser als der begangene Fehler sein muss, so dass sich mit Hülfe dieser Fehlergrenze abschätzen lässt, bis zu welcher Decimale ein durch Benutzung von Näherungswerthen erhaltenes Resultat genau ist. Die Herstellung dieser Grenze macht es nothwendig, zunächst eine Eigenschaft der Näherungswerthe zu constatiren, in Rücksicht auf welche auch bei Lösung mancher Probleme andrer Art von den Kettenbrüchen Gebrauch gemacht wird.

Multiplicirt man in 8 den Zähler mit N_{m-1}:

15) $Z_m N_{m-1} = a_m Z_{m-1} N_{m-1} + Z_{m-2} N_{m-1}$

den Nenner mit Z_{m-1}:

16) $N_m Z_{m-1} = a_m Z_{m-1} N_{m-1} + N_{m-2} Z_{m-1}$

so folgt aus 15 und 16 durch Subtraction:

$$- Z_m N_{m-1} + N_m Z_{m-1} = Z_{m-2} N_{m-1} - N_{m-2} Z_{m-1}$$

oder:

17) $\left(\dfrac{Z_{m-1}}{N_{m-1}} - \dfrac{Z_m}{N_m}\right) N_m N_{m-1} = \left(\dfrac{Z_{m-2}}{N_{m-2}} - \dfrac{Z_{m-1}}{N_{m-1}}\right) N_{m-1} N_{m-2}$

d. h. die Differenzen zweier auf einander folgender Näherungswerthe, multiplicirt mit dem Produkte ihrer Nenner, haben, absolut genommen, ohne Rücksicht auf das Vorzeichen, gleichen Werth. Weil nun aus 2 und 3 für die beiden ersten Näherungswerthe folgt:

$$\frac{Z_1}{N_1} - \frac{Z_2}{N_2} = \frac{1}{q_1} - \frac{q_1}{q_1 \cdot q_1 + 1} = \frac{+1}{N_1 N_2}$$

oder: $\left(\frac{Z_1}{N_1} - \frac{Z_2}{N_2}\right) N_1 N_2 = +1$

so muss nach dem Bewiesenen:

$\left(\frac{Z_1}{N_1} - \frac{Z_3}{N_3}\right) N_1 N_3 = -1$ oder: $\frac{Z_1}{N_1} - \frac{Z_3}{N_3} = \frac{-1}{N_1 N_3}$

$\left(\frac{Z_2}{N_2} - \frac{Z_4}{N_4}\right) N_2 N_4 = +1$ $\frac{Z_2}{N_2} - \frac{Z_4}{N_4} = \frac{+1}{N_2 N_4}$

$\left(\frac{Z_3}{N_3} - \frac{Z_5}{N_5}\right) N_3 N_5 = -1$ $\frac{Z_3}{N_3} - \frac{Z_5}{N_5} = \frac{-1}{N_3 N_5}$

allgemein:

18) $\frac{Z_{m-1}}{N_{m-1}} - \frac{Z_m}{N_m} = \frac{\pm 1}{N_{m-1} N_m}$

stattfinden, wo das obere Zeichen für ein gerades, das untere für ein ungerades m gilt.

Von 11 ausgehend erhält man nun:

$$\frac{a}{b} - \frac{Z_{m-1}}{N_{m-1}} = \frac{\left(\frac{Z_{m-2}}{N_{m-2}} - \frac{Z_{m-1}}{N_{m-1}}\right) N_{m-1} N_{m-2}}{(x N_{m-1} + N_{m-2}) N_{m-1}}$$

und wegen 18:

19) $\frac{a}{b} - \frac{Z_{m-1}}{N_{m-1}} = \frac{\pm 1}{(x N_{m-1} + N_{m-2}) N_{m-1}}$

Weil aber: $x = q_m + \dfrac{1}{q_{m+1} + \ldots}$ ist, also:

$$x > q_m.$$

demnach auch:

$$x N_{m-1} + N_{m-2} > (q_m N_{m-1} + N_{m-2} = N_m)$$

stattfinden muss, so geht 19, wenn das Vorzeichen aus einem leicht zu erkennenden Grunde unberücksichtigt bleibt, in:

20) $\frac{a}{b} - \frac{z_{m-1}}{N_{m-1}} < \frac{1}{N_{m-1} N_m}$

über, womit die oben erwähnte Fehlergrenze gefunden ist.

Beispiel. Bekanntlich ist bis auf 25 Decimalen genau $\pi = 3{,}1415926535\,89793\,23846\,26433$. Den Decimalbruch durch Anwendung der Fourier'schen Divisions-Methode, um ein absolut richtiges Resultat zu erlangen, in einen Kettenbruch verwandelt, erhält man:

$3{,}141\ldots 33 = 3 + \dfrac{1}{\frac{10^{13}}{141\ldots 33}} = 3 + \dfrac{1}{7{,}0625133059310457697\overline{9}3}$

$= 3 + \dfrac{1}{7 + \dfrac{625\ldots 3}{10^{11}}} = 3 + \dfrac{1}{7 + \dfrac{1}{\frac{10^{11}}{62\ldots 3}}} = 3 + \dfrac{1}{7 + \dfrac{1}{15{,}99659440868572}}$

$= 3 + \dfrac{1}{7 + \dfrac{1}{15 + \dfrac{1}{\frac{10^{11}}{9965944068572}}}} = 3 + \dfrac{1}{7 + \dfrac{1}{15 + \dfrac{1}{1 + \dfrac{341723101}{10^{11}}}}}$

$= 3 + \dfrac{1}{7 + \dfrac{1}{15 + \dfrac{1}{1 + \dfrac{1}{292 + \dfrac{1}{\frac{10^1}{6345}}}}}} = 3 + \dfrac{1}{7 + \dfrac{1}{15 + \dfrac{1}{1 + \dfrac{1}{292 + \dfrac{1}{1 + \dfrac{1}{1 + \dfrac{1}{2}}}}}}}$

und als Näherungswerthe:

$3\tfrac{1}{1}$, $3\tfrac{1}{7}$, $3\tfrac{16}{113}$, …

Nimmt man demnach an, dass sich die Peripherie eines Kreises zu seinem Durchmesser verhalte:

wie 22:7, so begeht man einen Fehler $< \left(\dfrac{1}{7.106} = 0{,}0013477049 \right)$

" 333:106, " " " " " $< \left(\dfrac{1}{106.113} = 0{,}0000834864 \right)$

" 355:113, " " " " " $< \left(\dfrac{1}{113.35102} = 0{,}00000002673 \right)$

" 10823:35102, " " " " " $< \left(\dfrac{1}{35102.35215} = 0{,}00000000000 \right)$

" 10839:35215, " " " " " $< \left(\dfrac{1}{35215.66317} = 0{,}00000000004 \right)$

" 20841:66317, " " " " " $< \left(\dfrac{1}{66317.46632} \; 0{,}00000000001 \right)$

Nachdem wir noch darauf aufmerksam gemacht haben, dass zufolge der Gleichung 18:

$$\dfrac{Z_n}{N_n} - \dfrac{Z_a}{N_a} = \pm \dfrac{1}{N_a \cdot N_n} \quad \text{oder:} \quad Z_{n-1} N_n - N_{n-1} Z_n = +1$$

Zähler und Nenner eines Näherungswerthes stets relativ prim zu einander sein müssen, weil, hätten etwa Z_{n-1} und N_{n-1} oder Z_n und N_n ausser der Einheit einen gemeinsamen Factor, dann auch die rechte Seite letzter Gleichung: $+1$ durch denselben theilbar sein müsste, was unmöglich ist, zeigen wir schliesslich noch, wie das in derselben Gleichung liegende Gesetz auf die Lösung eines schon früher gestellten Problems angewendet werden kann.

Bei Angelegenheit der gemischt periodischen Decimalbrüche (pag. 64), bewiesen wir bereits, dass es stets ein ganzes x_1 geben muss, welches der Congruenz:

$$m x_1 \equiv 1 \pmod{n},$$

also auch ein ganzes $x = a x_1$, welches der Congruenz:

$$m (a x_1) \equiv a \pmod{n}.$$

und darum auch ein ganzes x und y, welches der Gleichung:

$$m x + n y = a$$

Genüge leistet, falls m und n relativ prim zu einander sind *).

---

*) Haben in einer ursprünglich gegebenen Gleichung: $ax + by = c$ die drei Coefficienten a, b, c einen gemeinsamen Factor ausser der Einheit, dann muss dieser zunächst wegdividirt werden. Entsteht dann: $a_1 x + b_1 y = c_1$ und sind nun a_1 und b_1 nicht relativ prim, dann lässt sich auch leicht ohne Rücksicht auf die früheren Bemerkungen (pag. 65) erkennen, dass unter diesen Umständen keine ganzen Lösungen für x und y existiren. Denn ist der ge-

Damals reichte der Beweis für die Existenz einer Lösung hin, jetzt sind wir in der Lage, die Regeln zur Berechnung des x und y folgendermaassen aufzustellen.

Wird $\frac{m}{n}$ oder $\frac{n}{m}$, je nachdem $m \lessgtr n$ ist, in einen gemeinen Kettenbruch verwandelt, dessen Näherungswerthe:
$$\frac{a_1}{b_1},\ \frac{a_2}{b_2},\ \ldots\ \frac{a_{k-1}}{b_{k-1}}$$
sein mögen, dann ist nach 18:
$$\frac{a_{k-1}}{b_{k-1}} = \frac{m\ *)}{n} - \cdot + \frac{1}{b_{k-1}\cdot n}$$
wo $+$ für ein gerades, $-$ für ein ungerades k gilt. Hieraus folgt:
$$n \cdot a_{k-1} - m b_{k-1} = \pm 1.$$
und, wenn wir k als gerade **) voraussetzen:

21) $\quad m(-b_{k-1}) - 1 = -n a_{k-1}$

d. h.

22) $\quad m(-b_{k-1}) \equiv 1 \ (\mathrm{mod.}\ n);$

dieses mit der zu lösenden Congruenz: $m(x_1) \equiv 1 \ (\mathrm{mod.}\ n)$ verglichen giebt:
$$x_1 = -b_{k-1}.$$
also für $m(ax_1) \equiv a\ (\mathrm{mod.}\ n)$
$$ax_1 = -ab_{k-1}$$
so dass die allgemeine Lösung der Congruenz: $mx \equiv a\ (\mathrm{mod.}\ n)$

23) $\quad x = nt - ab_{k-1}$ (vergl. pag. 64)

sein muss, wenn t irgend eine positive oder negative Ganzzahl bedeutet. Weiter hat man dann für die zweite Unbekannte y der zu lösenden Gleichung $mx + ny = a$:

---

meinsame Factor von a_1 und $b_1 = b$, dann sind $\frac{a_1}{b} = a_1$ und: $\frac{b_1}{b} = b_1$ Ganzzahlen, dagegen $\frac{c_1}{b}$ ein Bruch; folglich kann es nicht gleichzeitig ein ganzes x und ganzes y geben, für welche:
$$a_1 x + b_1 y = \frac{c_1}{b}$$
ist.

*) Wir nehmen $m < n$ an.
**) Für ein ungerades k lässt sich die Rechnung in ganz ähnlicher Weise durchführen.

$$y = \frac{a}{n} - \frac{m\,x}{n} = \frac{a - m(nt - a h_{k-1})}{n} - mt + \frac{a(1+m b_{k-1})}{n},$$

oder mit Rücksicht auf 21:

24) $\quad y = -mt + \frac{a \cdot a_{k-1}}{n} = a \cdot a_{k-1} - mt.$

In den meisten Fällen sucht man die Lösungen der Gleichung, ohne zuvor sich mit der Congruenz beschäftigt zu haben; alsdann wird man, dem Vorhergehenden gemäss, am kürzesten folgendermassen rechnen.

Ist etwa:
$$13x - 23y = +3$$
gegeben, so wird $\tfrac{13}{23}$ in einen Kettenbruch verwandelt, für dessen Näherungswerthe man findet:

$$\tfrac{1}{1}, \tfrac{1}{1}, \tfrac{3}{5}, \tfrac{4}{7}.$$

Demnach ist:
$$\tfrac{4}{7} - \tfrac{4}{7} = \frac{+1}{7 \cdot 23}$$

oder:
$$4 \cdot 23 - 7 \cdot 13 = +1$$
$$\overline{3 \cdot 4 \cdot 23 - 3 \cdot 7 \cdot 13 = +3}$$
$$\overline{13(-21) - 23(-12) = +3}$$
$$\overline{13 \cdot 23t - 13 \cdot 23t + 13(-21) - 23(-12) = 3}$$
$$\overline{13(23t - 21) - 23(13t - 12) = 3,}$$

so dass man erhält:
$$x = 23t - 21,$$
$$y = 13t - 12,$$

woraus nun durch Einsetzung irgend welcher Ganzzahlen statt t beliebig viele Paare von Lösungen abgeleitet werden können.

Zweites Beispiel: $51x + 37y = -2.$

Die Näherungswerthe des Kettenbruches für $\tfrac{51}{37}$ sind:

$$\tfrac{1}{1}, \tfrac{1}{1}, \tfrac{2}{3}, \tfrac{3}{5}, \tfrac{8}{11}.$$

Hieraus findet man:
$$\tfrac{8}{11} - \tfrac{11}{51} = +\tfrac{1}{11 \cdot 37}$$
$$\overline{8 \cdot 51 - 11 \cdot 37 = +1}$$
$$\overline{-2 \cdot 8 \cdot 51 + 2 \cdot 11 \cdot 37 = -2}$$
$$\overline{51 \cdot 37t - 51 \cdot 37t + 51(-16) + 37(22) = -2}$$

oder:
$$51(37t-16)+37(22-51t)=-2$$
$$x=37t-16$$
$$y=22-51t.$$

Kommen in einer solchen aus einem naheliegenden Grunde sogenannten **unbestimmten Gleichung** mehr als 2 Unbekannte vor, ist dieselbe etwa von der Form:
$$ax+by+cz=d,$$
dann bestimmt man sämmtliche Ganzzahlen, die bez. statt x, y und z eingesetzt, der Gleichung genügen, am einfachsten dadurch, dass statt einer der drei Unbekannten, z. B. statt x der Reihe nach: 0, 1, 2, 3 ... eingesetzt wird, um nun durch Auflösung der Gleichungen:
$$by+cz=d,\quad by+cz=d-a,\quad by+cz=d-2a\ldots$$
diejenigen Werthe von y und z zu erhalten, die bez. zu $x=0, 1, 2, 3\ldots$ gehören.

Beispiel: Um den Druck $\frac{31}{120}$ in drei Theilbrüche zu zerlegen, setze man:

d. i.
$$\frac{31}{120}=\frac{31}{3.5.8}=\frac{x}{3}+\frac{y}{5}+\frac{z}{8}=\frac{40x+24y+15z}{120}.$$
$$31=40x+24y+15z.$$

Hieraus folgt für: $x=0$: $24y+15z=31$, also eine unbestimmte Gleichung, die **keine ganzen Auflösungen** haben kann, weil 24 und 15, nicht aber 31 durch 3 theilbar sind.

Für $x=1$ erhält man: $24y+15z=-9$ oder: $8y+5z=-3$, deren Lösungen nach obigem sind:
$$y=5t-6$$
$$z=9-8t.$$

Für $x=2$ und $x=3$ tritt wieder der erste Fall ein, dagegen folgt für $x=4$: $24y+15z=-129$ oder: $8y+5z=-43$, woraus man:
$$y=5t-86$$
$$z=129-8t.$$

erhält u. s. w.

Man hat demnach folgende Systeme von Lösungen:

$x =$	1	1	1	...	$x =$	4	4	4	4	...	4...
$y =$	-6	-1	4	...	$y =$	-86	-81	-73	-68	...	4...
$z =$	9	1	7	...	$z =$	120	121	113	118	...	-15...

Allgemein erhält man aus:

$$24y + 15z = 31 - 40x \quad \text{oder:} \quad 8y + 5z = \frac{31 - 40x}{3},$$

wenn x zunächst so bestimmt ist, dass $31 - 40x$ durch 3 getheilt werden kann:

$$y = 2\frac{31 - 40x}{3} - 5t$$

$$z = 8t - 3\frac{31 - 40x}{3},$$

so dass sich ergiebt:

$$\frac{31}{120} = \frac{x}{3} + \frac{2\frac{31-40x}{3}}{5} - \frac{3\frac{31-40x}{3}}{8}$$

und hieraus für den kleinsten Werth von x, d. i. für $x = 1$:

$$\frac{31}{120} = \frac{1}{3} - \frac{2}{5} + \frac{3}{8} = \frac{1}{3} - \frac{1}{5} + \frac{1}{8}.$$

ZWEITER THEIL.

Die Wurzelwerthe.

I.
Allgemeine Gesetze.

Gemäss der in unserer Einleitung gegebenen Disposition (s. pag. 6) beschäftigen wir uns in diesem zweiten Theil zunächst mit der Frage, wie aus gegebenem Werth einer Potenz und aus gegebenem Exponenten die unbekannte Basis zu finden ist, haben also diejenigen Gesetze aufzustellen, nach welchen, falls die Gleichung: $a^b = c$ stattfindet, aus bekanntem b und c das unbekannte a folgt.

Offenbar wird es hierbei darauf ankommen, c in b gleiche Factoren zu zerlegen; dieser Factor, der b mal mit sich selbst multiplicirt, a giebt, ist das Gesuchte. Den Inbegriff der Operationen, die zu dieser Zerlegung nöthig sind, nennt man: Wurzelzeichen, Radiciren oder Depotenziren, sagt in diesem besonderen Falle, es soll aus c die $b$te Wurzel gezogen, oder es soll c mit b radicirt oder depotenzirt werden und schreibt, falls diese Wurzel gleich a ist, d. h. falls die Gleichung:

stattfindet:
1) $a^b = c$

2) $\sqrt[b]{c} = a$.

Die Gleichungen 1 und 2 haben demnach den nämlichen Inhalt; die eine kann nicht ohne die andere behauptet werden; die zweite ist eine unmittelbare Consequenz der ersten und umgekehrt. Darum werden sich in Rücksicht auf die pag. 4—6 bewiesenen Gesetze für die Rechnung mit Potenzen die folgenden Gesetze für die Rechnung mit sogenannten Wurzelgrössen ohne Schwierigkeit aufstellen lassen.

Zunächst folgt aus 1 und 2 durch Elimination des a oder c:

3) $(\sqrt[b]{c})^b = c,\quad \sqrt[b]{(a^b)} = a$,

also auch:

4) $\sqrt[b]{(c^b)} = c$,

so dass der Werth einer Grösse (c) unverändert bleibt, wenn sie mit einer zweiten erst depotenzirt (3) und darauf potenzirt wird und umgekehrt (4).

Um zu erkennen, ob das aus 3 und 4 folgende Gesetz:

5) $(\sqrt[b]{c})^b = \sqrt[b]{(c^b)}$

auch für verschiedene Potenz- und Wurzel-Exponenten seine Gültigkeit behält, vertauschen wir in: $\sqrt[n]{a^m}$ nach 3: a mit $(\sqrt[n]{a})^n$, dann ergiebt sich:

$$\sqrt[n]{(a^m)} = \sqrt[n]{((\sqrt[n]{a})^n)^m} = \sqrt[n]{(\sqrt[n]{a})^{nm}} = \sqrt[n]{((\sqrt[n]{a})^m)^n},$$

also mit Rücksicht auf 4:

6) $\sqrt[n]{(a^m)} = (\sqrt[n]{a})^m$.

Es ist demnach gleich, in welcher Reihenfolge eine Grösse a mit zwei anderen m und n potenzirt und radicirt wird. Soll dagegen a erst mit m und darauf mit n depotenzirt, soll etwa der Werth des Ausdruckes:

$\sqrt[n]{\sqrt[m]{a}}$ berechnet werden, dann vertausche man, um das Gesetz zu erhalten, nach welchem diese Rechnung sich in einfachster Weise bewerkstelligen lässt, zunächst a mit: $\sqrt[m]{a^m}$; es ergiebt sich dann:

7) $\sqrt[n]{(\sqrt[m]{a})} = \sqrt[n]{\sqrt[m]{(a^m)}} = \sqrt[n]{\sqrt[m]{(a^n)^m}} = \sqrt[n]{\sqrt[m]{(a^n)}}$

$= \sqrt[nm]{(\sqrt[m]{a})^n} = \sqrt[nm]{a}$.

Eine Anwendung von wichtigen Consequenzen lässt sich von 7 machen, wenn der Ausdruck $\sqrt[n]{a^m}$ mit einer beliebigen positiven Ganzzahl r potenzirt und radicirt wird; man erhält dann zunächst:

8) $\sqrt[n]{a^m} = \sqrt[n]{(\sqrt[n]{a^m})^r} = \sqrt[n]{\sqrt[n]{(a^m)^r}} = \sqrt[nr]{a^{mr}}$,

und wenn jetzt:

$$nz = n_1, \quad mz = m_1$$

also:

$$n = \frac{n_1}{z}, \quad m = \frac{m_1}{z}$$

gesetzt wird:

9) $\sqrt[n]{a^m} = \sqrt[n_1]{a^{m_1}}$.

Nach 8 und 9 bleibt demnach der Werth eines Wurzelausdruckes unverändert, wenn Wurzel- und Potenz-Exponent mit derselben Zahl multiplicirt oder dividirt werden. Der etwaige Divisor wird jedoch nicht, wie der etwaige Factor eine beliebige Ganzzahl sein können, sondern offenbar stets so gewählt werden müssen, dass in 9) $n_1 : z$ und $m_1 : z$ ganze Zahlen sind. Setzt man demnach: $n_1 = z$, wodurch 9 in:

10) $\sqrt[n_1]{a^{m_1}} = a^{m_1 : n_1} = \sqrt[n]{a^m}$

übergeht, so wird die Voraussetzung zu machen sein, dass m_1 ein Multiplum von n_1 ist. Ob diese Voraussetzung erfüllt wird, lässt sich in allen Fällen, in welchen Wurzel- und Potenz-Exponent bestimmte Zahlen sind, leicht erkennen; nicht aber dann, wenn jene beiden Grössen nur in allgemeinen Zahlzeichen gegeben sind. Es kann unter diesen Umständen möglich sein, dass für bestimmte Werthe dieser allgemeinen Zahlzeichen der Wurzel-Exponent ein Factor des Potenz-Exponenten ist, also das in 10 enthaltene Gesetz angewendet werden darf; es kann aber auch der entgegengesetzte Fall eintreten; z. B. für:

$$\sqrt[n+2]{a^{10n}}$$

wird für $n = 2, 3$ und 8 der Potenz-Exponent $10n$ durch den Wurzel-Exponenten $n+2$ theilbar sein, dagegen nicht für $n = 1, 4, 5, 6, 7, 9$; so dass, wird nicht noch Etwas besonderes hinzugefügt, die Gleichung:

$$\sqrt[n+2]{a^{10n}} = a^{\frac{10n}{n+2}}$$

nur für $n = 2, 3, 8$, überhaupt für alle n, für welche $\frac{10n}{n+2}$ eine Ganzzahl ist, Gültigkeit hat.

Hierdurch kommt man aber in eine missliche Lage; denn ganz abgesehen davon, dass die Bestimmung derjenigen Zahlenwerthe, etwa des n im obigen Beispiel, für welche der Wurzel-

Exponent ein Factor des Potenz-Exponenten ist, wenn auch nicht schwierig, doch einigermassen zeitraubend sein wird, lässt sich doch der Fall denken, dass in der nämlichen Untersuchung zuerst für einen Werth von n zu handeln war, für welchen nach 10 der Wurzelausdruck in eine Potenz verwandelt werden kann, während es vielleicht später auf einen Werth des n ankommt, der nicht den Potenz-Exponenten zu einem Multiplum des Wurzel-Exponenten macht. Um solchen Uebelständen aus dem Wege zu gehen, hat man ein für allemal die Schreibart:

$$11) \quad a^{\frac{p}{q}} = \sqrt[q]{a^p}$$

für jedes beliebige p und q angenommen, so dass jetzt im vorigen Beispiel unbedingt:

$$\sqrt[10n]{a^{10n}} = a^{n+\frac{p}{q}}$$

für jedes n gesetzt werden kann, um mit der rechten statt mit der linken Seite dieser Gleichung fortzurechnen; soll dann der Werth der Potenz für ein n, für welches $10n$ nicht durch $n+2$ theilbar ist, z. B. für $n = 5$ bestimmt werden, dann weiss man, dass: $a^{\frac{50}{7}}$ nun an die Stelle von $\sqrt[7]{a^{50}}$ gesetzt worden ist, also dadurch zu berechnen ist, dass man die 50te Potenz von a nach den folgenden Regeln in 7 gleiche Factoren zerlegt, d. i. aus ihr die 7te Wurzel zieht.

Wird man aber unter irgend welchen Umständen zur Einführung einer neuen Schreibart veranlasst, dann muss die letzte so gewählt werden, dass sie zu keinem unrichtigen Resultate Veranlassung geben kann. Wir haben demnach im vorliegenden Falle noch zu zeigen, dass die obige Darstellung eines Wurzelausdrucks durch eine Potenz mit gebrochenem Exponenten zu keinen falschen Schlüssen führt, falls mit letzter so gerechnet wird, als wenn der Exponent eine positive Ganzzahl wäre. (Vergl. auch die Bemerkungen auf pag. 5, die Einführung der negativen Exponenten betreffend.)

Gehen wir zu dem Zweck die verschiedenen Potenz-Gesetze durch.

Setzt man: $\sqrt[n]{a} = x$ und $\sqrt[n]{b} = y$, dann muss auch: $x^n = a$ und: $y^n = b$ stattfinden, und weil nach 11 pag. 6:

$$x^n \cdot y^n = (xy)^n = ab,$$

also auch:
$$xy = \sqrt[n]{ab}$$
sein muss, so hat man:

12) $\sqrt[n]{a} \cdot \sqrt[n]{b} = \sqrt[n]{ab}$.

Dasselbe ergiebt sich, wenn von der neuen Schreibart Gebrauch gemacht wird, folgendermaassen:
$$\sqrt[n]{a} \cdot \sqrt[n]{b} = a^{\frac{1}{n}} \cdot b^{\frac{1}{n}} = (ab)^{\frac{1}{n}} = \sqrt[n]{ab}.$$

Für den Quotienten erhält man durch ganz analoge Schlüsse:

13) $\sqrt[n]{a} : \sqrt[n]{b} = \sqrt[n]{\frac{a}{b}}$.

Für $\sqrt[n]{a} \cdot \sqrt[m]{a}$ findet man:

14) $\sqrt[n]{a} \cdot \sqrt[m]{a} = \sqrt[n]{(\sqrt[n]{a})^{mn}} \cdot \sqrt[m]{(\sqrt[m]{a})^{mn}} = \sqrt[mn]{a^m} \cdot \sqrt[mn]{a^n}$

$= \sqrt[mn]{a^m \cdot a^n} = \sqrt[mn]{a^{m+n}}$

oder:
$$\sqrt[n]{a} \cdot \sqrt[m]{a} = a^{\frac{1}{n}} \cdot a^{\frac{1}{m}} = a^{\frac{1}{n}+\frac{1}{m}} = a^{\frac{m+n}{mn}} = \sqrt[mn]{a^{m+n}}$$

und eben so leicht:

15) $\sqrt[n]{a} : \sqrt[m]{a} = \sqrt[mn]{a^{m-n}}$.

Für die Potenz und Wurzel erhält man:
$$(\sqrt[n]{a})^m = \left(a^{\frac{1}{n}}\right)^m = a^{\frac{m}{n}} = (a^m)^{\frac{1}{n}} = \sqrt[n]{a^m},$$

$$\sqrt[m]{\sqrt[n]{a}} = \left(a^{\frac{1}{n}}\right)^{\frac{1}{m}} = a^{\frac{1}{mn}} = \sqrt[mn]{a},$$

also die bereits (6 und 7) bewiesenen Formeln.

II.
Die zweite Wurzel.

$\sqrt{A}$ oder, wie man in diesem Falle kurzweg schreibt: $\sqrt[2]{A}$ berechnen, heisst die Grösse bestimmen, welche mit sich selbst multiplicirt oder zur zweiten Potenz erhoben A giebt, so dass: $\sqrt{4} = 2$, $\sqrt{100} = 10$, $\sqrt{a^2} = a^2$, $\sqrt{\frac{a^2}{b^2}} = \frac{a}{b}$ u. s. w. sein muss. Ist die mit 2 zu depotenzirende Grösse A nicht von so einfacher Beschaffenheit, dass sich ihre zweite, oder, wie man auch zu sagen pflegt, ihre Quadrat-Wurzel ohne weiteres bestimmen lässt, dann verfährt man folgendermaassen. Man nimmt die Wurzel zunächst als zweitheilig, etwa als: $a + b$ an, dann muss: $A = (a+b)^2 = a^2 + 2ab + b^2$ sein; und berechnet nun den ersten Bestandtheil a dadurch, dass man die grösste Zahl sucht, welche quadrirt in A enthalten ist. Ist diese gefunden und a^2 von A subtrahirt, so muss der Rest von der Form: $2ab + b^2$ sein; wird also in ihm mit $2a$ hineindividirt, so ist der Quotient der gesuchte zweite Theil. Wird jetzt von: $A - a^2$ noch: $2ab$ subtrahirt, so muss sich ein positiver Rest ergeben, weil in ihm noch b^2 enthalten ist; sollte dennoch ein Rest gleich Null oder gar ein negativer Rest entstehen, so geht daraus hervor, dass der letzte Quotient, d. i. der zweite Theil, zu gross genommen ist. Es muss darum die Rechnung mit einem kleineren Quotienten wiederholt werden, bis sich für: $A - a^2 - 2ab$ ein Werth ergiebt, der $\gtreqless b^2$ ist. Tritt ersterer Fall ein, dann ist die Summe der beiden für a und b erhaltenen Werthe die gesuchte Wurzel; ist dagegen: $A - a^2 - 2ab > b^2$, dann rechnet man, nachdem noch b^2 subtrahirt, nachdem also von $A : (a+b)^2$ abgezogen ist, folgendermaassen weiter. Man setzt die totale Wurzel als von der Form: $a_1 + b_1$ voraus, wo dann

a_1 bereits mit $a+b$ bestimmt ist; dividirt in: $A - a_1^2 = A - (a+b)^2$ mit $2a_1$, so ist der Quotient, weil: $A - a_1^2$ von der Form: $2a_1 b_1 + b_1^2$ sein muss, b_1: und subtrahirt jetzt noch von: $A - a_1^2$ der Reihe nach $2a_1 b_1$ und b_1^2. Ist der schliessliche Rest gleich Null, so ist die gesuchte Wurzel: $a + b + b_1$; im entgegengesetzten Fall ist die Rechnung nach denselben Prinzipien fortzuführen, bis endlich jenes Ereigniss eintritt.

Beispiel:

(Die grösste in $4x^2$ enthaltene Quadrat-Wurzel)

$$\sqrt{4x^2 + 12xy + 9y^2} = \frac{2x}{a} + \frac{3y}{b}$$

$4x^2 = a^2$

$2a = 4x)\ 12xy + 9y^2$
$\qquad\quad 12xy \qquad\quad = 2ab$

$\qquad\qquad\qquad 9y^2$
$\qquad\qquad\qquad 9y^2 = b^2$
$\qquad\qquad\qquad\ \ 0.$

Die Wurzel ist also $= 2x + 3y$.

$\sqrt{25m^2 + 30mn + 9n^2 + 20ml + 4l^2 + 12nl} = \dfrac{5m}{a} + \dfrac{3n}{b} + \dfrac{2l}{a_1\ \ b_1}$

$25m^2 = a^2$

$2a = 10m)\ 30mn + 9n^2 + 20ml + 4l^2 + 12nl$
$\qquad\qquad 30mn \quad = 2ab$

$\qquad\qquad\qquad\quad\ 9n^2 + 20ml + 4l^2 + 12nl$
$\qquad\qquad\qquad\quad\ 9n^2 = b^2$

$2a_1 = 10m + 6n)\ 20ml + 4l^2 + 12nl$
$\qquad\qquad\qquad\ \ 20ml \qquad\ + 12nl = 2a_1 b_1$

$\qquad\qquad\qquad\qquad\qquad 4l^2$
$\qquad\qquad\qquad\qquad\qquad 4l^2 = b_1^2$
$\qquad\qquad\qquad\qquad\qquad\ \ 0.$

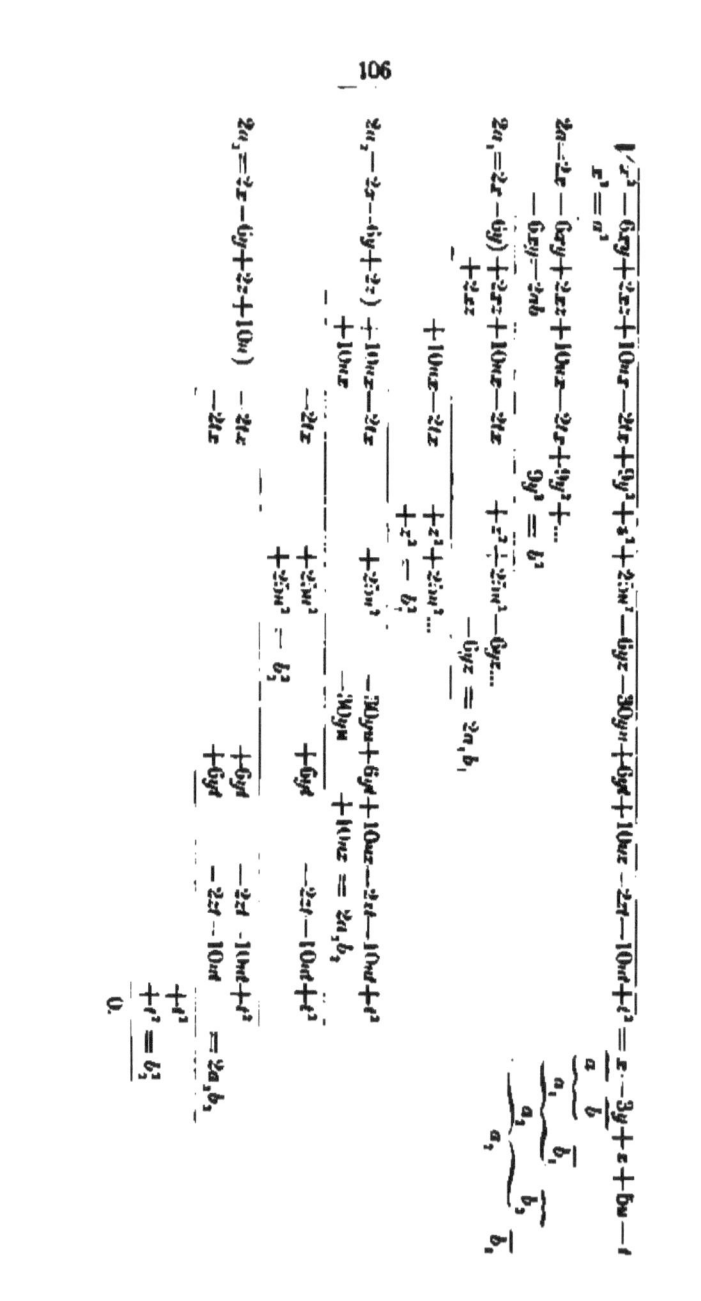

Ist A eine Zahl des dekadischen Systems, dann sind dem Vorhergehenden noch folgende Bemerkungen hinzuzufügen. Nach pag. 30 stellt:

$$a_n 10^n + a_{n-1} 10^{n-1} + \ldots + a_2 10^2 + a_1 10 + a_0$$

jede $(n+1)$ ziffrige Zahl im System der Basis 10 dar, falls a_n zwischen 1 und 9, $a_{n-1} \ldots a_2, a_1, a_0$ zwischen 0 und 9 liegen (die Grenzen mit eingeschlossen). Wir bezeichnen darum jene Summe kurzweg mit Z_{n+1}, so dass stets:

1) $10^n \leqq Z_{n+1} < 10^{n+1}$,

folglich auch:

2) $10^{np} \leqq (Z_{n+1})^p < 10^{np+p}$

stattfinden, demnach die pte Potenz jeder $(n+1)$ stelligen Zahl kleiner als die kleinste $(np+p+1)$ ziffrige Zahl (10^{np+p}) und gleich oder grösser als die kleinste $(np+1)$ ziffrige Zahl (10^{np}) sein muss, dieselbe also:

$$np+1, \quad np+2, \quad np+3 \ldots \quad \text{oder} \quad np+p$$

stellig ist. Dieses stellen wir durch die Formel:

3) $Z_{n+1}^p = Z_{np+1, np+2 \ldots np+p}$

dar, aus welcher für den besonderen Fall des Quadrats, d. i. für $p=2$, folgt:

4) $Z_{n+1}^2 = Z_{2n+1, 2n+2}$

und wenn der Reihe nach $n = 0, 1, 2, 3, 4 \ldots$ gesetzt wird:

$$Z_1^2 = Z_{1,2}, \text{ also auch: } \sqrt{Z_{1,2}} = Z_1$$
$$Z_2^2 = Z_{3,4}, \quad \text{„} \quad \text{„} \quad \sqrt{Z_{3,4}} = Z_2$$
$$Z_3^2 = Z_{5,6}, \quad \text{„} \quad \text{„} \quad \sqrt{Z_{5,6}} = Z_3$$
$$Z_4^2 = Z_{7,8}, \quad \text{„} \quad \text{„} \quad \sqrt{Z_{7,8}} = Z_4 \text{ u. s. w.}$$

Es muss also die Quadrat-Wurzel einer 1- oder 2stelligen Zahl 1stellig, einer 3- oder 4stelligen Zahl 2stellig, einer 5-

oder 6stelligen Zahl 3stellig u. s. w. sein, so dass sich durch einfache Abzählung der Stellen der mit 2 zu depotenzirenden Zahl die Anzahl der Ziffern der zu berechnenden Wurzel ermitteln lässt. So erhält man sofort, dass $\sqrt{4096}$ eine zweistellige, $\sqrt{328329}$ eine drei-stellige, $\sqrt{181225444}$ eine fünf-stellige Zahl sein muss. Am zweckmässigsten handelt man offenbar, wenn man gleich bei der Abzählung der Ziffern dieselben von rechts nach links gehend in Columnen von je zwei Ziffern eintheilt; dann muss die Anzahl dieser Gruppen gleich der Anzahl der Stellen der Wurzel sein. Denn erhält man allgemein $n+1$ Gruppen, dann muss die eingetheilte Zahl $(2n+1)$- oder $(2n+2)$-stellig sein, je nachdem die auf der äussersten Linken stehende Columne 1- oder 2-ziffrig ist; folglich muss nach 4 die Stellen-Anzahl der Wurzeln gleich $n+1$, d. i. gleich der Columnen-Anzahl sein. Nachdem letztere bestimmt sind, man also bereits weiss, dass:

$$\sqrt{40{,}96} = a\,10 + \beta.\ \ \sqrt{32{,}83{,}29} = a_1\,10^2 + \beta_1\,10 + \gamma_1.$$

$$\sqrt{1{,}81{,}22{,}54{,}44} = a_2\,10^4 + \beta_2\,10^3 + \gamma_2\,10^2 + \delta_2\,10 + \epsilon_2$$

sein muss, berechnet man die Ziffern α, β: α_1, β_1, γ_1; α_2, β_2, γ_2, δ_2, ϵ_2, in Rücksicht auf die schon oben mitgetheilten Prinzipien folgendermaassen.

a. a_1 und a_2 müssen so gewählt werden, dass: $(a.10)^2 = a^2.100$, $(a_1.10^2)^2 = a_1^2.10000$, $(a_2.10^4)^2 = a_2^2.100000000$ die grössten bez. in: 4096, 328329, 181225444 enthaltenen Quadratzahlen sind. Denkt man sich zu diesem Zwecke die Zahlen: $(a.10)^2$, $(a_1.10^2)^2$, $(a_2.10^4)^2$ von rechts nach links unter jene gegebenen Zahlen geschrieben, so sieht man, dass die in ersten vorkommenden Nullen, deren Anzahl bez. 2, 4 und 8 ist, sämmtliche Ziffern der zu depotenzirenden Zahlen absorbiren mit Ausnahme derjenigen, welche die auf der äussersten Linken stehende Columne bilden; unter diese letzten Ziffern würde: a^2, a_1^2 oder a_2^2 zu setzen sein. Bestimmt man demnach: a. a_1, a_2 so, dass: a^2, a_1^2 und a_2^2 die grössten bez. in: 40, 32 und 1 enthaltenen Quadratzahlen werden, dann ist der erste Theil der Wurzel, nämlich die Ziffer der höchsten Rangordnung, gefunden. Man wird offenbar: $a = 6$, $a_1 = 5$, $a_2 = 1$ nehmen, so dass sich ergiebt:

$$\sqrt{40\,96} = \alpha\,10 + \beta; \quad \sqrt{32\,83{,}29} = \alpha_1\,10^2 + \beta_1\,10 + \gamma_1;$$
$$36 = a^2 \quad 6 \qquad\qquad 25 = a^2 \quad 5$$
$$\overline{4\,96} \qquad\qquad\qquad \overline{7\,83{,}29}$$

$$\sqrt{1{,}81\,22{,}54\,44} = a_1\,10^4 + \beta_2\,10^3 + \gamma_2\,10^2 + \delta_2\,10 + \varepsilon_2.$$
$$1 = a^2 \qquad 1$$
$$\overline{81\,22\,54{,}44}$$

Um den zweiten Theil β, β_1, 10, β_2, 10^3 zu erhalten, ist in die verschiedenen Reste bez. mit $2.\alpha 10$, $2a_1 10^2$, $2a_2 10^4$ hinein zu dividiren. Einmal wegen der Nullen am Ende der Divisoren, ein andermal wegen der Nullen wenigstens der beiden letzten der zu suchenden Quotienten: β, 10, $\beta_1 10^3$, wird man für das erste Beispiel, wo der Divisor: $2a.10$, der Quotient β ist, die letzte Ziffer (6) des Dividenden: 496; für das zweite Beispiel, wo der Divisor: $2a_1 10^2$, der Quotient: $\beta_1 10^4$, die drei letzten Ziffern (329) des Dividenden: 78329, endlich für das dritte Beispiel, wo der Divisor: $2a_2 10^4$, der Quotient: $\beta_2 10^3$ ist, die letzten 7 Ziffern (1225444) des Dividenden: 81225444 unberücksichtigt lassen können, um durch Division mit: 2α in 49, mit: $2a_1$ in 78, mit $2a_2$ in 8 bez. β, β_1, und β_2 zu erhalten. Dieses giebt:

$$\sqrt{40\,96} = \alpha\,10 + \beta; \quad \sqrt{32\,83{,}29} = \alpha_1\,10^2 + \beta_1\,10 + \delta_1;$$
$$36 = a^2 \quad 6 \quad 4 \qquad 25 = a^2 \quad 5 \qquad 7$$
$$12)\ \overline{4\,96} \qquad\qquad 10)\ \overline{7\,83{,}29}$$
$$48 = 2ab \qquad\qquad 70 = 2ab$$
$$\overline{16} \qquad\qquad\qquad \overline{83\,29}$$

$$\sqrt{1\,81\,22{,}54\,44} = a_1\,10^4 + \beta_2\,10^3 + \gamma_2\,10^2 + \delta_2\,10 + \varepsilon_2.$$
$$1 = a^2 \qquad 1 \qquad 9$$
$$2)\ \overline{81{,}22{,}54{,}44}$$
$$6 = 2ab$$
$$\overline{21{,}22{,}54{,}44}$$

Bekanntlich ist jetzt b^2 zu subtrahiren. Das ist im ersten Beispiel: β^2, im zweiten: $(\beta_1.10)^2 = \beta_1^2.100$, im dritten: $(\beta_1^2.10^3)^2 = \beta_1^2.1000000$. Die beiden letzten Zahlen von rechts nach links unter die zugehörigen Reste: 8329 und 21225444 geschrieben, sieht man, dass wegen der zwei Nullen in: β_1^2. 100 und der sechs Nullen in: β_1^2. 1000000) nur das Quadrat bez. von β_1 und β_2 unter die beiden ersten Ziffern: 83 und 21 von rechts nach links zu setzen ist, um als neue Dividenden zu erhalten:

$$\sqrt{40{,}96} = \alpha\,10 + \beta; \quad \sqrt{32\,83{,}29} = \alpha_1 10^1 + \beta_1 10 + \gamma_1;$$

```
   36   6  4         25      5   7
12) 40  = 64.      10) 7 8
    48                 7 0
    ──                 ──
    16                 83
    16                 49
    ──                 ──
     0                3 4 29
```

$$\sqrt{1\,81\,22\,54\,44} = \alpha_2\,10^4 + \beta_2\,10^3 + \gamma_2\,10^2 + \delta_2\,10 + \epsilon_2.$$

```
   1|         1   3
2) |8
   |6
   |21
   | 9
   ────────
   12 22 54 44
```

Die erste Aufgabe ist gelöst; für die zweite und dritte ist jetzt mit: $2(\alpha_1 10^2 + \beta_1 10)$ und $2(\alpha_2 10^4 + \beta_2 10^3)$ in die übrig gebliebenen Reste: 3429 und 12225444 zu dividiren, um die dritten Theile der zu suchenden Wurzeln zu erhalten. Der erste Divisor lässt sich auf die Form: $2(\alpha_1 10 + \beta_1)\,10$ bringen, ist also eine Zahl, die mit einer Null endigt; der zweite auf die Form: $2(\alpha_2 10 + \beta_2)\,10^3$, endigt also mit 3 Nullen. Bedenkt man, dass im ersten Fall der Quotient $= \gamma_1$, d. i. eine gewisse Anzahl von Einheiten, im zweiten Fall $= \gamma_2 10^2$, d. i. eine gewisse Anzahl von Hunderten sein muss, so erkennt man, dass im ersten Fall die Division mit: $2(\alpha_1 10 + \beta_1)$ in 342, im zweiten mit: $2(\alpha_2 10 + \beta_2)$, in 122 den Werth von γ_1 bez. γ_2 geben muss. Nach der Berechnung dieser dritten Ziffer wird ihr Quadrat subtrahirt und in obiger Weise fortgerechnet, bis man zu einem Reste gleich Null gekommen ist. Also, wie folgt:

$$\sqrt{32\,83} \quad = \alpha_1 \cdot 10^2 + \beta_1 \cdot 10 + \gamma_1;$$
$$\phantom{\sqrt{}}25 \qquad\quad\; 5 \qquad\; 7 \qquad 3$$
$$10)\,\overline{7\,8} \qquad = 573$$
$$\,7\,0$$
$$\;\overline{83}$$
$$\;49$$
$$2.57 = 114)\,\overline{34\,2}$$
$$\,34\,2$$
$$\;\overline{9}$$
$$\;9$$

$$\sqrt{1\,81\,22\,54\,44} = \alpha_2 \cdot 10^4 + \beta_2 \cdot 10^3 + \gamma_2 \cdot 10^2 + \delta_2 \cdot 10 + \epsilon_2$$
$$\phantom{\sqrt{}}1 \qquad\qquad\qquad\; 1 \qquad\; 3 \qquad\; 4 \qquad\; 6 \qquad 2$$
$$2)\,\overline{8} \qquad\qquad = 13462$$
$$\,6$$
$$\,\overline{21}$$
$$\,9$$
$$2.13 = 26)\,\overline{12\,2}$$
$$\,10\,4$$
$$\,\overline{1\,82}$$
$$\,10$$
$$2.134 = 268)\,\overline{1,66\,5}$$
$$\,1,60\,8$$
$$\;\overline{5\,74}$$
$$\;36$$
$$2.1346 = 26922)\,\overline{5\,38\,4}$$
$$\,5\,38\,4$$
$$\;\overline{4}$$
$$\;4$$

Man zieht es der Kürze halber wohl vor, $2ab$ und b^2 gleichzeitig zu subtrahiren: alsdann wird, wie aus Vorstehendem erhellt, folgendermassen gerechnet werden müssen:

112

$$\sqrt{6,45,75,35,31,24,57,61} = 2541161$$
$$\underline{4}$$

$2.2 = 4\ )\ 245$ $\begin{cases}20 = 5.4\\25 = 5^2\end{cases}$
$225 =$

$2.25 = 50\ )\ 2075$ $\begin{cases}200 = 50.5\\16 = 4^2\end{cases}$
$2016 =$

$508\ )\ 5935$ $\begin{cases}508 = 508.1\\1 = 1^2\end{cases}$
$5081 =$

$5082\ )\ 85431$ $\begin{cases}5082 = 5082.1\\1 = 1^2\end{cases}$
$50821 =$

$50822\ )\ 3461024$
3049356

$508232\ )\ 41166857$
40658624

$5082336\ )\ 50823361$
50823361

Es war offenbar der Hauptzweck unserer letzten Durchführung, zu zeigen, dass einmal nur immer ein gewisser Theil der zu depotenzirenden Zahl zu benutzen ist, um die verschiedenen Ziffern der Wurzel zu erhalten, dass ein ander Mal mit den letzten ohne Rücksicht auf ihre Rangordnung in der Wurzel, sondern nur in Rücksicht auf die Reihenfolge, in der sie sich ergeben und der dadurch bedingten Rangordnung zu rechnen ist. Wir hätten dieses auch ganz allgemein, ohne uns auf bestimmte Zahlen zu beziehen, etwa folgendermassen beweisen können.

Die gegebene Zahl A sei $(2n+1)$ oder $(2n+2)$ stellig, also die Wurzel $(n+1)$ stellig; die erste in Columnen von je zwei Ziffern getheilt, giebt also $n+1$ Gruppen und zwar, von rechts nach links gerechnet, die n ersten Gruppen von je zwei, die letzte $(n+1)$ te, von einer oder von zwei Ziffern. Die Wurzel enthält als höchste Potenz von 10 die n te. Um den Coefficienten dieser Potenz, d. i. um die Ziffer der höchsten Rangordnung zu finden, hat man die grösste Quadratzahl von der Form $(\alpha.10^n)^2$ (α zwischen 1 und 9 gelegen) zu suchen, welche in A enthalten ist. Diese Quadratzahl unter die gegebene von rechts nach links gesetzt, erkennt man, dass die $2n$ Nullen der ersten, die $2n$ ersten Ziffern der letzten absorbiren, also das Quadrat von α unter den Ziffern der $(n+1)$ten Columne in A erscheinen wird.

z ist demnach so zu bestimmen, dass a' die höchste in der letzten Columne enthaltene 'Quadratzahl wird. Jetzt ist mit $2a10^n$ in: $A - a^2$ zu dividiren, um den zweiten Bestandtheil: $\beta 10^{n-1}$ zu erhalten; der Divisor hat am Ende n, der Quotient $(n-1)$ Nullen, beide zusammengenommen demnach $2n-1$. Diese werden, falls man mit dem vollständigen Divisor und Dividend gerechnet, die $2n - 1$ ersten Ziffern des letzten absorbiren, man braucht also nur, nachdem $A - a^2$ gebildet ist, zum Rest die nächstfolgende: 2ste Ziffer der gegebenen Zahl hinzuzufügen, um durch Division mit $2a$ in den so vervollständigten Rest die zweite Ziffer β zu erhalten. Nachdem von diesem neuen Dividenden das doppelte Product: $2a\beta$ abgezogen ist, muss noch vom so erhaltenen Rest: $(\beta.10^{n-1})^2 = \beta^2.10^{2n-2}$, also eine Zahl, die mit $2n - 2$ Nullen endigt, subtrahirt werden. Man erhält demnach den richtigen Rest, wenn zum vorletzten die folgende Ziffer der gegebenen Zahl, d. i. die $(2n-1)$te, hinzugefügt wird, um nun von der so vervollständigten Zahl nur β^2 zu subtrahiren. In dieser Art zu schliessen kann man fortfahren, um dasjenige als allgemein gültig zu erkennen, was vorhin schon für specielle Fälle constatirt ist.

Nachdem die ersten Ziffern der Quadratwurzel nach der mitgetheilten Methode berechnet sind, kann man von einem der folgenden Verfahren Gebrauch machen, um die noch fehlenden Ziffern durch eine einfache Division zu bestimmen.

Wird der schon bekannte Theil der Wurzel aus der Zahl A mit a, der noch zu berechnende mit b bezeichnet, so dass a die Ziffern der höheren Rangordnungen, b die der niedrigeren darstellt, demnach a also auch $2a$ mit so viel Nullen endigt, als b Ziffern hat, dann folgt aus:

$$\sqrt{A} = a + b \quad \text{oder:} \quad A = a^2 + 2ab + b^2$$

5) $b = \dfrac{A - a^2}{2a + b} = \dfrac{A - a^2}{2a} - \dfrac{b^2}{2a}.$

Obgleich der Nenner des ersten für b erhaltenen Werthes:

6) $b = \dfrac{A - a^2}{2a + b}$

den noch unbekannten Bestandtheil b enthüllt, wird sich die angedeutete Division, verführt man nach Fouriers Methode (pag. 75), in jedem speciellen Falle durchführen lassen, um, wie wir sogleich beweisen werden, ein absolut richtiges Resultat zu erhalten.

Nimmt man nämlich $2a$ als überstrichenen Divisor und den entsprechenden Theil von $A - a^2$ als überstrichenen Dividend, so erhält man aus beiden zunächst die erste richtige Ziffer des Quotienten b. Wird diese Ziffer sofort dem Divisor angehängt, so lässt sich die erste Correction berechnen, weil man zu ihrer Bestimmung bekanntlich nur der ersten Ziffer des Quotienten und derjenigen Ziffer des Divisors bedarf, welche dem überstrichenen Divisor unmittelbar folgt. Aus letztem und dem verbesserten Dividend erhält man die zweite Ziffer des Quotienten. Mit derselben den Divisor vom Neuen vervollständigt, lässt sich nun die zweite Correction ermitteln, weil alle Bestandtheile derselben, nämlich die beiden ersten Ziffern des Quotienten und die beiden Ziffern des Divisors, welche unmittelbar dem überstrichenen Divisor folgen, gegeben sind. So fortfahrend muss sich offenbar der Quotient b, also auch die ganze Wurzel mit absoluter Genauigkeit durch eine Division ergeben, wenn etwa die beiden ersten Ziffern derselben zunächst nach der bekannten Methode berechnet sind.

Wir wenden, zur Einsicht in den Rechnungs-Mechanismus, die eben mitgetheilte Methode auf die Lösung der schon vorhin behandelten Beispiele an, um die Resultate, auf dem einen und anderen Wege erhalten, mit einander vergleichen zu können.

$$\sqrt{181225444} = 13462,00$$

```
         1              2a = 26 erster Uebstr. Divisor
    2 ) 81                   264 zweiter Ds.
        (2)                  2646 dritter Ds.
A-a² = 12225444              26462 vierter Ds.
        104 = 4.26           264620 fünfter Ds.
        104                  2646200 sechster Ds.
         16 = 4.4 (Vg.)
        166
        156
         105
          48 = 6.4 + 4.6 (Vg.)
          57
          52
          54
          52 = 2.4 + 6.6 + 4.2 (Vg.)
          24
          24 = 0.4 + 2.6 + 6.2 + 4.0 (Vg.)
           4
           4 = 0.4 + 0.6 + 2.2 + 6.0 + 4.0 (Vg.)
```

$$\sqrt{6457535312457 61} = 25411681,00000$$

$$\overline{5041168100000}$$

```
    4
   ‾‾‾
   245
   225
   ‾‾‾
   207
   200
   ‾‾‾
    75
    16
   ‾‾‾
    59
    50
   ‾‾‾
    93
     8
   ‾‾‾
    85
    50
   ‾‾‾
   355
     9
   ‾‾‾
   346
   300
   ‾‾‾
   463
    50
   ‾‾‾
   413
   400
   ‾‾‾
   131
    77
   ‾‾‾
    54
    50
   ‾‾‾
    42
    36
   ‾‾‾
    64
    54
   ‾‾‾
   105
    98
   ‾‾‾
    77
    76
   ‾‾‾
    16
    16
   ‾‾‾
     1
     1
   ‾‾‾
     0.
```

Gehen wir jetzt von dem zweiten für b erhaltenen Werth:

7) $b = \frac{A-a^2}{2a} - \frac{b^2}{2a}$

aus. Angenommen die herzustellende Wurzel $a+b$ sei $(m+n)$-zifferig und zwar können auf den zweiten Theil b die letzten n Ziffern, so dass a, also auch $2a$ eine Zahl sein muss, die mit n Nullen endigt, dann hat man aus:

$$b < 10^n \text{ und: } a \geq 10^{m+n-1}$$

also auch:

$$b^2 < 10^{2n} \text{ und: } 2a > 10^{m+n-1};$$

$$\frac{b^2}{2a} < 10^{n-m+1}$$

Ist demnach: $n - m + 1 = 0$, d. i.:

$$n = m - 1,$$

dann muss: $10^{n-m+1} = 10^0 = 1$, also $\frac{b^2}{2a} < 1$ sein und es können sich: $\frac{A-a^2}{2a} - \frac{b^2}{2a} = b$ und $\frac{A-a^2}{2a}$ höchstens um den echten Bruch unterscheiden, um welchen $\frac{A-a^2}{2a}$ grösser als b ist.

Hat man demnach die m ersten Ziffern (a) der Quadratwurzel aus A direct berechnet und dividirt nun mit $2a$ in $A-a^2$, so werden die $(m-1)$ ersten Ziffern des Quotienten mit den auf jene m folgenden $(m-1)$ Ziffern der Wurzel zusammenfallen müssen. Von der folgenden, also $m$ten Ziffer des Quotienten*), wird jedoch, um aus ihr eine Ziffer der Wurzel zu erhalten, etwas zu subtrahiren sein, wodurch es sich ereignen kann, dass die vorhergehende, $(m-1)$ste Ziffer, um eine Einheit zu vermindern ist. Man kann darum nur behaupten, dass jene $m-1$ Ziffern des Quotienten bis auf eine Einheit genau gleichzeitig die letzten $(m-1)$ Ziffern der gesuchten Wurzel sind.

Beispiele:

---

*) Dieselbe würde die erste Decimale sein.

$\sqrt{2261162411384500581370509}$ — 1506716200413

```
    1
2 ) 126
    125
 300 ) 11162
       9009
 3006 ) 215341
        210409
 30074 ) 487213
         300741
 300742 ) 18647284
          1804556
 3007432 ) 6027285   (A · a⁵)
           6014864
           12421005
           12029728
            3913678
            3007432
             9062461
             9022296
```

Die letzten 6 Ziffern 200413 sind durch Division gefunden; die letzte Ziffer 3 kann man nicht unbedingt als sicher erklären; es könnte sein, dass sie um eine Einheit zu vermindern wäre.

$\sqrt{645753531245071}$ — 25411681

```
    4
4 ) 245
    225
 50 ) 2075
      2016
 508 ) 5935
       5081
 5082 ) 85431
        50821
 50822 ) 346102   (A − a⁵)
         304932
          411704
          406576
           51285
           50822
```

Die drei letzten Ziffern 681 sind durch Division gefunden und weil schon 5 hergestellt waren, absolut genau.

Handelt es sich um die Quadratwurzel aus einem Bruch, so ziehe man entweder in Rücksicht auf das aus: $\left(\frac{a}{b}\right)^n = \frac{a^n}{b^n}$ folgende Gesetz:

$$8) \quad \sqrt[n]{\frac{a}{b}} = \frac{\sqrt[n]{a}}{\sqrt[n]{b}}$$

die Wurzel aus Zähler und Nenner oder verwandele zunächst $\frac{a}{b}$ in einen Decimalbruch, der dann nach folgenden Regeln zu depotenziren ist.

Soll die Quadratwurzel des Decimalbruches: $0, q_1 q_2 \ldots q_k$ unmittelbar wieder in der Form eines Decimalbruches erscheinen, dann muss seine Ziffer-Anzahl eine gerade sein. Denn der gegebene Bruch heisst vollständig:

$$\frac{q_1 10^{k-1} + q_2 10^{k-2} + \ldots + q_{k-1} 10 + q_k}{10^k}$$

demnach seine Wurzel:

$$\frac{\sqrt{q_1 10^{k-1} + q_2 10^{k-2} + \ldots + q_{k-1} 10 + q_k}}{\sqrt{10^k}}$$

so dass der Nenner: $\sqrt{10^k} = 10^{\frac{k}{2}}$ offenbar nur dann eine ganze Potenz von 10 sein kann, wenn k eine gerade Zahl ist. Man hat demnach zunächst, falls die Stellen-Anzahl des Bruches eine ungerade ist, dieselbe dadurch in eine gerade zu verwandeln, dass man ihm rechts eine Null anhängt, d. h. dass Zähler und Nenner noch mit 10 multiplicirt werden. Darüber, ob dieses nothwendig sei oder nicht, entscheidet man sich am einfachsten, wenn der Decimalbruch von links nach rechts in Columnen von je zwei Ziffern eingetheilt wird. Enthält dann die auf der äussersten Rechten stehende Columne nur eine Ziffer, dann ist aus obigen Gründen dieselbe durch Hinzufügung einer Null zu vervollständigen. Nachdem dieses geschehen, wird die Wurzel von der Form:

$$\frac{\sqrt{q_1 10^{2n-1} + q_2 10^{2n-2} + \ldots + q_{2n-1} 10 + q_{2n}}}{10^n}$$

also ein n stelliger Decimalbruch sein, dessen Zähler erhalten wird, wenn man die $2n$ ziffrige Ganzzahl:

$q_1 10^{m-1} + q_2 10^{m-2} + \cdots + q_{m-1} 10 + q_m$

nach den bekannten Prinzipien mit 2 depotenzirt.

Z. B.: $\sqrt{0,185761} = 0,431$

$$\begin{array}{r} 16 \\ \hline 8\ )\ 257 \\ 249 \\ \hline 86\ )\ 861 \\ 861 \end{array}$$

$\sqrt{0,0000058588716} = 0,0007654$

$$\begin{array}{r} 49 \\ \hline 14\ )\ 958 \\ 876 \\ \hline 152\ )\ 8237 \\ 7625 \\ \hline 1530\ )\ 61216 \\ 61216 \end{array}$$

$\sqrt{0,00000640009} = 0,00253$

$$\begin{array}{r} 4 \\ \hline 4\ )\ 240 \\ 225 \\ \hline 50\ )\ 1509 \\ 1509 \end{array}$$

Ist endlich mit dem Decimalbruch noch irgend eine Ganzzahl verbunden, dann mache man die Stellenanzahl des ersten zunächst, falls solches ursprünglich nicht der Fall war, zu einer geraden. Bringt man darauf die letzte noch auf den Nenner des ersten, so erscheint die gesuchte Wurzel etwa der Zahl: $t_1 t_2 \ldots t_k{}^*$), $q_1 q_1 \ldots q_m$ unter der Form:

$$\frac{\sqrt{t_1 t_2 \ldots t_{2k} q_1 q_2 \ldots q_m}}{10^n},$$

ist also der Quotient aus einer $(k+n)$ stelligen Ganzzahl und der nten Potenz von 10, d. i. ein n stelliger Decimalbruch, der mit einer k stelligen Ganzzahl verbunden ist.

*) Wir nehmen die Anzahl der Ziffern der Ganzzahl ebenfalls als gerade, welche Voraussetzung jedoch, wie man leicht überblickt, die Allgemeinheit unseres Resultates nicht beschränkt.

In jedem speciellen Falle hat man darum wie folgt zu rechnen: Vom Komma nach links gehend theilt man die Ganzzahl, nach rechts gehend die Decimalen in Columnen von je zwei Ziffern, zieht daraus die Quadratwurzel, indem man das Gegebene wie eine Ganzzahl betrachtet und bringt in der Wurzel in dem Augenblicke das Decimalkomma an, in welchem man die beiden ersten Decimalen der gegebenen Zahl in die Rechnung führt.

Z. B.:

$$\sqrt{11{,}70324 1} = 3{,}421$$
$$\phantom{\sqrt{}}9$$
$$6)\ 270$$
$$256$$
$$68)\ 1432$$
$$1364$$
$$684)\ 6841$$
$$6841$$

$$\sqrt{37518{,}0689} = 193{,}67$$
$$\phantom{\sqrt{}}1$$
$$2)\ 275$$
$$261$$
$$38)\ 1408$$
$$1149$$
$$386)\ 25906$$
$$23196$$
$$3872)\ 271089$$
$$271089.$$

Ist die mit 2 zu depotenzirende Zahl weder das Quadrat einer Ganzzahl noch das eines Bruches, dann wird also beim Wurzelziehen niemals ein Rest gleich Null erscheinen können, so dass man nur im Stande ist, die Wurzel bis zu irgend einer Decimale genau, nicht aber absolut genau zu bestimmen.

Bei der Berechnung eines solchen Zahlen-Ausdruckes, den man irrational nennt, während man Zahlenausdrücke, deren Werthe durch irgend eine Ganz-, oder Bruchzahl absolut genau dargestellt werden können, als rational bezeichnet, leistet die Fourier'sche Divisionsmethode vortreffliche Dienste, weil man bei

Anwendung derselben bekanntlich in den meisten Fällen zu entscheiden im Stande ist, ob eine erhaltene Ziffer des Quotienten sicher ist oder nicht, ohne sich hiervon durch die folgenden Schritte der Rechnung zu überzeugen.

Z. B.:

$$\sqrt{7} = 2.6457$$
$$\underline{4}\qquad 5\,2457$$
$$4)\;300$$
$$\underline{276}$$
$$240$$
$$\underline{208}$$
$$320\;\;(32 > 5 + 2 + 4,\;\text{also 4 sicher})$$
$$\underline{16}$$
$$304$$
$$\underline{260}$$
$$440\;\;(44 > 5 + 2 + 4 + 5)$$
$$\underline{40}$$
$$400$$
$$\underline{364}$$
$$36\;\;(36 > 5 + 2 + 4 + 5 + 7).$$

Bis auf 4 Decimalen genau ist also: $\sqrt{7} = 2.6457$.

Nach den anderen Methoden verfahren, gestaltet sich die Rechnung wie folgt:

$$\sqrt{7} = 2.6457$$
$$\underline{4}$$
$$4)\;300$$
$$\underline{276}$$
$$52)\;2400$$
$$\underline{2086}$$
$$528)\;30400$$
$$\underline{26425}$$
$$5290)\;397500.$$

Hiermit kann man die 7 als letzte Ziffer noch nicht ohne weiteres als richtig erklären, sondern nur dann, wenn sich nach Subtraction von: $7.52900 + 49$ von 397500 ein positiver Rest ergeben hat. Und würde man endlich mit 2.264 in $3040\ldots$

hineindividiren, um hierdurch die beiden Ziffern 5 und 7 zu erhalten, so genügte die Bestimmung des zweiten Quotienten mit 7, wie man weiss, keineswegs, um 7 als 4te Decimale der herzustellenden Wurzel behaupten zu können.

Z. B. $\sqrt{0{,}00000004}$ bis auf 10 Decimalen genau zu berechnen:

$$\sqrt{0{,}00000000\,40} = 0{,}0000632455$$

```
              36        1262455
         12) 400
             369
             310
             252
             580
               4
             578
             504
             720
              16
             704
             630
             740
              36
             704
             630
             74  (74 > 1 + 2 + 6 + 2 + 4 + 5 + 6).
```

Ist der bis zu irgend einer Grenze zu berechnende Ausdruck doppelt irrational, das heisst von der Form: $\sqrt{a + \sqrt{b}}$, wo a und b rational, dagegen $\sqrt{b}$ irrational, d. h. b keine Quadratzahl ist, dann lässt sich unter gewissen Bedingungen der doppelt irrationale Ausdruck durch die Summe oder Differenz zweier einfach irrationaler Ausdrücke ersetzen, wodurch die Berechnung seines Zahlenwerthes offenbar vereinfacht wird. Zur Begründung des hierauf bezüglichen Verfahrens ist es nothwendig, zunächst den Satz aufzustellen, dass die Differenz zweier irrationaler Ausdrücke von der Form $\sqrt{a}$ und $\sqrt{\beta}$, wo a und β rationale Zahlen bedeuten, die jedoch keine Quadrate sind, ebenfalls irrational sein muss. Denn ist diese Differenz eine rationale Zahl z, so folgt aus:

$$\sqrt{\alpha} - \sqrt{\beta} = z \quad \text{oder} \quad \sqrt{\alpha} = z + \sqrt{\beta}$$

durch Quadrirung:

$$\alpha = z^2 + 2z\sqrt{\beta} + \beta \quad \text{oder:} \quad \sqrt{\beta} = \frac{\alpha - z^2 - \beta}{2z},$$

d. i. eine Gleichung, deren linke Seite irrational, deren rechte rational ist, also ein Absurdum: es muss also z irrational sein. Wenn demnach zwei irrationale Ausdrücke, wie etwa $\sqrt{\alpha}$ und $\sqrt{\beta}$, in allen Decimalen, bis zu welcher man auch rechnen möge, übereinstimmen, dann müssen die Zahlenwerthe von $\sqrt{\alpha}$ und $\sqrt{\beta}$ auch in ihren etwaigen Ganzen zusammenfallen, d. i. $\alpha = \beta$ sein. Hieraus folgt weiter, dass die unmittelbare Consequenz einer Gleichung von der Form:

8) $\quad a + \sqrt{b} = x + \sqrt{y} \quad \text{oder:} \quad a - x = \sqrt{y} - \sqrt{b},$

falls a, b, x und y rational, dagegen $\sqrt{b}$ und $\sqrt{y}$ irrational sind:

9) $\quad a - x = 0 \quad \text{und} \quad \sqrt{y} - \sqrt{b} = 0$

d. i.

10) $\quad a = x \quad \text{und} \quad \sqrt{y} = \sqrt{b}$

sein muss.

Wird jetzt für obigen Zweck:

11) $\quad \sqrt{a + \sqrt{b}} = \sqrt{x} + \sqrt{y}$

angenommen, so ergibt sich zunächst durch Quadrirung:

$$a + \sqrt{b} = x + y + 2\sqrt{xy},$$

also:

12) $\quad a = x + y, \quad \sqrt{b} = 2\sqrt{xy},$

oder auch:

$$a^2 = x^2 + 2xy + y^2, \quad b = 4xy$$

und hieraus durch Subtractionen:

$$a^2 - b = x^2 - 2xy + y^2 = (x - y)^2$$

oder:

13) $\quad x - y = \sqrt{a^2 - b}.$

13 in Verbindung mit 12 giebt endlich:

$$x = \frac{a + \sqrt{a^2 - b}}{2}, \quad y = \frac{a - \sqrt{a^2 - b}}{2},$$

demnach:

14) $\sqrt{a+\sqrt{b}} = \sqrt{\frac{a+\sqrt{a^2-b}}{2}} + \sqrt{\frac{a-\sqrt{a^2-b}}{2}}$

und auch, wie man leicht durch ganz analoge Schlüsse findet:

15) $\sqrt{a-\sqrt{b}} = \sqrt{\frac{a+\sqrt{a^2-b}}{2}} - \sqrt{\frac{a-\sqrt{a^2-b}}{2}}$.

Man sieht also, dass der doppelt irrationale Ausdruck: $\sqrt{a} \pm \sqrt{b}$ durch die Summe oder Differenz zweier einfach irrationaler Ausdrücke ersetzt werden kann, falls a und b solche Werthe haben, dass: $a^2 - b$ ein volles Quadrat ist.

Z. B.:

Für: $\sqrt{10+2\sqrt{21}}$ ist: $a = 10$, $b = 84$, also: $\sqrt{a^2-b} = \sqrt{100-84} = \sqrt{16} = 4$; es ist demnach:

$\sqrt{10+2\sqrt{21}} = \sqrt{\frac{10+4}{2}} + \sqrt{\frac{10-4}{2}} = \sqrt{7} + \sqrt{3}$.

Oder für: $\sqrt{54-14\sqrt{5}}$ ist: $a = 54$, $b = 980$, $\sqrt{a^2-b} = \sqrt{1936} = 44$, folglich:

$\sqrt{54-14\sqrt{5}} = \sqrt{\frac{54+44}{2}} - \sqrt{\frac{54-44}{2}} = 7 - \sqrt{5}$.

Den Werth eines irrationalen Zahlen-Ausdruckes von der Form $\sqrt{A}$, wo also A keine Quadrat-Zahl ist, berechnet man auch wohl dadurch bis zu irgend einer gesetzten Grenze genau, dass man nach folgenden Prinzipien $\sqrt{A}$ in einen gemeinen Kettenbruch verwandelt, um dann den Näherungswerth desselben in Rechnung zu bringen, welcher den verlangten Grad der Genauigkeit besitzt.

Ist g^2 die grösste in A enthaltene Quadratzahl, dann ist $\sqrt{A}$ zunächst auf die Form:

17) $\sqrt{A} = g + \frac{\sqrt{A}-g}{1}$

zu bringen, wo: $\frac{\sqrt{A}-g}{1}$ kleiner als die Einheit und g durch die beiden Ungleichungen:

18) $g < \sqrt{A}$

19) $g+1 > \sqrt{A}$

definirt ist. Wird jener Bruch: $\frac{\sqrt{A}-g}{1}$ durch Division des Zählers und Nenners durch den Zähler in einen Kettenbruch verwandelt, so wird aus 17:

$$\sqrt{A} = g + \frac{1}{\left(\sqrt{A}-g\right)}$$

und wenn: $\frac{1}{\sqrt{A}-g}$, um den Nenner rational zu machen, mit: $\sqrt{A}+g$ multiplicirt und dividirt und der im Bruche $\frac{\sqrt{A}+g}{(\sqrt{A}-g)(\sqrt{A}+g)} = \frac{\sqrt{A}+g}{A-g^2}$ resultirende Nenner: $A-g^2$ der Einfachheit halber mit n_1 bezeichnet wird:

20) $\sqrt{A} = g + \frac{1}{\frac{\sqrt{A}+g}{n_1}}$

21) $n_1 = A - g^2$.

Es wird sich nun zunächst beweisen lassen, dass $n_1 > 0$ und $\sqrt{A}+g > n_1$ sein muss; denn aus 18 folgt:
$$g^2 < A$$
oder:

22) $0 < (A - g^2 = n_1)$;

und aus 19:
$$1 > \sqrt{A}-g,$$
also auch:

23) $\sqrt{A}+g > (A - g^2 = n_1)$.

Angenommen nun, die grösste in: $\frac{\sqrt{A}+g}{n_1}$ enthaltene Ganzzahl sei g_1, dann lässt sich 20 in:

24) $\sqrt{A} = g + \dfrac{1}{g_1 + \dfrac{\sqrt{A}-(n_1 g_1 - g)}{n_1}}$

verwandeln, wo g_1 durch die Ungleichungen:

25) $g_1 < \frac{\sqrt{A}+g}{n_1}$

26) $g_1 + 1 > \frac{\sqrt{A}+g}{n_1}$

definirt ist, $n_1 g_1 - g = z_1$ und ebenfalls: $\sqrt{A}-z_1$ positiv sein muss. Denn aus 25 und 26 folgt:

$$n_1 g_1 - g < \sqrt{A}$$
$$\sqrt{A} - n_1 < n_1 g_1 - g$$

und wenn die linken und rechten Seiten multiplicirt werden:

also wegen:
$$n_1(n_1 g_1 - g) > 0,$$
$$n_1 > 0 \quad (22)$$
$$n_1 g_1 - g > 0$$
27) $\quad n_1 g_1 - g = z_1$
28) $\quad z_1 > 0.$

Und aus 25 erhält man: $n_1 g_1 < \sqrt{A} + g$, also: $n_1 g_1 - g < \sqrt{A}$, oder: $z_1 < \sqrt{A}$, demnach auch:

29) $\quad 0 < \sqrt{A} - z_1.$

Wird jetzt der echte Bruch: $\frac{\sqrt{A}-z_1}{n_1}$ in 24 wieder in einen gemeinen Kettenbruch verwandelt, so erhält man statt 24:

$$\sqrt{A} = g + \cfrac{1}{g_1 + \cfrac{1}{\left(\frac{n_1}{\sqrt{A}-z_1}\right)}}$$

und wenn darauf der Nenner in: $\frac{n_1}{\sqrt{A}-z_1}$ durch Multiplication und Division mit: $\sqrt{A}+z_1$ rational gemacht wird:

30) $\quad \sqrt{A} = g + \cfrac{1}{g_1 + \cfrac{1}{\left(\frac{n_1(\sqrt{A}+z_1)}{A-z_1^2}\right)}}$

Es lässt sich nun zunächst zeigen, dass n_1 ein Factor von $A - z_1^2$ sein muss. Wegen 27 und 21 ist nämlich:

$$A - z_1^2 = A - (n_1 g_1 - g)^2 = A - n_1^2 g_1^2 + 2 n_1 g_1 g - g^2$$
$$= n_1 - n_1^2 g_1^2 + 2 n_1 g_1 g$$
$$= n_1(1 - n_1 g_1^2 + 2 g g_1)$$

und weil n_1, g und g_1 Ganzzahlen sind, so ist auch:
$$1 - n_1 g_1^2 + 2 g g_1 = n_2,$$
also auch:

31) $\quad \frac{A - z_1^2}{n_1} = n_2$

eine Ganzzahl. Diese Bezeichnung in 30 eingeführt, erhält man:

32) $\quad \sqrt{A} = g + \cfrac{1}{g_1 + \cfrac{1}{\left(\frac{\sqrt{A}+z_1}{n_2}\right)}}$

wo: $n_2 > 0$ und: $\sqrt{A} + z_1 > n_2$ sein muss. Denn aus 29:
$$\sqrt{A} - z_1 > 0$$
und:
$$\sqrt{A} + z_1 > 0$$
folgt durch Multiplication:
$$(A - z_1^2 = n_1 n_2) > 0$$
und wegen:
$$n_1 > 0 \;(22):$$
$$33)\; n_2 > 0.$$
Und aus 26 ergiebt sich:
$$n_1 g_1 + n_1 > \sqrt{A} + g$$
oder:
$$n_1 g_1 - g > \sqrt{A} - n_1,$$
d. i. in Rücksicht auf 27:
$$z_1 > | A - n_1 \;\text{oder:}\; n_1 > \sqrt{A} - z_1,$$
also auch:
$$n_1 (\sqrt{A} + z_1) > A - z_1^2 \;\text{oder:}\; \sqrt{A} + z_1 > n_2.$$

Ist nun die grösste in: $\frac{\sqrt{A}+z_1}{n_2}$ enthaltene Ganzzahl: g_1, demnach:

34) $\quad g_2 < \frac{\sqrt{A}+z_1}{n_2}$

35) $\quad g_2 + 1 > \frac{\sqrt{A}+z_1}{n_2}$,

dann lässt sich 32 auf die Form bringen:
$$\sqrt{A} = g + \cfrac{1}{g_1 + \cfrac{1}{g_2 + \cfrac{\sqrt{A}-(n_2 g_2 - z_1)}{n_2}}},$$

wo: $n_2 g_2 - z_1 = z_2$ und ebenso: $\sqrt{A} - z_2$ positiv ist. Denn aus 34 und 35 folgt:
$$n_2 g_2 - z_1 < \sqrt{A}$$
$$\sqrt{A} - n_2 < n_2 g_2 - z_1$$
und hieraus durch Multiplication:
$$n_2 (n_2 g_2 - z_1) > 0$$
also auch, wegen $n_2 > 0$ (33):

36) $\quad (n_2 g_2 - z_1 = z_2) > 0.$

Und aus 34 erhält man:

$$n_1 g_1 - z_1 < \sqrt{A} \text{ oder: } z_1 < \sqrt{A} \text{ d. i. } \sqrt{A} - z_1 > 0.$$

Mit dem echten Bruch: $\frac{\sqrt{A} - z_1}{n_1}$ kann man nun in obiger Weise fortrechnen; man dividirt Zähler und Nenner durch $\sqrt{A} - z_1$: $\left(\frac{1}{\frac{n_1}{\sqrt{A} - z_1}}\right.$, macht den Nenner rational: $\frac{1}{\frac{n_1(\sqrt{A} + z_1)}{A - z_1^2}}$.

beweist, wie oben, dass: $\frac{A - z_1^2}{n_1} = n_2$ eine Gauzzahl und dass: $\sqrt{A} + z_1 > n_2$ sein muss, setzt aus: $\frac{\sqrt{A} + z_1}{n_2}$ alle möglichen Ganze u. s. w. und erhält auf diese Weise die auf einander folgenden Partial-Nenner des gemeinen Kettenbruches, welcher sich noch durch folgende Eigenschaft auszeichnet.

Die bez. mit z, n und g bezeichneten Gauzzahlen stehen allgemein in einer Beziehung, dass (siehe 27 und 36):

oder dass:
$$n_p g_p - z_{p-1} = z_p$$

37) $\quad z_p + z_{p-1} = n_p g_p \;^*)$

---

*) Allgemein lässt sich der Zusammenhang zwischen den Grössen: A, n, z und g auch folgendermassen erkennen. Durch die vorhin angedeutete Rechnungsweise wird jeder Bruch von der Form: $\frac{\sqrt{A} - z_{p-1}}{n_{p-1}}$ in:

$$\frac{1}{g_p + \frac{\sqrt{A} - z_p}{n_p}}$$

verwandelt. Es muss demnach:

$$\frac{\sqrt{A} - z_{p-1}}{n_{p-1}} = \frac{1}{g_p + \frac{\sqrt{A} - z_p}{n_p}}$$

oder wenn ausmultiplicirt wird:

$$\sqrt{A}(g_p n_p - z_p - z_{p-1}) + A - g_p n_p z_{p-1} + z_p z_{p-1} = n_p n_{p-1}$$

d. i. (siehe 8, 9 und 10 pag. 125)

    I. $g_p n_p - z_p - z_{p-1} = 0$.

    II. $A - g_p n_p z_{p-1} + z_p z_{p-1} = n_p n_{p-1}$

sein. I. giebt aber:

    III. $z_p + z_{p-1} = g_p n_p$

und II. in Verbindung mit III.:

oder: $A - z_{p-1}(z_p + z_{p-1}) + z_p z_{p-1} = n_p n_{p-1}$

    IV. $A - z_{p-1}^2 = n_p n_{p-1}$.

stattfinden muss. Weil nun, wie bewiesen wurde, sämmtliche z positiv und $< \sqrt{A}$ sein müssen, so kann jedes z höchstens gleich g. demnach, in Rücksicht auf 37: $n_p g_p$ höchstens gleich $2g$ sein, also auch, weil n_p und g_p ebenfalls stets ganze Zahlen sind, n_p wie g_p höchstens gleich $2g$ sein. Die bez. mit z, n und g bezeichneten Grössen liegen also zwischen bestimmten endlichen Grenzen. Da nun der gemeine Kettenbruch, wodurch der irrationale Ausdruck $\sqrt{A}$ darstellbar ist, natürlich bis ins Unendliche verläuft, die Variations-Zahl einer endlichen Anzahl von Elementen — dieses sind hier alle möglichen Werthe des z, n und g — endlich ist, so wird der Kettenbruch periodisch sein, d. h. es werden sich die Partialnenner desselben: $g_1, g_2, g_3 \ldots$ in irgend einer Reihenfolge wiederholen müssen.

Um das Glied kennen zu lernen, von welchem ab die Periode beginnt, machen wir folgende Voraussetzungen.

Angenommen, die Partialnenner seien: $g_1, g_2 \ldots g_{p-2}, g_{p-1}, g_p, g_{p+1} \ldots g_{k-2}, g_{k-1}, g_k, g_{k+1} \ldots$ und zwar fände statt:

38) $g_p = g_k, \; g_{p+1} = g_{k+1}, \; g_{p+2} = g_{k+2} \ldots$

so dass die Periode aus den Zahlen: $g_p, g_{p+1} \ldots g_{k-2}, g_{k-1}$ besteht. Hätte man nun nur bis zu dem Gliede des Nenners g_p gerechnet, dann würde der letzte Theil des Kettenbruches:

$$\frac{\sqrt{A}+z_{p-1}}{n_p} \quad \text{oder} \quad g_p + \frac{\sqrt{A}-z_p}{n_p}$$

sein, wäre dagegen bis zum Gliede des Nenners g_k gerechnet, dann hiesse der letzte Theil:

$$\frac{\sqrt{A}+z_{k-1}}{n_k} \quad \text{oder} \quad g_k + \frac{\sqrt{A}-z_k}{n_k}.$$

Vom pten Gliede ab soll die Periode beginnen; es muss demnach:

39) $g_p = g_k, \; z_p = z_k, \; n_p = n_k$

stattfinden. Hieraus und wegen:

$$z_p + z_{p-1} = g_p n_p$$
$$z_k + z_{k-1} = g_k n_k$$

(siehe 37 und III in letzter Anmerkung.)

folgt:

40) $z_{p-1} = z_{k-1}$

und wegen:

$$A - z_{p-1}^2 = n_{p-1} n_p$$
$$A - z_{k-1}^2 = n_{k-1} n_k$$

(siehe 31 und IV. in letzter Anmerkung.)

9

folgt:
  41) $n_{p-1} = n_{k-1}$.

Und ferner erhält man durch Subtraction aus:
$$z_{p-1} + z_{p-2} = g_{p-1} n_{p-1}$$
$$z_{k-1} + z_{k-2} = g_{k-1} n_{k-1}$$
  42) $\dfrac{z_{p-2} - z_{k-2}}{n_{p-1}} = g_{p-1} - g_{k-1}$

so dass also; $\dfrac{z_{p-2} - z_{k-2}}{n_{p-1}}$ kein Bruch sein kann, also entweder: $z_{p-2} - z_{k-2}$ gleich Null, gleich n_{p-1} oder ein Multiplum von n_{p-1} sein muss. Um uns zu entscheiden, ob der erste, zweite oder dritte Fall eintreten muss, bilden wir von:

ausgehend:
$$A - z_{k-2}^2 = n_{k-2} n_{k-1}$$
$$(\sqrt{A} - z_{k-2})(\sqrt{A} + z_{k-2}) = n_{k-2} n_{k-1}$$
$$\sqrt{A} - z_{k-2} = n_{k-1} \dfrac{n_{k-2}}{\sqrt{A} + z_{k-2}}$$

und weil: $\sqrt{A} + z_{k-2} > n_{k-2}$ *) ist:
  43) $\sqrt{A} - z_{k-2} < n_{k-1}$;

---

*) Die Differenz $n_{k-2} - z_{k-2}$ kann nämlich höchstens den Werth g haben und zwar aus folgenden Gründen. Ist: $n_{k-2} \lessgtr g$, so versteht sich dieses von selbst, so dass wir nur für: $n_{k-2} > g$ zu untersuchen haben. In diesem Fall, wo also etwa: $n_{k-2} = g + t$ (t bekanntlich $\lessgtr g$) ist, folgt aus:
$$z_{k-2} + z_{k-3} = g_{k-2} n_{k-2} \text{ (siehe 37)}$$
$$z_{k-2} + z_{k-3} = g_{k-2} (g + t)$$
and weil jedes z, also auch z_{k-3}, höchstens gleich g sein kann
$$z_{k-2} + g > g_{k-2} (g + t)$$
oder: $z_{k-2} > g (g_{k-2} - 1) + g_{k-2} t$,

woraus mit Nothwendigkeit
$$g_{k-2} = 1$$

zu schliessen ist, weil, wie oben, z_{k-2} die Grenze g nicht überschreiten kann. Man hat also:
$$z_{k-2} \lessgtr t$$
demnach:
$$n_{k-2} - z_{k-2} \lessgtr g + t - t$$
d. i.
$$n_{k-2} - z_{k-2} \lessgtr g$$
also auch
$$n_{k-2} - z_{k-2} < \sqrt{A}$$
oder:
$$\sqrt{A} + z_{k-2} > n_{k-2}.$$

demnach ist auch:
$$z_{k-1} > \sqrt{A} - m_{k-1}$$
und, weil die grösste in $\sqrt{A}$ enthaltene Ganzzahl g ist, um so mehr:
$$z_{k-1} > g - m_{k-1}$$
oder:
$$g - z_{k-1} < m_{k-1}$$
und weil endlich z_{p-1} höchstens gleich g sein kann:

44) $z_{p-1} - z_{k-1} < u_{p-1}$;

woraus in Verbindung mit 42:

45) $z_{p-1} - z_{k-1} = 0$ und $y_{p-1} = g_{k-1}$,

also folgt, dass wenn $y_p = y_k$ ist, auch $y_{p-1} = g_{k-1}$, also auch $y_{p-2} = g_{k-2}, y_{p-3} = g_{k-3}\ldots$ sein muss, die Periode demnach mit dem ersten Partial-Nenner beginnt.

Beispiel: Den Bruch zu berechnen, der bis auf 6 Decimalen genau gleich $\sqrt{19}$ ist.

Verwandelt man nach der mitgetheilten Methode $\sqrt{19}$ in einen Kettenbruch, so ergiebt sich:

$$\sqrt{19} = 4 + \sqrt{19} - 4 = 4 + \cfrac{1}{\cfrac{1}{\sqrt{19}-4}} = 4 + \cfrac{1}{\cfrac{\sqrt{19}+4}{(\sqrt{19}-4)(\sqrt{19}+4)}} = 4 + \cfrac{1}{\cfrac{\sqrt{19}+4}{3}} = 4 + \cfrac{1}{2 + \cfrac{\sqrt{19}-2}{3}}$$

$$= 4 + \cfrac{1}{2 + \cfrac{1}{\cfrac{3(\sqrt{19}+2)}{16}}} = 4 + \cfrac{1}{2 + \cfrac{1}{1 + \cfrac{\sqrt{19}-3}{5}}} = 4 + \cfrac{1}{2 + \cfrac{1}{1 + \cfrac{1}{3 + \cfrac{\sqrt{19}-3}{2}}}}$$

$$= 4 + \cfrac{1}{2 + \cfrac{1}{1 + \cfrac{1}{3 + \cfrac{1}{1 + \cfrac{\sqrt{19}-2}{5}}}}} = 4 + \cfrac{1}{2 + \cfrac{1}{1 + \cfrac{1}{3 + \cfrac{1}{1 + \cfrac{1}{2 + \cfrac{1}{8 + \sqrt{19}-4}}}}}}$$

$$= 4 + \cfrac{1}{2 + \cfrac{1}{1 + \cfrac{1}{3 + \cfrac{1}{1 + \cfrac{1}{2 + \cfrac{1}{8 + \cfrac{1}{2 + \cfrac{1}{1 + \cdots}}}}}}}}$$

Die Näherungswerthe und ihre Fehlergrenzen sind:

$\frac{9}{2}$: Fehler $< \frac{1}{2.8}$ = 0,1666666666 ...

$\frac{13}{3}$; „ $< \frac{1}{3.11}$ = 0.0303030303 ...

$\frac{48}{11}$; „ $< \frac{1}{11.14}$ = 0,0064935064 ...

$\frac{61}{14}$; „ $< \frac{1}{14.39}$ = 0,0018315018 ...

$\frac{170}{39}$; „ $< \frac{1}{39.326}$ = 0,0000786534 ...

$\frac{1421}{326}$; „ $< \frac{1}{326.691}$ = 0,0000044391 ...

$\frac{3012}{691}$; „ $< \frac{1}{691.1017}$ = 0,0000014229 ...

$\frac{4433}{1017}$; „ $< \frac{1}{1017.3742}$ = 0,0000002627 ...

$\frac{16311}{3742}$; „ $< \frac{1}{3742.4759}$ = 0,0000000561 ...

Der Näherungswerth $\frac{4433}{1017}$ entspricht also der Anforderung.

Wir zeigen endlich noch an einem zweiten Beispiele, wie die Partialnenner des Kettenbruches in Rücksicht auf das Vorhergehende am einfachsten zu berechnen sind. Z. B. für $\sqrt{109}$:

$$\sqrt{109} = 10 + \frac{\sqrt{109}-10}{1}$$

$$\frac{1}{\sqrt{109}-10} = \frac{\sqrt{109}+10}{9} = 2 + \frac{\sqrt{109}-8}{9}$$

$$\frac{9}{\sqrt{109}-8} = \frac{\sqrt{109}+8}{5} = 3 + \frac{\sqrt{109}-7}{5}$$

$$\frac{5}{\sqrt{109}-7} = \frac{\sqrt{109}+7}{12} = 1 + \frac{\sqrt{109}-5}{12}$$

$$\frac{12}{\sqrt{109}-5} = \frac{\sqrt{109}+5}{7} = 2 + \frac{\sqrt{109}-9}{7}$$

$$\frac{7}{\sqrt{109}-9} = \frac{\sqrt{109}+9}{4} = 4 + \frac{\sqrt{109}-7}{4}$$

$$\frac{4}{\sqrt{109}-7} = \frac{\sqrt{109}+7}{15} = 1 + \frac{\sqrt{109}-8}{15}$$

$$\frac{15}{\sqrt{109}-8} = \frac{\sqrt{109}+8}{3} = 6 + \frac{\sqrt{109}-10}{3}$$

$$\frac{3}{\sqrt{109}-10} = \frac{\sqrt{109}+10}{8} = 6 + \frac{\sqrt{109}-8}{8}$$

$$\frac{3}{\sqrt{109}-8} = \frac{\sqrt{109}+8}{15} = 1+\frac{\sqrt{109}-7}{15}$$

$$\frac{15}{\sqrt{109}-7} = \frac{\sqrt{109}+7}{4} = 4+\frac{\sqrt{109}-9}{4}$$

$$\frac{4}{\sqrt{109}-9} = \frac{\sqrt{109}+9}{7} = 2+\frac{\sqrt{109}-5}{7}$$

$$\frac{7}{\sqrt{109}-5} = \frac{\sqrt{109}+5}{12} = 1+\frac{\sqrt{109}-7}{12}$$

$$\frac{12}{\sqrt{109}-7} = \frac{\sqrt{109}+7}{5} = 3+\frac{\sqrt{109}-8}{5}$$

$$\frac{5}{\sqrt{109}-8} = \frac{\sqrt{109}+8}{9} = 2+\frac{\sqrt{109}-10}{9}$$

$$\frac{9}{\sqrt{109}-10} = \frac{\sqrt{109}+10}{1} = 20+\frac{\sqrt{109}-10}{1}$$

$$\sqrt{109} = 10 + \cfrac{1}{2+\cfrac{1}{3+\cfrac{1}{1+\cfrac{1}{2+\cfrac{1}{4+\cfrac{1}{1+\cfrac{1}{6+\cfrac{1}{6+\cfrac{1}{1+\cfrac{1}{4+\cfrac{1}{2+\cfrac{1}{1+\cfrac{1}{3+\cfrac{1}{2+\cfrac{1}{20+\cfrac{1}{2\ldots}}}}}}}}}}}}}}}}$$

Eine Vergleichung der Zahlen unserer beiden letzten Rechnungen zeigt in den verschiedenen für g, z und n erhaltenen Werthen eine gewisse Uebereinstimmung. So hat sich für $\sqrt{19}$ ergeben:

$$g = 4$$
$$g_1 = 2 \qquad z_1 = 4 \qquad n_1 = 3$$
$$g_2 = 1 \qquad z_2 = 2 \qquad n_2 = 5$$
$$g_3 = 3 \qquad z_3 = 3 \qquad n_3 = 2$$
$$g_4 = 1 = g_2 \qquad z_4 = 3 = z_3 \qquad n_4 = 5 = n_2$$

$$g_3 = 2 = g_1 \quad z_3 = 2 = z_2 \quad n_3 = 3 = n_2$$
$$g_4 = 8 = 2g \quad z_4 = 4 = z_1 \quad n_4 = 1$$
$$g_7 = 2 \quad z_7 = 4 \quad n_7 = 3$$
$$g_8 = 1 \quad z_8 = 2 \quad n_8 = 5 \text{ u. s. w.}$$

für $\sqrt{109}$:

$$g = 10$$
$$g_1 = 2 \quad z_1 = 10 \quad n_1 = 9$$
$$g_2 = 3 \quad z_2 = 8 \quad n_2 = 5$$
$$g_3 = 1 \quad z_3 = 7 \quad n_3 = 12$$
$$g_4 = 2 \quad z_4 = 5 \quad n_4 = 7$$
$$g_5 = 4 \quad z_5 = 9 \quad n_5 = 4$$
$$g_6 = 1 \quad z_6 = 7 \quad n_6 = 15$$
$$g_7 = 6 \quad z_7 = 8 \quad n_7 = 3$$
$$g_8 = 6 = g_7 \quad z_8 = 10 \quad n_8 = 3 = n_7$$
$$g_9 = 1 = g_6 \quad z_9 = 8 = z_7 \quad n_9 = 15 = n_6$$
$$g_{10} = 4 = g_5 \quad z_{10} = 7 = z_6 \quad n_{10} = 4 = n_5$$
$$g_{11} = 2 = g_4 \quad z_{11} = 9 = z_5 \quad n_{11} = 7 = n_4$$
$$g_{12} = 1 = g_3 \quad z_{12} = 5 = z_4 \quad n_{12} = 12 = n_3$$
$$g_{13} = 3 = g_2 \quad z_{13} = 7 = z_3 \quad n_{13} = 5 = n_2$$
$$g_{14} = 2 = g_1 \quad z_{14} = 8 = z_2 \quad n_{14} = 9 = n_1$$
$$g_{15} = 20 = 2g \quad z_{15} = 10 = z_1 \quad n_{15} = 1$$

u. s. w.

Um allgemein zu erkennen, in welchem Verhältnisse diese Zahlen zu einander stehen müssen, setzen wir die Periode des Bruches, worin $\sqrt{A}$ verwandelt worden ist, als aus k Gliedern bestehend voraus. Unserer früheren Bezeichnungen uns bedienend, wird dann die Rechnung etwa ergeben haben:

Quotient
u. P.-N: $\quad g, \quad\quad g_1, \quad\quad g_2, \quad\quad g_3 \ldots$

$$\frac{\sqrt{A}+g}{n_1} \quad \frac{\sqrt{A}+z_1}{n_2} \quad \frac{\sqrt{A}+z_2}{n_3} \ldots$$

$$g+\frac{\sqrt{A}-g}{1}, \; g_1+\frac{\sqrt{A}-z_1}{n_1}, \; g_2+\frac{\sqrt{A}-z_2}{n_2}, \; g_3+\frac{\sqrt{A}-z_3}{n_3}\ldots$$

$$g_{k-2}, \quad\quad g_{k-1}, \quad\quad g_k, \quad\quad g_{k+1},$$

$$\frac{\sqrt{A}+z_{k-3}}{n_{k-2}} \quad \frac{\sqrt{A}+z_{k-2}}{n_{k-1}} \quad \frac{\sqrt{A}+z_{k-1}}{n_k} \quad \frac{\sqrt{A}+z_k}{n_{k+1}}$$

$$g_{k-2}+\frac{\sqrt{A}-z_{k-2}}{n_{k-2}}, \; g_{k-1}+\frac{\sqrt{A}-z_{k-1}}{n_{k-1}}, \; g_k+\frac{\sqrt{A}-z_k}{n_k}, \; g_{k+1}+\frac{\sqrt{A}-z_{k+1}}{n_{k+1}}$$

und zwar wird, damit die Voraussetzung, die Partialnenner der Periode seien: $g_1, g_1, g_2, \ldots g_k$, erfüllt wird, stattfinden müssen:

46) $\quad z_1 = g$
47) $\quad n_k = 1.$

Weil nun der $k$te Näherungswerth des gemeinen Kettenbruches, worin $\sqrt{A} - g$ verwandelt worden ist, nämlich:

$$\sqrt{A} - g = \cfrac{1}{g_1 + \cfrac{1}{g_1 + \cdots + \cfrac{1}{g_k + \cdots}}}$$

nach bekannten Sätzen:

$$\frac{g_k Z_{k-1} + Z_{k-2}}{g_k N_{k-1} + N_{k-2}}.$$

lautet, so muss:

$$\sqrt{A} - g = \frac{(g_k + \sqrt{A} - g) Z_{k-1} + Z_{k-2}}{(g_k + \sqrt{A} - g) N_{k-1} + N_{k-2}}$$

sein, woraus durch Multiplication folgt:

$$\sqrt{A}[(g_k - 2g) N_{k-1} + N_{k-2}] + A N_{k-1} - g(g_k - g) N_{k-1} - g N_{k-1}$$
$$= \sqrt{A} Z_{k-1} + (g_k - g) Z_{k-1} + Z_{k-2}$$

also auch (siehe pag. 123):

$$(g_k - 2g) N_{k-1} + N_{k-2} = Z_{k-1}$$

oder:

48) $\quad g_k - 2g = \dfrac{Z_{k-1}}{N_{k-1}} - \dfrac{N_{k-2}}{N_{k-1}}.$

Die linke Seite dieser Gleichung muss eine Ganzzahl sein, folglich auch die rechte. Nun ist aber der $(k-1)$te Näherungswerth $\dfrac{Z_{k-1}}{N_{k-1}}$ ein echter Bruch und ebenso $\dfrac{N_{k-2}}{N_{k-1}}$, weil $N_{k-2} < N_{k-1}$ ist. Die Consequenz der Gleichung 48 kann demnach nur:

$$\frac{Z_{k-1}}{N_{k-1}} - \frac{N_{k-2}}{N_{k-1}} = 0$$

oder:

49) $\quad g_k = 2g$

sein. Dieses in Verbindung mit:

$$z_k + z_{k-1} = n_k g_k \quad (37)$$

giebt: $\quad g + z_{k-1} = 2g \quad$ oder: $z_{k-1} = g.$

woraus weiter in Rücksicht auf die Gleichungen:
$$A - \varepsilon_{k-1}^2 = n_{k-1} n_k$$
$$A - g^2 = n_1 \quad (21)$$
folgt:
$$n_{k-1} = n_1.$$

Durch eine Schlussweise, ganz analog der auf pag. 129 bis 131 durchgeführten, ergiebt sich nun zunächst:
$$g_{k-1} = g_1$$
und darauf der Reihe nach:
$$g_{k-2} = g_2$$
$$g_{k-3} = g_3$$
$$g_{k-4} = g_4 \text{ u. s. w.}$$

Hiermit ist allgemein bewiesen, dass die Periode des Kettenbruches stets von der Form:
$$a, b, c, d \ldots d, c, b, a, 2g$$
sein muss, dass es demnach zu seiner Bestimmung nur der Kenntniss der ersten Hälfte seiner Periode bedarf.

So findet man durch directe Berechnung für $\sqrt{71} - 8$ als erste Nenner: 2, 2, 1, 7, 1. Die Periode ist demnach:
$$2, 2, 1, 7, 1, 2, 2, 16.$$

III.
Die dritte oder Cubikwurzel und höhere Wurzeln.

Die Methoden zur Berechnung der dritten Wurzel aus allgemeinen Ausdrücken wie aus Zahlen sind denen zur Bestimmung der Quadratwurzel ganz analog; es liegt ihnen der nämliche Gedanke zum Grunde. Man setzt auch die dritte Wurzel zunächst als zweitheilig voraus, nimmt etwa: $\sqrt[3]{A} = a+b$ an, so dass: $A = (a+b)^3 = a^3 + 3a^2b + 3ab^2 + b^3$ sein muss, und berechnet die jedesmaligen Werthe von a und b folgendermaassen. Zunächst ist die grösste Zahl zu bestimmen, welche zur dritten Potenz erhoben in A enthalten ist. Diese ist der augenblickliche Werth von a. Ist ihr Cubus von A subtrahirt, dann muss der Rest: $A - a^3$ von der Form: $3a^2b + 3ab^2 + b^3$ sein; wird also in ihn mit $3a^2$ dividirt, dann ist der erhaltene Quotient der zweite Theil der Wurzel: b. Von: $A - a^3$ ist jetzt der Reihe nach: $3a^2b$, $3ab^2$ und b^3 zu subtrahiren; ergiebt sich hierbei schliesslich ein Rest gleich Null, so ist: $a + b$ die gewünschte dritte Wurzel aus A; ist jedoch der Rest verschieden von Null, dann hat man die Rechnung in der Weise fortzuführen, dass man jetzt die Wurzel als $= a_1 + b_1$ nimmt, wo dann a_1 bereits mit: $a + b$ bestimmt ist. Der letzte Rest: $A - (a^3 + 3a^2b + 3ab^2 + b^3) = A - (a+b)^3 = A - a_1^3$ ist nun von der Form: $3a_1^2b_1 + 3a_1b_1^2 + b_1^3$; dividirt man ihn also durch: $3a_1^2 = 3(a+b)^2$, so ist der erhaltene Quotient: b_1 und die Operation beendigt, wenn, subtrahirt man von: $A - a_1^3$ der Reihe nach: $3a_1^2b_1$, $3a_1b_1^2$ und b_1^3 ein Rest gleich Null erscheint. Ist Letztes nicht der Fall, dann hat man in obiger Weise fortzufahren. Man nimmt die Wurzel als $= a_2 + b_2$ an, wo: $a_2 = a_1 + b_1 = a + b + b_1$, der letzte Rest: $A - (a_1^3 + 3a_1^2b + 3ab_1^2 + b_1^3) = A - (a_1 + b_1)^3 = A - a_2^3$

von der Form: $3a_1^2 b_2 + 3a_1 b_2^2 + b_2^3$ sein muss, dividirt in ihn mit $3a_1^2$ u. s. w. u. s. w.

Z. B.:

$$\begin{array}{r}
|\overline{8x^3 + 36x^2 y + 54xy^2 + 27y^3} = \dfrac{2x}{a} + \dfrac{3y}{b} \\
\underline{8x^3 = a^3} \\
3a^2 = 12x^2)\; 36x^2 y + 54xy^2 + 27y^3 \\
\underline{36x^2 y = 3a^2 b} \\
54xy^2 + 27y^3 \\
\underline{54xy^2 = 3ab^2} \\
27y^3 \\
\underline{27y^3 = b^3.}
\end{array}$$

$$\sqrt{27u^3-27u^2v+9uv^2-v^3+81xu^2-54xuv+9xv^2+81x^2u-27x^2v-27x^3-\ldots}$$

$$27u^3 = a^3$$

$$3a^2 = 27u^2) \quad -27u^2v+9uv^2-v^3-\ldots$$
$$\qquad -27u^2v+9uv^2-v^3 = 3a^2b+3ab^2+b^3$$

$$3a_1^2 = 27u^2-18uv+3v^2) \; 81xu^2+54xuv+9xv^2+81x^2u-27x^2v+27x^3\ldots$$
$$\qquad\qquad 81xu^2-54xuv+9xv^2 = 3a_1^2b_1$$

$$\qquad\qquad\qquad 81xu^2-27xv^2+27x^2u-27x^2v+27x^3\ldots$$
$$\qquad\qquad\qquad 81uz^2-27xv^2 = 3a,b_1^2$$
$$\qquad\qquad\qquad\qquad 27x^3 = b_1^3$$

$$\begin{cases} a \\ b \\ a_1 \\ b_1 \end{cases} \quad \frac{3u-v+3x-2w}{}$$

$$3a_2^2 = 27u^2+3v^2+27x^2-18uv+6Auz-12vx) \; -54v^2w+36uvw-6uw^2-108uzw$$
$$\qquad\qquad -54v^2w+36uvw-6uw^2$$
$$\qquad\qquad -54v^2w+36uvw-108uzw$$
$$\qquad\qquad\qquad -54v^2w+36uvw-108uzw$$
$$\qquad\qquad = 12a^2b$$
$$\qquad\qquad -54v^2w = 3a_2b_2^2$$
$$\qquad\qquad 8w^3 = b_2^3$$

Soll aus einer Ganzzahl des dekadischen Systems die dritte
Wurzel gezogen werden, dann ist im allgemeinen wieder nach
der eben mitgetheilten Methode zu rechnen. In ähnlicher Weise
aber, wie bei der Theorie der Quadratwurzel, lassen sich der
allgemeinen Regel einige Bemerkungen hinzufügen, die die Ausführung der Rechnung sehr erleichtern.
Zunächst folgt aus Formel 3 pag. 107 für $p = 3$:

1) $Z^3_{n+1} = Z_{3n+1, 3n+2, 3n+3}$.

und wenn hierin statt n der Reihe nach 0, 1, 2, 3 ... eingesetzt
wird:

$$Z^3_1 = Z_{1,2,3} \quad \text{also auch:} \quad \sqrt[3]{Z_{1,2,3}} = Z_1$$
$$Z^3_2 = Z_{4,5,6} \quad \cdot \quad \cdot \quad \sqrt[3]{Z_{4,5,6}} = Z_2$$
$$Z^3_3 = Z_{7,8,9} \quad \cdot \quad \cdot \quad \sqrt[3]{Z_{7,8,9}} = Z_3$$
$$Z^3_4 = Z_{10,11,12} \quad \cdot \quad \cdot \quad \sqrt[3]{Z_{10,11,12}} = Z_4 \quad \text{u. s. w.,}$$

d. h. die dritte Wurzel aus einer 1, 2 oder 3 stelligen Zahl ist:
1 stellig; aus einer 4, 5 oder 6 stelligen Zahl: 2 stellig, aus
einer 7, 8, 9 stelligen Zahl: 3 stellig u. s. w. In Rücksicht auf
dieses Gesetz wird es nun leicht sein, im voraus die Anzahl
der Stellen oder Ziffern einer zu berechnenden dritten Wurzel
zu bestimmen; man theile einfach die mit drei zu depotenzirende
Zahl von rechts nach links gehend in Columnen von je drei
Ziffern; dann ist die Anzahl dieser Columnen gleich der Anzahl
der Stellen der Wurzel. Denn ist allgemein die Columnen-Anzahl: $n + 1$, dann muss die Zahl selbst $3n + 1$, $3n + 2$
oder $3n + 3$ stellig sein, je nachdem die auf der äussersten Linken
stehende Columne 1, 2 oder 3 ziffrig ist; folglich ist nach 1 die
Wurzel stets $(n + 1)$ ziffrig. Hiernach ist: $\sqrt[3]{50,653}$ zweistellig,
also von der Form: $\alpha \cdot 10 + \beta$; $\sqrt[3]{16,194,277}$ dreistellig, demnach
von der Form: $a_1 10^2 + \beta_1 10 + \gamma_1$; $\sqrt[3]{672,497,069,204,928}$ fünfstellig: $\alpha_2 10^4 + \beta_2 10^3 + \gamma_2 10^2 + \delta_2 10 + \varepsilon_2$. Nachdem in dieser
Weise die Form der Wurzel bestimmt ist, berechnet man die
einzelnen Ziffern: α, β; $\alpha_1, \beta_1, \gamma_1$; $\alpha_2, \beta_2, \gamma_2, \delta_2, \varepsilon_2$ folgendermaassen. Zunächst sind α, α_1 und α_2 so zu wählen, dass:
$(\alpha \cdot 10)^3 = \alpha^3 \cdot 1000$, $(\alpha_1 10^2)^3 = \alpha_1^3 \cdot 1000000$ und $(\alpha_2 10^4)^3$
$= \alpha_2^3 \cdot 1000000000000$ die grössten bez. in 50,653, 16,194,277

und 672,497,669,204|928 enthaltenen Cubikzahlen werden. Diese Cubikzahlen unter die gegebenen Zahlen von rechts nach links gesetzt, sieht man aber, dass unter sämmtlichen Ziffern der letzten, mit Ausnahmen derjenigen, welche die auf der äussersten Linken stehende Columne bilden, Nullen erscheinen, und unter den Ziffern dieser letzten Columne bez. die Cuben von: a, a_1 und a_1. Diese ersten Ziffern der zu berechnenden Wurzeln sind demnach so zu bestimmen, dass: a^3, a_1^3 und a_2^3 die grössten bez. in: 50, 16 und 672 enthaltenen Cubikzahlen werden; man wird also: $a = 3$, $a_1 = 2$, $a_2 = 8$ nehmen müssen, um zu erhalten:

$$\sqrt[3]{50000} = a\,10 + \beta; \quad \sqrt[3]{16\,194\,277} = a_1\,10^2 + \beta_1\,10 + \gamma_1;$$
$$27 = a^3 \quad\quad 3 \quad\quad\quad 8 = a_1^3 \quad\quad 2$$
$$\overline{23,653} \quad\quad\quad\quad \overline{8,194\,277}$$

$$\sqrt[3]{672,497,669,204|928} = a_2\,10^4 + \beta_2\,10^3 + \gamma_2\,10^2 + \delta_2\,10 + \varepsilon_2.$$
$$512 = a_2^3 \quad\quad 8$$
$$\overline{160,497|669|204,928}$$

Um den zweiten Theil der Wurzel: β, $\beta_1\,10$, $\beta_2\,10^3$ zu bekommen, ist bekanntlich in die verschiedenen Reste: 23653, 8194277, 160497669204928 bez. mit $3(a\,10)^2$, $3(a_1\,10^2)^2$, $3(a_2\,10^4)^2$ hineinzudividiren. Wegen der verschiedenen Nullen, womit diese Divisoren und wenigstens auch die beiden letzten Quotienten endigen, kann man kurzweg folgendermaassen rechnen. Für das erste Beispiel endigt der Divisor: $3a^2\,100$ mit zwei Nullen und muss der Quotient β eine Anzahl von Einheiten sein; darum wird man die beiden letzten Ziffern 53 des Dividenden 23653 unberücksichtigt lassen dürfen, um durch Division mit: $3a^2 = 3.3^2 = 27$ in 236 die zweite Ziffer der Wurzel zu erhalten. Für das zweite Beispiel ist der Divisor: $3a_1^2 \cdot 10000$, der Quotient: $\beta_1\,10$, so dass man die fünf letzten Ziffern 94277 des Dividenden 8194277 nicht zu berücksichtigen braucht und nur mit: $3a_1^2 = 12$ in 81 zu dividiren hat. Für das dritte Beispiel endlich ist der Divisor $3a_2^2 \cdot 100000000$, der Quotient $\beta_2 \cdot 1000$; man benutzt also in diesem Falle nicht die letzten elf Ziffern, sondern nur die vier ersten 1604, rechnet also wie folgt:

$\sqrt[3]{50\,653} = a\,10 + \beta;$ $\qquad \sqrt[3]{16\,194\,277} = a_1 10^2 + \beta_1 10 + \gamma_1;$
$\quad 27| = a^3 \quad 3 \qquad 7 \qquad \quad 8| = a^3 \qquad 2 \qquad 5$
$27)\,23\,6 \qquad\qquad\qquad\qquad 12)\,8\,1$
$\quad 18\,9 = 3a^2b \qquad\qquad\qquad 60 - 3a^2b$
$\quad \overline{4\,75\,3} \qquad\qquad\qquad\quad \overline{2|194\,277}$

$\sqrt[3]{672\,497\,669\,204\,928} = a_1 10^4 + \beta_1 10^3 + \gamma_1 10^2 + \delta_1 10 + \varepsilon_1.$
$\quad 512| = a^3 \qquad\qquad\qquad\quad 8 \quad\;\; 7$
$192)\,160\,4$
$\quad 134\,4 = 3a^2b$
$\quad \overline{26\,097\,669\,204\,928}$

Von den drei zuletzt erhaltenen Resten ist jetzt bez.
$3 \cdot (a\,10)\,\beta^2 = 3\,a\,\beta^2\,10,\; 3\,(a_1\,10^2)(\beta_1\,10)^2 = 3\,a_1\,\beta_1^2\,10^4,$
$3\,(a_1\,10^4)(\beta_1\,10^3)^2 = 3\,a_1\,\beta_1^2\,10^{10},$ das sind Zahlen, die mit einer, mit vier oder mit zehn Nullen endigen, zu subtrahiren. Darum kann man im ersten Beispiel die letzte, im zweiten die vier letzten, im dritten die zehn letzten Ziffern unberücksichtigt lassen, die Rechnung also folgendermaassen weiterführen:

$\sqrt[3]{50\,653} = a\,10 + \beta; \qquad \sqrt[3]{16\,194\,277} = a_1 10^2 + \beta_1 10 + \gamma_1;$
$\quad 27| = a^3 \quad 3 \qquad 7 \qquad \quad 8| = a^3 \qquad 2 \qquad 5$
$27)\,23\,6 \qquad\qquad\qquad\qquad 12)\,8\,1$
$\quad 18\,9 = 3a^2b \qquad\qquad\qquad 60 - 3a^2b$
$\quad 4\,75 \qquad\qquad\qquad\qquad\;\; 2\,19$
$\quad 4\,41 = 3ab^2 \qquad\qquad\qquad 1\,50 = 3ab^2$
$\quad \overline{343} \qquad\qquad\qquad\qquad\;\; \overline{694\,277}$

$\sqrt[3]{672\,497\,669\,204\,928} = a_1 10^4 + \beta_1 10^3 + \gamma_1 10^2 + \delta_1 10 + \varepsilon_1.$
$\quad 512| = a^3 \qquad\qquad\qquad\quad 8 \quad\;\; 7$
$192)\,160\,4$
$\quad 134\,4 = 3a^2b$
$\quad 26\,09$
$\quad 11\,76 = 3ab^2$
$\quad \overline{14\,337\,669\,204\,928}$

Von den Resten ist b^3, also im ersten Beispiel β^3; im zweiten $\beta_1^3\,10^3$, eine Zahl, die mit drei Nullen endigt; im dritten

$\beta_2^2 10^9$, eine Zahl, die mit neun Nullen endigt, zu subtrahiren. Man sieht also, dass im zweiten Beispiel die drei letzten Ziffern, im dritten die neun letzten Ziffern des Restes unberücksichtigt bleiben können, um dann von den übrigen einfach: bez. β_1^2 und β_2^2 abzuziehen.

$$\sqrt[3]{50\,653} = \alpha\,10 + \beta; \quad \sqrt[3]{16\,194\,277} = \alpha_1 10^2 + \beta_1 10 + \gamma_1;$$
$$27 | = a^3 \quad 3 \quad 7 \qquad 8 - a^3 \quad 2 \quad 5$$
$$27\,)\,23|6 \qquad\qquad 12\,)\,8|1$$
$$18|9 = 3\,a^2\,b \qquad 60 = 3\,a^2\,b$$
$$\underline{+\,75} \qquad\qquad \underline{2|9}$$
$$4\,41 = 3\,a\,b^2 \qquad 1\,50 = 3\,a\,b^2$$
$$|3\,43 \qquad\qquad |6\,94$$
$$\underline{3\,43} = b^3 \qquad \underline{|1\,25} = b^3$$
$$\qquad\qquad\qquad 5\,69\,277$$

$$\sqrt[3]{672\,407\,669\,204\,928} = a_1 10^3 + \beta_1 10^2 + \gamma_1 10^1 + \delta_1 10 + \epsilon_1$$
$$512 = a^3 \qquad\qquad 8 \qquad 7$$
$$192\,)\,160\,4$$
$$13\,4\,4 = 3a^2 b$$
$$26\,09$$
$$11\,76 = 3ab^2$$
$$\underline{14\,337}$$
$$|3\,43 = b^3$$
$$13\,994\,669\,204\,928$$

Die erste Aufgabe ist jetzt gelöst. Für die zweite und dritte hat man in die erhaltenen Reste bekanntlich bez. mit: $3(\alpha_1 10^2 + \beta_1 10)^2 = 3(\alpha_1 10 + \beta_1)^2 10^2$ und $3(\alpha_1 10^4 + \beta_1 10^2)^2 = (3\alpha_1 10 + \beta_1)^2 10^2$ zu dividiren. Die Quotienten sind: γ_1 und $\gamma_1 10^2$. Folglich genügt es, wenn im ersten Fall mit $3(\alpha_1 10 + \beta_1)^2 = 3\,(25)^2$ in 5692, im zweiten mit $3\,(87)^2$ in 139946 getheilt wird. Die weiteren Schritte der Rechnung sind durch Schlüsse, ganz analog den obigen, nun leicht zu begründen, so dass wir nur noch die Ausführung des zweiten und dritten Beispieles folgen lassen.

$$\sqrt[3]{16\,194\,277} = \alpha_1 10^2 + \beta_1 10 + \gamma_1 = 253$$

$$\begin{array}{r|l}
& 8 = a^3 \quad 2 \quad 5 \quad 3 \\
12) & 8\,1 \\
& 60 = 3a^2b \\
& 2\,19 \\
& 1\,50 = 3ab^2 \\
\end{array}$$

$3 \cdot 25^2 = 1875$)
$$\begin{array}{r|l}
& 694 \\
& 125 = b^3 \\
& 569\,2 \\
& 562\,5 = 3a_1^2 b_1 \\
& 6\,77 \\
& 6\,75 = 3a_1 b_1^2 \\
& 2\,7 \\
& 2\,7 = b_1^3
\end{array}$$

$$\sqrt[3]{672\,497\,009\,204\,928} = \alpha_1 10^4 + \beta_2 10^3 + \gamma_1 10^2 + \delta_1 10 + \varepsilon_1$$
$$512 = a^3 \quad 8 \quad 7 \quad 6 \quad 1 \quad 2$$

$3 \cdot 8^2 = 192$)
$$\begin{array}{r|l}
& 160\,4 \quad = 87612 \\
& 134\,4 = 3a^2b \\
& 26\,09 \\
& 11\,76 = 3ab^2 \\
& 14\,337 \\
& 343 = b^3
\end{array}$$

$3 \cdot 87^2 = 22707$)
$$\begin{array}{r|l}
& 13\,044\,6 \\
& 13\,624\,2 = 3a_1^2 b_1 \\
& 370\,40 \\
& 193\,96 = 3a_1 b_1^2 \\
& 276\,509 \\
& 216 = b_1^3
\end{array}$$

$3 \cdot 876^2 = 2302128$)
$$\begin{array}{r|l}
& 270\,298\,2 \\
& 230\,212\,8 = 3a_2^2 b_2 \\
& 40\,080\,40 \\
& 26\,28 = 3a_2 b_2^2 \\
& 40\,054\,124 \\
& 1 = b_2^3
\end{array}$$

$3 \cdot 8761^2 = 230265363$)
$$\begin{array}{r|l}
& 40\,054\,123\,9 \\
& 40\,053\,072\,6 = 3a_3^2 b_3 \\
& 1\,051\,32 \\
& 1\,051\,32 = 3a_3 b_3^2 \\
& 8 \\
& 8 = b_3^3
\end{array}$$

Sind die ersten Ziffern der dritten Wurzel aus einer Zahl gefunden, dann lassen sich die folgenden in ähnlicher Weise wie bei der Quadratwurzel durch eine Division berechnen, die entweder, verfährt man nach Fouriers Methode, ein absolut genaues Resultat, oder, dividirt man in der gewöhnlichen Weise, ein Resultat höchstens um eine oder zwei Einheiten unrichtig liefert.

Vorausgesetzt nämlich, dass $\sqrt[3]{A}$ aus zwei Theilen a und b bestehe, muss stattfinden:

$$A = a^3 + 3a^2 b + 3ab^2 + b^3$$

also auch:

2) $\quad b = \dfrac{A - a^3}{3a^2 + b(3a+b)} = \dfrac{A-a^3}{3a^2} - \dfrac{b^2}{a} - \dfrac{b^3}{3a^2}$.

In Rücksicht nun auf den ersten für b erhaltenen Werth:

3) $\quad b = \dfrac{A - a^3}{3a^2 + b(3a+b)}$

ist dieser zweite Theil der Wurzel folgendermaassen zu bestimmen. Angenommen die Wurzel sei $m + n$ ziffrig, und zwar wäre b der Inbegriff der letzten n Ziffern, dann ist a eine $m + n$ stellige Zahl, folglich $3a$ entweder $m + n$ oder $m + n + 1$ stellig. Im ersten Fall erhält man aus: $3a = Z_{m+n}$ und $a = Z_{m+n}$:

$$3a^2 = Z_{m+n+m-1, m+n} \ ^*)$$

und aus: $3a = Z_{m+n}$, also auch: $3a + b = Z_{m+n}$ in Verbindung mit: $b = Z_n$:

$$b(3a+b) = Z_n \cdot Z_{m+n} = Z_{m+n-1, m+n}$$

Ist dagegen $3a$: $m + n + 1$ stellig, so folgt aus:

$$3a \cdot a = 3a^2 = Z_{m+n+1} \cdot Z_{m+n} = Z_{m+n+m, m+n+1}$$

$$b \cdot (3a + b) = Z_n \cdot Z_{m+n+1} = Z_{m+n, m+n+1}$$

---

*) Für zwei bez. r und q ziffrige Zahlen: Z_r und Z_q folgt nämlich aus:

$$10^{r-1} \leq Z_r < 10^r$$
$$10^{q-1} \leq Z_q < 10^q$$

durch Multiplication:
$$10^{r+q-2} \leq Z_r Z_q < 10^{r+q}$$

d. i. $Z_r Z_q = Z_{r+q-1, r+q}$.

Man sieht also, dass entweder $3a^2$ mindestens $2m+2n-1$ und $b(3a+b)$ höchstens $m+2n$ stellig oder $3a^2$ mindestens $2m+2n$ und $b(3a+b)$ höchstens $m+2n+1$ stellig sein muss. So lange demnach im ersten Falle: $2m+2n-1 > m+2n$ und im zweiten: $2m+2n > m+2n+1$, d. i. so lange:

$$m > 1$$

stattfindet, müssen die ersten Ziffern des Total-Divisors: $3a^2 + b(3a+b)$ mit den ersten von $3a^2$ zusammenfallen. Hat man demnach die beiden ersten Ziffern der Cubikwurzel in der bekannten Weise bereits berechnet, dann lassen sich — wenigstens in den meisten Fällen — aus ihnen die ersten Ziffern des Divisors: $3a^2 + b(3a+b)$ bestimmen; mit diesen als überstrichenen Divisor in den entsprechenden Theil des Restes: $A - a^3$ als überstrichenen Dividend getheilt, muss sich als Quotient die erste Ziffer des b, d. i. die dritte Ziffer der Cubikwurzel ergeben. Nachdem diese gefunden, ist in Rücksicht auf ihren Werth zunächst der Divisor: $3a^2 + b(3a+b)$ zu verbessern, darauf nach den bekannten Prinzipien der Dividend zu corrigiren, um nun die zweite Ziffer des b, d. i. die vierte Ziffer der Wurzel herauszudividiren u. s. w. u. s. w.

Was die verschiedenen Vervollständigungen der Divisoren anbelangt, so verfährt man am Zweckmässigsten in einer Weise, die das folgende Beispiel veranschaulichen wird. Die beiden ersten Ziffern direct berechnet, erhält man:

$$\sqrt[3]{672497669204928} = 87 = a.$$

$$512$$
$$192) 1604 \qquad 3a = 261$$
$$ 1344 \qquad 3a^2 = 22707$$
$$ \overline{2609}$$
$$ 1176$$
$$ \overline{1437}$$
$$ \underline{343}$$
$$\overline{139946692049284} = A - (87000)^3 = A - a^3.$$

Nimmt man die beiden ersten Ziffern 22 in: $3a^2 = 3.87^2 = 22707$ als überstrichenen Divisor, folglich die drei ersten: 139 des Restes: $A - a^3$ als überstrichenen Dividend, dann ergiebt sich als Quotient, d. i. als erste Ziffer des b oder als dritte Ziffer der Wurzel: 6.

148

Die Rangordnung der schon erhaltenen Ziffern der Wurzel in Hinsicht auf diese letztere berücksichtigt, ist: $a = 87000$, also: $3a = 261000$, $3a^2 = 22707000000$ und $b = 600$, demnach:

$$3a^2 + b(3a+b) = 3a^2 + 600(261600)$$
$$= 22707000000$$
$$156960000$$
$$22863960000.$$

Alles dieses stellt man bei der Wurzel-Ziehung am einfachsten folgendermassen zusammen:

```
|⁻672497669204928          = 8761
 13864                     3a = 261,6*)
 132                       3a² = 22707... erster Divisor.
 79                            15696 = 6,2616
 48 (= 6,8 d. anzubringende Verbg.)  22863396...zweiter Divisor.
 31
 22
 94
```

Nachdem die zweite Ziffer des b oder die vierte der Wurzel so bestimmt ist, muss der zweite Divisor in Rücksicht auf den Werth dieser Ziffer vervollständigt werden, um den Dividend 94 corrigiren zu können. Was diese Verbesserung des zweiten Divisors anbelangt, so rechnet man wie folgt. Es ist: $a = 87000$, $3a = 261000$, $3a^2 = 22707000000$, $b = 610$, also:

$$3a^2 + b(3a+b) = 3a^2 + 610(261610)$$
$$= 3a^2 + 600.261600 + 10.261600 + 600.10 + 10.10$$
$$= 3a^2 + 600.261600 + 10(261610) + 600.10,$$

und weil die Summe der beiden ersten Theile rechter Hand der zweite Divisor ist:

$$3a^2 + b(3a+b) = 22863960000$$
$$2616100$$
$$6000$$
$$22866582100.$$

149

Aus Vorigem ergiebt sich demnach das folgende Verfahren:

```
√ 6724976892049928        = 87612,0000000)
  13804                  3a = 261612,0000000*)
    132                 3a² = 22707     erster Divisor.
                              15696  = 6.2616
    79
   48 = 6.8                 2286396      zweiter Divisor.
                             26161   1.26161
    31                         60  = 1.60
    22
    94                      2286665821   dritter Divisor.
   44 = 1.8 + 6.6            523224  = 2.261612
                              1220   = 2.610
    60
    44                      228671006544 vierter Divisor.
    ─
    66
    64 = 2.8 + 1.6 + 6.7
    ─
    26
    25 = 0.8 + 2.6 + 1.7 + 6.1
    ─
    19
    15 = 0.8 + 0.6 + 2.7 + 1.1
    ─
    42
    38
    ─
    40
    36
    ─
    44
    41
    ─
    39
    38
    ─
    12
    12
    ─
     8
     8
```

*) Die mit 3a bezeichneten Zahlen sind jedes mal in Rücksicht auf die später aus zu führenden Multiplicationen vervollständigt.

Zweites Beispiel:

```
 950453578602073094        =  983204.000000000
 729                   3a  =  294.3204.000000000
243) 2214              I. Ds. (3a²) = 28812
     1944                         8820 — 2943.3
     2706
     1728              II. Ds. = 2900029
     9773                        58804 — 29432.2
      512                          60 = 30.2
     9261
       84              III. Ds. = 289061824
       86              IV. Ds. = 289061824
       27                        11772816 = 2943204.4
       59                        12800 = 3200.4
       56
       31              V. Ds. = 28906300256616
       18
      135
       18
      117
      112
       57
       57
        8
        6
       26
       24
       20
       18
       22
       19
       30
       28
       27
       23
       43
       40
       36
       36
        6
        4
       24
       24
```

Der hauptsächlichste Grund für die Anwendbarkeit der Fourier'schen Divisions-Methode auf die Berechnung der dritten Wurzel liegt offenbar darin, dass die ersten Ziffern des Total-Divisors: $3a^2 + b(3a + b)$ mit den ersten Ziffern von $3a^2$ zusammenfallen. Im allgemeinen ist diese Uebereinstimmung bereits pag. 147 nachgewiesen; jedoch ist noch einige Unbestimmtheit geblieben über die Anzahl der zusammenfallenden Ziffern: eine Angelegenheit, die für die Rechnung von grosser Wichtigkeit ist und darum jetzt erörtert werden soll.

Nimmt man, wie in den ausgeführten Beispielen, $m = 2$, dann ist (vergl. pag. 146) $3a^2$ mindestens $2n + 3$ oder $2n + 4$ und $b(3a + b)$ höchstens: $2n + 2$ oder $2n + 3$ ziffrig, und man kann mit unbedingter Sicherheit nur behaupten, dass die erste Ziffer in $3a^2$ die Ziffer der höchsten Rangordnung in: $3a^2 + b(3a + b)$ sein muss, also die erste Ziffer in $3a^2$ mit der ersten in: $3a^2 + b(3a + b)$ zusammenfällt. Allerdings wird in vielen Fällen, z. B. auch in den oben behandelten, diese Uebereinstimmung der Ziffern sich auch weiter erstrecken. Die Möglichkeit des Entgegengesetzten ist aber im allgemeinen nicht abzuleugnen. Nimmt man nun in einem solchen Falle die beiden ersten Ziffern von $3a^2$ als Uebst. Divisor, dann wird wegen der Aenderung, die die zweite Ziffer dieses Uebst. Divisors in Folge der Verbesserung des Total-Divisors erleidet, der Dividend in einer Weise zu corrigiren sein, die das folgende Beispiel veranschaulichen wird.

```
  √417864385001582031 25      = 347
    27                      3a   = 1027
27) 147                     3a² = 3468
    108                          7189 = 1027.7
    398                         353989
    144
    2546
      64
    2482
     298         (Diese Correction ist darum anzubringen, weil sich
     102          im Laufe der Rechnung herausstellte, dass der
       7          Uebst. Divisor nicht 34, sondern 35 sein muss,
      32          also von 248 nicht 7.34, sondern 7.35 zu sub-
 u. s. w.         trahiren ist.)
```

In solchen Fällen, die sich, wie man leicht überblickt, im allgemeinen dadurch charakterisiren, dass die erste Ziffer der Wurzel niedrig ausfüllt, etwa 1, 2, 3 oder 4 ist, thut man am besten, die 3 ersten Ziffern der Wurzel direct zu berechnen, um erst die folgenden durch Division zu erhalten. Z. B.:

$$\sqrt{12170612562001568261325} = 34701125{,}000\ldots 0 \text{ etc.}$$

27 3 a = 1041,0125,000... 0 etc.

27) 147   I. Ds. (3 a²) = 361227
108   104101
    ___   _____
    398   II. Ds. = 361237·4101
    144   28·2024
    2546   20
      64
3468) 24824   III. Ds. = 361238492144
      24376   5·2050625
        ____   600
        5483
        4968   IV. Ds. = 361240012856525.
        ____
        4958
         343
        ____
        45155
           36
           __
           91
            1
           __
           90
           72
           __
          185
            4
          ___
          181
          180
          ___
           15
           13
           __
           20
           18
           __
           20
           20
           __
            1
            1
           __
            5
            4
           __
           18
           15
           __
           32
           27
           __
           50
           46
           __
           43
           39
           __
           41
           39
           __
           22
           20
           __
           25
           25

Gehen wir jetzt von dem zweiten in 2 pag. 146 für b gefundenen Werth aus:

4) $b = \frac{A-a^3}{3a^2} - \left(\frac{b^2}{a} + \frac{b^3}{3a^2}\right)$

Unter unseren früheren Voraussetzungen: $a + b$ ist: $m + n$ und b ist n zifferig, folgt aus: $b < 10^n$, $a > 10^{m+n-1}$:

$$b^2 < 10^{2n}, \quad a^2 > 10^{2m+2n-2}$$

$$b^3 < 10^{3n}, \quad 3a^2 > 10^{2m+2n-2}$$

also auch:

$$\frac{b^2}{a} < 10^{n-m+1}, \quad \frac{b^3}{3a^2} < 10^{n-2m+3}.$$

Ist demnach $n - m + 1 = 0$, d. i. $n = m - 1$, dann hat man:

$$\frac{b^2}{a} < 1, \quad \frac{b^3}{3a^2} < 10^{1-m}$$

und $m > 1$ vorausgesetzt: $\frac{b^3}{3a^2} < (\tfrac{1}{10} = 0,1)$, folglich:

$$\left(\frac{b^2}{a} < 1\right) + \left(\frac{b^3}{3a^2} < 0,1\right) < 1,1.$$

Hieraus folgt der Lehrsatz:

Sind von einer $2m - 1$ stelligen Cubikwurzel die ersten m Ziffern bereits direct berechnet, dann ergeben sich die letzten $m - 1$ Ziffern durch Division mit dem dreifachen Quadrat des Gefundenen: $3a^2$ in den zuletzt erhaltenen Rest: $A - a^3$ entweder absolut genau, oder bis auf eine, bez. zwei Einheiten genau; und zwar ist die Möglichkeit eines Fehlers gleich zwei Einheiten nur dann vorhanden, wenn die $m$te Ziffer jenes Quotienten eine Null ist.

Beispiel:

$\sqrt[3]{4178643800158203125} = 3470125$

```
 27
27 ) 147
     108
     398
     144
     2546
     64
3468 ) 24824
       24276
       5483
       4998
       4858
       343
361227 ) 45155
36122700 ) 4515500158203125   $(A - a^3)$
           36122700
           903230015
           722454001
           180776158
           180613500
```

Aus Brüchen zieht man entweder dadurch die dritte Wurzel, dass man in Rücksicht auf das Gesetz:

$$\sqrt[3]{\tfrac{a}{b}} = \tfrac{\sqrt[3]{a}}{\sqrt[3]{b}}$$

Zähler und Nenner depotenzirt oder dadurch, dass man $\tfrac{a}{b}$ zunächst in einen Decimalbruch verwandelt, um aus diesem nach den folgenden Regeln die Cubikwurzel zu ziehen.

Soll die dritte Wurzel aus einem Decimalbruch:

$$0. q_1 q_2 \ldots q_n$$

wieder in der Form eines Decimalbruches erscheinen, dann muss die Ziffer-Anzahl des gegebenen durch drei theilbar sein, weil die Cubikwurzel des letzten:

$$\sqrt[n]{\dfrac{q_1 \cdot 10^{n-1} + q_2 \cdot 10^{n-2} \ldots q_{n-1} \cdot 10 + q_n}{10^n}}$$

ist, also nur dann ihr Nenner eine ganze Potenz von 10 sein kann, wenn $n \cdot -$ die Anzahl der Stellen des Bruches -- sich durch 3 theilen lässt. Sollte also ursprünglich n kein Multiplum von 3, sollte n von einer der Formen: $3k+1$ oder $3k+2$ sein, dann wird man im ersten Falle dem Zähler des Decimalbruches eine, im zweiten zwei Nullen hinzuzufügen haben, d. h. man wird im ersten Fall Zähler und Nenner mit 10, im zweiten mit 10^2 multipliciren müssen. Um sich darüber zu entscheiden, ob eine solche Vervollständigung nothwendig ist oder nicht, theilt man am einfachsten den Zähler des genannten Decimalbruches vom Komma nach rechts gehend in Columnen von je drei Ziffern; jenachdem dann die auf der äussersten Rechten stehende Columne 1, 2 oder 3 Ziffern enthält, fügt man zwei oder eine Null hinzu oder lässt im letzten Fall das Ganze unverändert. Es erscheint jetzt die Wurzel unter der Form:

$$\sqrt[3]{\dfrac{q_1 \cdot 10^{3k-1} + q_2 \cdot 10^{3k-2} + \ldots + q_{3k-1} \cdot 10 + q_{3k}}{10^k}}$$

ist also ein k stelliger Decimalbruch, dessen Zähler die dritte Wurzel aus der Ganzzahl: $q_1 \cdot 10^{3k-1} + \ldots + q_{3k}$ sein muss.

Z. B.: $\sqrt[3]{0{,}043{,}986{,}977} = 0{,}353$

```
            27
   27 ) 169
         135
         348
         225
         1236
         125
  3675 ) 11119
         11025
           947
           945
            27
            27
```

Ist mit dem Decimalbruch noch eine Ganzzahl verbunden, so findet man leicht in analoger Weise wie bei der zweiten Wurzel (pag. 119 und 120) die folgende Regel:

Man theile vom Komma nach links gehend die Ganzzahl, nach rechts gehend den Bruch in Columnen von je 3 Ziffern, ziehe darauf, das Gegebene wie eine Ganzzahl ansehend, nach den bekannten Principien die dritte Wurzel und bringe in dem Augenblick in letzter das Decimalkomma an, in welchem man die erste Decimale des Bruches in die Rechnung führt.

Beispiel:

$$\sqrt[3]{94{,}818\,816} = 4{,}56$$

$$64$$

$$48\,)\,308$$
$$240$$

$$681$$
$$300$$

$$381$$
$$125$$

$$6075\,)\,36938$$
$$36450$$

$$4881$$
$$4860$$

$$216$$
$$216$$

Ist die zu depotenzirende Zahl weder die dritte Potenz einer Ganzzahl noch eines Bruches, also irrational, dann lässt sich die Cubikwurzel nur bis zu irgend einer Grenze genau bestimmen. In diesem Falle bedient man sich am zweckmässigsten der Fourier'schen Divisionsmethode, verführt also, soll etwa: $\sqrt[3]{8}$ bis auf 6 Decimalen genau gefunden werden, wie folgt:

$\sqrt[3]{0{,}800} = 0{,}928317$

```
           729      3a  —   2768317
    243 )  710     3a²  =    25369
           486               22144
          2240              2561344
           108               83049
          2132 0              240
              8            2562176 49
         213120              276831
            200                830
            131           2562204 12561
             48              19378219
             83                58170
             75           256222 5602489
             82
             34
             48
             25
            230
             28
            202
            175
            270
             66
            104
```

Für höhere Wurzel-Exponenten ergeben sich die Regeln des Depotenzirens ohne weiteres aus dem Vorhergehenden. Allgemein wird man für $\sqrt[n]{A}$, ist A eine Ganzzahl, dieselbe von rechts nach links, ist A ein Decimalbruch, denselben vom Komma nach rechts gehend zunächst in Columnen von je n Ziffern eintheilen. Die Anzahl dieser Columnen ist dann wieder gleich der Ziffern-Anzahl der zu berechnenden Wurzel. Setzt man darauf:

$\sqrt[n]{A} = a + b$ voraus, dann muss: $A = (a+b)^n = a^n + n a^{n-1} b + \frac{n(n-1)}{1.2} a^{n-2} b^2 + \ldots + n a b^{n-1} + b^n$ sein, in Rücksicht auf welche Formel sich die einzelnen Ziffern der Wurzel in ganz ähnlicher Weise bestimmen lassen, wie vorhin für die zweite und dritte Wurzel. Z. B.:

$$\begin{array}{r}
\overline{7015831424} = 2\ 3\ 4 \\
32 = a^5 \qquad \overline{a\ b} \\
5a^4 = 80\,)\ 381 \qquad \overline{a_1\ b_1} \\
240 = 5a^4 b \\
1415 \\
\underline{720} = \tfrac{5\cdot4}{1\cdot2}a^3 b^2 \\
6958 \\
1080 = \tfrac{5\cdot4\cdot3}{1\cdot2\cdot3}a^2 b^3 \\
58783 \\
810 = 5ab^4 \\
57973\overline{3} \\
\underline{243} = b^5 \\
5a_1^4 = 1399205\,)\ 5794907 \\
5968320 = 5a_1^4 b_1 \\
1980871 \\
1946720 = \tfrac{5\cdot4}{1\cdot2}a_1^3 b_1^2 \\
341514 \\
338560 = \tfrac{5\cdot4\cdot3}{1\cdot2\cdot3}a_1^2 b_1^3 \\
29542 \\
29440 = 5a_1 b_1^4 \\
1024 \\
1024 = b_1^5
\end{array}$$

Ist der Wurzel-Exponent eine zusammengesetzte Zahl, z. B. 4, 6.. so kann man auch wegen des Gesetzes:

$$\sqrt[a]{\sqrt[b]{n}} = \sqrt[a.b]{n}$$

statt der vierten Wurzel zwei-mal die zweite, statt der sechsten die dritte aus der zweiten Wurzel ziehen u. s. w.

In den meisten Fällen höherer Wurzel-Expouenten wird der in Bezug auf seinen Zahlenwerth zu berechnende Ausdruck irrational sein, so dass es nur darauf ankommen kann, die Wurzel bis zu irgend einer Decimale genau zu bestimmen. Alsdann bedient man sich besser einer Methode, von der im dritten Theil unserer Schrift die Rede sein wird oder macht, falls es sich um ein Resultat von grosser Genauigkeit handelt, von dem Verfahren Gebrauch, welches die Analysis lehrt. Nur wenn die zu depotenzirende Zahl von der Form $1+b$ ist, genügen, falls b einen echten Bruch gewisser, in dem Folgenden noch näher zu bezeichnenden Eigenschaften bedeutet, unsere bisherigen Sätze der Arithmetik zur Begründung einer sehr einfachen Regel des Radicirens.

Zunächst lässt sich zeigen, dass der Werth w von $\overset{n}{\sqrt{1+b}}$ zwischen 1 und 2 liegen muss; denn einerseits folgt aus: $w<1$ stets: $w^2<w$ und allgemein: $w^n < w^{n-1} < \ldots < w^2 < w < 1$, und andererseits aus: $w>1$ stets: $w^2>w$ und allgemein: $w^n > w^{n-1} > \ldots w^2 > w > 1$, so dass sowohl: $\overset{n}{\sqrt{1+b}} = w$ d. i. $(1+b)^n = w^n$ und: $w < 1$ wegen: $w^n < 1$ unmöglich ist, wie auch: $\overset{n}{\sqrt{1+b}} = w$ und $w > 2$ wegen: $w^n > w$ also auch: $w^n > 2$. Es muss demnach stets:

5) $\overset{n}{\sqrt{1+b}} = 1 + x$

stattfinden, wo x einen echten Bruch bedeutet. Hieraus folgt aber:

$$1+b = (1+x)^n = 1 + nx + \frac{n(n-1)}{1.2}x^2 + \frac{n(n-1)(n-2)}{1.2.3}x^3 + \ldots$$
$$+ \frac{n(n-1)(n-2)}{1.2.3}x^{n-3} + \frac{n(n-1)}{1.2}x^{n-2} + nx^{n-1} + x^n$$

und:

6) $x = \frac{b}{n} - \left(\frac{n-1}{2} x^2 + \frac{(n-1)(n-2)}{2.3} x^3 + \ldots \right.$
$\left. + \frac{(n-1)(n-2)}{2.3} x^{n-3} + \frac{n-1}{2} x^{n-2} + x^{n-1} + \frac{x^n}{n} \right)$

woraus hervorgeht, dass:

$$x < \frac{b}{n}$$

sein muss. Es muss demnach, wenn der zweite Theil der rechten Seite in letzter Gleichung kurzweg mit R bezeichnet wird:

$$R < \frac{1}{n}\left(\frac{n-1}{2} \cdot \frac{b^2}{n} + \frac{(n-1)(n-2)}{3.n.n} \cdot \frac{b^3}{n} + \ldots + \frac{(n-1)(n-2)}{3.n^{n-1}} \cdot \frac{b^{n-3}}{n} \right.$$
$$\left. + \frac{n-1}{n^{n-3}} \cdot \frac{b^{n-2}}{n} + \frac{2 b^{n-1}}{n^{n-1}} + \frac{2 b^n}{n^{n+1}} \right)$$

oder:

sein, also weil die Coefficienten der verschiedenen Potenzen von b sämmtlich < 1 sind, erst recht:

$$R < \frac{b^2}{2n}\left(1 + b + b^2 + b^3 + \cdots + b^{n-3}\frac{b}{n} + b^{n-2}\frac{b}{n} + b^{n-1}\right)$$

d. i.:

$$R < \frac{b^2}{2}\left(\frac{1}{n} + \frac{b}{n} + b^2\frac{b}{n} + b^3\frac{b}{n} + \cdots + b^{n-3}\frac{b}{n} + b^{n-2}\frac{b}{n} + b^{n-1}\right)$$

und weil jeder der Summanden im zweiten Factor rechter Hand < 1, also die ganze Summe $< \frac{n-1}{n}$, demnach auch < 1 sein muss, um so mehr:

7) $R < \frac{b^2}{2}$

stattfinden. Ist nun b ein $2n$ stelliger Decimalbruch, dessen n erste Ziffern Nullen sind, dann folgt aus:

$$b = \frac{z_n}{10^{2n}}$$

$$b^2 = \frac{z_{2n-1, n}}{10^{4n}}$$

in Rücksicht auf Gl. 4 pag. 107:

so dass mindestens die $2n$ ersten Decimalen in b^2, also auch in $\frac{b^2}{2}$, und wegen 7 umsomehr in R Nullen sein müssen. Setzt man demnach unter den augenblicklichen Umständen:

8) $\sqrt[n]{1+b} = 1 + \frac{b}{n}$

und bestimmt den Quotienten $\frac{b}{n}$ bis auf 2n Decimalen, so kann höchstens die 2te Decimale fehlerhaft und zwar um eine Einheit zu gross ausfallen.

Beispiel:

$$\sqrt[2]{1{,}000876} = 1 + \frac{0{,}000876}{2} = 1{,}000438;$$

bis auf 12 Decimalen genau ist: $\sqrt[2]{1{,}000876} = 1{,}000437904180$.

$$\sqrt[3]{1{,}00000097312} = 1 + \frac{0{,}00000097312}{3} = 1{,}0000032437;$$

bis auf 15 Decimalen genau ist:

$$\sqrt[3]{1{,}00000097312} = 1{,}000003243722811.$$

$$\sqrt[13]{1{,}0000000025417639} = 1 + \frac{0{,}0000000025417639}{13}$$
$$= 1{,}00000000000224934;$$

bis auf 30 Decimalen genau ist:

$$\sqrt[13]{1{,}0000000025417639} = 1{,}000000000002249348581238455881375.$$

IV.
Die imaginairen Zahlen.

In den letzten Nummern entwickelten wir die elementaren Methoden des Depotenzirens absoluter Zahlen. Hiermit ist gleichzeitig das Wurzelziehen aus positiven Zahlen gelehrt, weil letzte, wie wir in der Einleitung gezeigt, mit den absoluten zusammenfallen. Nur die Bemerkung ist noch hinzuzufügen; dass, während man z. B. als die zweite Wurzel aus der absoluten Zahl a^2 nur die absolute Zahl a erhält, man offenbar als die zweite Wurzel aus der positiven Zahl $+ a^2$ sowohl $+ a$ wie $- a$ behaupten muss, weil jede der beiden letzten Zahlen mit sich selbst multiplicirt $+ a^2$ giebt. Ueberhaupt, so sieht man, kommen jeder geraden Wurzel aus positiven Zahlen diese doppelten Vorzeichen zu, es wird für jedes ganze n stets: $\sqrt[2n]{+(a^m)^2} = \pm a$ sein, während für ungerade Wurzelexponenten zunächst nur das Resultat erscheint: $\sqrt[2n+1]{+(a^{m+1})} = + a$. Ob es ausser diesen Werthen noch andere giebt, welche den Werth bez. einer geraden oder ungeraden Wurzel aus einer positiven Zahl repräsentiren, ist eine Frage, die im Laufe gegenwärtiger Abhandlung ihre Antwort finden wird.

Was das Depotenziren negativer Zahlen anlangt, so erhält man für ungerade Wurzelexponenten zunächst eine Lösung; man überblickt leicht, dass: $\sqrt[3]{-(a^3)} = \sqrt[5]{-(a^5)} = \ldots = \sqrt[2n+1]{-(a^{2n+1})} = -a$ sein muss. Dagegen kann kein Glied unserer bisherigen Zahlenreihe: $\ldots -3, -2, -1, 0, +1, +2, +3 \ldots$ den Werth des Ausdrucks darstellen, wenn der Exponent eine gerade Zahl ist; es giebt demnach keinen Punkt unserer bisherigen Zahlen-Achse, welcher arithmetisch durch ein Symbol von der Form:

$\sqrt[m]{-x}$ repräsentirt wird. Aus diesem Grunde hat man Grössen letzter Art **imaginair** genannt im Gegensatz zu denjenigen, welche Gegenstand unserer bisherigen Betrachtungen waren und unter die dem Namen der **reellen** Grössen zusammengefasst werden.

Den Potenz-Gesetzen zufolge lässt sich in allen Fällen, wo etwas Imaginaires erscheint, folgendermaassen umformen:

$$\sqrt[2]{-(a^2)} = \sqrt[2]{\cdot 1 \cdot (+a^2)} = \sqrt[2]{+a^2}\sqrt[2]{-1} = +a\sqrt[2]{-1},$$

$$\sqrt[4]{-(a^4)} = \sqrt[4]{\cdot 1 \cdot (+a^4)} = \sqrt[4]{+a^4}\sqrt[4]{-1} = +a\sqrt[4]{-1},$$

$$\overline{}$$

$$\sqrt[m]{-(a^m)} = \sqrt[m]{-1 \cdot (+a^m)} = \sqrt[m]{(+a^m)} \sqrt[m]{-1} = +a\sqrt[m]{-1}.$$

Eine weitere Reduction ist nicht möglich; die Untersuchung der imaginairen Grössen ist demnach mit einer Erklärung der imaginairen Einheit $\sqrt{-1}$, die wir nach Gauss' Vorgange kurzweg mit i bezeichnen wollen, zu beginnen.

Jeder Punkt einer Ebene, durch die Achse der reellen Zahlen gelegt, ist durch seine geradlinige Entfernung vom Nullpunkt und dem Winkel, welchen letzte mit jener Zahlen-Achse einschliesst, vollkommen bestimmt. Der arithmetische Repräsentant eines Punktes der Zahlen-Ebene muss darum aus zwei Elementen zusammengesetzt sein: das eine zur Bestimmung der Distanz, das andere zur Bestimmung des Winkels. Ihre Beschaffenheit lässt sich folgendermaassen erkennen.

Nimmt man nach Analogie des bereits für positive und negative reelle Zahlen Gefundenen (siehe in Einleitung über die Bedeutung der Factoren $+1$ und -1) an, dass das Verbundensein der noch näher zu bestimmenden Factoren: $f_1, f_2, f_3 \ldots$ mit der absoluten Zahl a darauf schliessen lässt, dass die Geraden, welchen die Punkte: $af_1, af_2, af_3 \ldots$ angehören, mit der Achse der positiven reellen Zahlen einen Winkel bez. gleich: $\varphi_1, \varphi_2, \varphi_3 \ldots$ einschliessen, dann muss offenbar der Winkel *) des Punktes:

---

*) Wir sehen, wie in der Einleitung, die Richtung vom Nullpunkt nach rechts als die der positiven reellen Zahlen an und rechnen jene Winkel von rechts nach links.

af_1f_2 gleich: $\varphi_1 + \varphi_2$ des Punktes: $af_1f_2.f_3$ gleich: $\varphi_1 + \varphi_2 + \varphi_3$ u. s. w. sein, während die Entfernungen aller dieser Punkte vom Nullpunkt unter einander gleich, nämlich gleich a, sind. Die Lage derjenigen Punkte, welche dann bez. als Summe, Differenz, Produkt u. s. w. der Punkte: af_1 und bf_2 erscheinen, d. h. derjenigen Punkte, welche arithmetisch durch: $af_1 + bf_2$, $af_1 - bf_2$, $af_1 \cdot bf_2$ u. s. w. darzustellen sind, ergiebt sich dann folgendermaassen.

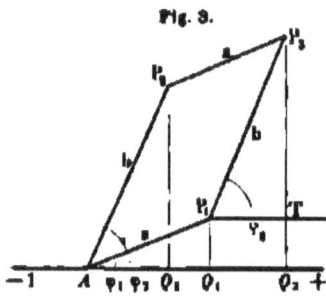

Fig. 3.

Zunächst wird die Summe der Punkte $P_1 : af_1$ und $P_2 : bf_2$ (Fig. 3) offenbar also der Punkt P_3 sein müssen, falls $\angle P_2 P_1 T = \varphi_2$ und $P_1 P_2 = A P_2 = b$, d. h. falls $A P_2 P_3 P_1$ ein Parallelogramm ist; umgekehrt ist demnach auch P_1 die Differenz der Punkte P_3 und P_2 und P_2 die Differenz der Punkte P_3 und P_1.

Was das Produkt der Punkte $P_1 : af_1$ und $P_2 : bf_2$ (Fig. 4) anlangt, so überlege man zunächst, dass wegen:

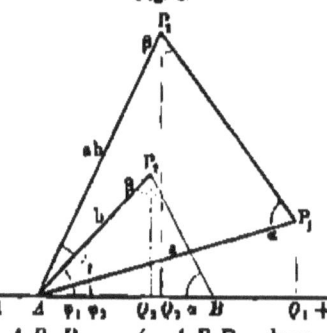

Fig. 4.

$af_1 \cdot bf_2 = (ab).f_1f_2$ die Entfernung des zu bestimmenden Punktes vom Nullpunkt gleich ab und sein Winkel wegen des sogenannten Richtungscoefficienten $f_1 f_2$ gleich: $\varphi_1 + \varphi_2$ sein muss. Macht man demnach, ist AB gleich der der Rechnung zum Grunde gelegten Längeneinheit, $\angle P_1 A P_2$

$Q_1 + 1 = \angle P_1 A B = \varphi_1$ und $\angle A P_1 P_3 = \angle A B P_2$, dann muss P_3 der verlangte Punkt sein. Denn einerseits folgt aus: $\triangle A P_1 P_3 \propto \triangle A P_2 B$ die Proportion: $AP_3 : AP_1 = AP_2 : AB$ d. i. $AP_3 = ab$ und andrerseits unmittelbar aus der Construction: $\angle P_3 A B = \varphi_1 + \varphi_2$. — Umgekehrt ist demnach auch P_1 der Quotient der Punkte P_3 und P_2, d. i. P_1 der Punkt der Zahl:

$\frac{(ab) \cdot f_1 f_2}{a \cdot f_1}$ oder P'_1 der Quotient der Punkte P_2 und P'_2, d. i. P_1 der Punkt der Zahl: $\frac{(ab) \cdot f_1 f_2}{b \cdot f_2}$.

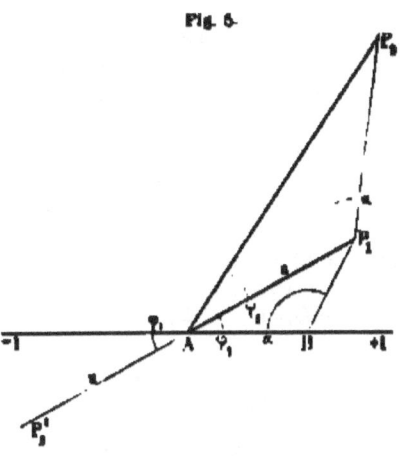

Fig. 5.

Hieraus folgt weiter, dass die Potenz des Punktes $P_1 : af_1$ und zwar zunächst die zweite, der Punkt P_2 (Fig. 5) sein muss, wenn $\angle P'_1 A P_1 = \angle P_1 A B = \varphi_1$, $\angle AP_1P_2 = \angle ABP_1$ und AB wieder die Längeneinheit ist. Die höheren Potenzen ergeben sich durch Wiederholung des nämlichen Verfahrens. Man schlage allgemein mit AP_1, als Halbmesser von A als Mittelpunkt aus, einen Kreis (Fig. 6) und trage den Bogen BP_1 von P_1 mehre Male ab, mache: arc $P_1 P_2$ = arc $P_2 P_3$ = arc $P_3 P_4$ = ... = arc BP'_1, dann liegt der Punkt der dritten, vierten ... Potenz des Punktes P_1 bez. in der Geraden AP_3, AP_4 ... Ist demnach AP_1 gleich der Längeneinheit, dann muss: P_2, P_3, P_4 ... die zweite, dritte, vierte ... Potenz des Punktes P_1, also auch umgekehrt, P_1 die zweite Wurzel des Punktes P_2, die dritte des

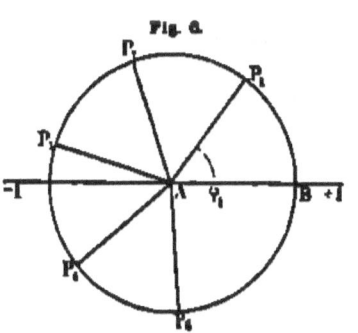

Fig. 6.

Punktes P_3, die vierte des Punktes P_4 u. s. w. sein.

Nimmt man nun in Fig. 5 den Winkel $P_1 AB = 90°$, dann muss $P_2 A$ in die Verlängerung der BA fallen, also der arithmetische Repräsentant des Punktes P_2 die Zahl $-a^2$ oder $a^2(-1)$ sein.

Weil nun weiter P_1 die Quadratwurzel des Punktes P_2 ist, so folgt, dass der Punkt P_1 arithmetisch durch die Zahl:

$$\sqrt{-a^2} = a\sqrt{-1} = ai$$

darzustellen ist; dass also:

das Verbundensein des Factors i mit einem Zahlenausdrucke andeutet, dass der durch diesen Ausdruck repräsentirte Punkt in einer Geraden liegen muss, die im Nullpunkt zu derjenigen winkelrecht steht, welcher er angehören würde, falls jener Ausdruck nicht mit dem Factor i behaftet wäre;

dass, kurzweg gesagt, die imaginaire Einheit i das Zeichen der Perpendikularität ist.

Ausser dem Punkt P_1 (Fig. 5) giebt es aber, wie man leicht überblickt, in der Zahlen-Ebene noch einen zweiten Punkt P'_1 des Winkels: $180 + \varphi_1$, und der Entfernung a, dessen Quadrat ebenfalls der Punkt P_2 sein muss, so dass der Quadratwurzel aus der Zahl des Punktes P_2 zwei Werthe zukommen, die für den speciellen Fall: $\varphi_1 = 90°$, wie das auch die Rechnung unmittelbar ergiebt, $+ai$ und $-ai$ sind.

Es vertheilen sich demnach, wenn ein für alle Mal ausgemacht wird, dass die horizontale Gerade die Achse der reellen, also die verticale die der imaginairen Zahlen, dass ferner für erste die Richtung vom Nullpunkt nach rechts, für letzte die Richtung vom Nullpunkt nach oben die positive sein soll, die Punkte, wie Fig. 7 es zeigt.

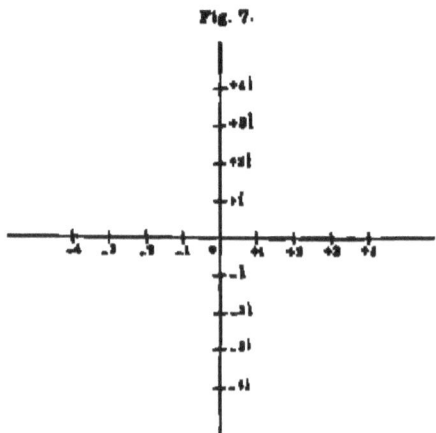

Fig. 7.

Nach Constatirung dieser Thatsachen lassen sich die vorläufig mit: f_1, f_2 u. s. w. bezeichneten Richtungscoefficienten jetzt folgendermaassen bestimmen. Setzt man in Fig. 3 $P_1 Q_1 \perp A Q_1$ voraus, bezeichnet der Kürze halber: $A Q_1$ mit p, $P_1 Q_1$ mit q, dann muss der arithmetische Repräsentant des Punktes P_1 die Zahl: $p + q i$, oder wegen $p = a \cos \varphi_1$, $q = a \sin \varphi_1$, $a = \sqrt{p^2 + q^2}$, $\mathrm{tg}\, \varphi_1 = \frac{q}{p}$, $a (\cos \varphi_1 + i \sin \varphi_1)$, demnach:

ebenso:
$$f_1 = \cos \varphi_1 + i \sin \varphi_1,$$
$$f_2 = \cos \varphi_2 + i \sin \varphi_2, \text{ u. s. w.}$$

sein. Zahlen von der zuletzt besprochenen Form: $p + q i$ nennt man kurzweg **complex**; werden dieselben auf die Form: $r(\cos \varphi + i \sin \varphi)$ gebracht, dann heisst: $r = \sqrt{p^2 + q^2}$ der **Modulus**. Dieser Modulus muss natürlich stets eine absolute Zahl sein, weil derselbe nur die Distanz des durch die gegebene complexe Zahl repräsentirten Punktes vom Nullpunkt angiebt; der jedesmalige Werth des Winkels folgt aus: $\mathrm{tg}\, \varphi = \frac{q}{p}$ oder:
$\varphi = \mathrm{arc}\left(\mathrm{tg} = \frac{q}{p}\right)$. So stellt z. B. die complexe Zahl: $2 + 2i\sqrt{-3}$ einen Punkt dar, der, wegen:

$$2 + 2i\sqrt{3} = \sqrt{2^2 + (2\sqrt{3})^2}[\cos[\mathrm{arc}(\mathrm{tg}=\sqrt{3})] + i \sin[\mathrm{arc}(\mathrm{tg}=\sqrt{3})]]$$

oder:
$$2 + 2i\sqrt{3} = 4 (\cos 60^\circ + i \sin 60^\circ)$$

auf einer Geraden, die mit der reellen Achse einen Winkel von 60° einschliesst, liegt und vom Nullpunkt um 4 Längeneinheiten entfernt ist.

Haben p, q, r und φ wieder die obige Bedeutung, ist:

also:
$$p = r \cos \varphi, \quad q = r \sin \varphi,$$
$$p + q i = r (\cos \varphi + i \sin \varphi),$$

dann folgt, dass die complexe Zahl $p + q i$ nur dann verschwinden kann, wenn entweder r oder $\cos \varphi + i \sin \varphi$ gleich Null ist. Letzteres ist aber nicht möglich, weil $\cos \varphi$ und $\sin \varphi$ weder gleichzeitig verschwinden, noch $\cos \varphi$ und $i \sin \varphi$, sind diese Grössen vielleicht auch mit entgegengesetztem Vorzeichen behaftet, im absoluten Sinne einander gleich sein können. $p + q i = r(\cos \varphi + i \sin \varphi)$ kann demnach nur gleich Null sein, wenn r es ist. Dann aber muss auch: $r\cos\varphi = p$ und $ir\sin\varphi = qi$ verschwinden, so dass man zu folgendem Satz gelangt: Eine complexe Zahl kann nur dann verschwinden, wenn ihr reeller und imaginairer Bestandtheil gleichzeitig gleich Null ist.

Hieraus folgt unmittelbar, dass wenn:
$$a + bi = p + qi,$$
d. i. wenn:
$$a - p + i(b-q) = 0$$
ist:
$a - p = 0$ d. i. $a = p$
$b - q = 0$ d. i. $b = q$ oder $bi = qi$

sein muss. Sind demnach zwei complexe Zahlen einander gleich, so müssen ihre reellen wie imaginairen Bestandtheile einander gleich sein.

Ist dasselbe Reelle mit demselben Imaginairen einmal durch Addition, ein andermal durch Subtraction verbunden, dann nennt man die in solcher Weise gebildeten complexen Zahlen: zusammengehörig oder conjugirt. Conjugirte Zahlen sind demnach stets von der Form: $\begin{Bmatrix} a + bi \\ a - bi \end{Bmatrix}$, repräsentiren also zwei Punkte, wie P_1 und P_2 in Fig. 8, wenn $BP_1 = BP_2$ stattfindet, so dass man auch hat:

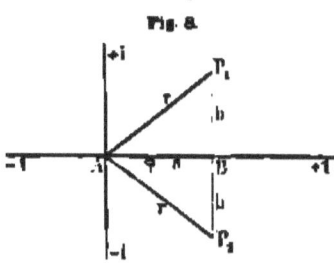

Fig. 8.

1) $\begin{cases} P_1 : a+bi = r[\cos\varphi + i\sin\varphi] \\ P_2 : a-bi = r[\cos(360°-\varphi) + i\sin(360°-\varphi)] = r(\cos\varphi - i\sin\varphi). \end{cases}$

Nach diesen allgemeinen Bemerkungen wenden wir uns zu denjenigen Sätzen, nach welchen Rechnungen mit complexen Zahlen auszuführen sind.

Was zunächst die Summe der Zahlen: $a(\cos\varphi_1 + i\sin\varphi_1)$ und $b(\cos\varphi_2 + i\sin\varphi_2)$ anlangt, so ist für dieselbe bereits im Vorhergehenden die Zahl des Punktes P, (Fig. 3) gefunden, falls jene vier Grössen a, b, φ_1 und φ_2 wieder ihre damalige Bedeutung haben. Man hat demnach in Rücksicht auf das Gegebene die Länge der AP_1 und die Grösse des Winkels

P_1AQ_2 zu berechnen; ergiebt sich für erste φ_1 für letzte ψ, dann ist:

2) $a(\cos\varphi_1 + i\sin\varphi_1) + b(\cos\varphi_2 + i\sin\varphi_2) = \rho(\cos\psi + i\sin\psi)$.

Einfacher jedoch ist es, statt der Entfernungen und Winkel die Abschnitte AQ_1, AQ_2, P_1Q_1, P_2Q_2 einzuführen, die kurzweg mit p, r, q und s bezeichnet werden mögen, so dass die Zahlen der Punkte P_1 und P_2 bez. $p+qi$ und $r+si$ sein müssen; alsdann ist, wenn $P_2Q_2 \perp AQ_2$ und $P_1T \parallel AQ_2$ vorausgesetzt wird, $\Delta P_1P_2T \sim \Delta AP_2Q_1$, folglich: $P_2Q_2 = P_2T + TQ_2 = P_2Q_1 + P_1Q_1 = q + s$ und $AQ_2 = AQ_1 + Q_1Q_2 = AQ_1 + P_1T = AQ_1 + AQ_2 = p + r$. Die Zahl des Punktes P_2 ist demnach: $p + r + i(q+s)$; man erhält also:

3) $(p+qi) + (r+si) = (p+r) + (q+s)i$.

Sind die Summanden nun imaginär, also: $\varphi_1 = \varphi_2 = 90°$ und $p = r = 0$, dann erhält man statt 3:

4) $qi + si = (q+s)i$,

eine auch leicht durch direkte Betrachtung zu begründende Wahrheit.

Für die Differenz ist die Schlussweise der vorigen ganz analog; es ergiebt sich:

5) $(p+qi) - (r+si) = (p-r) + (q-s)i$.

6) $\quad qi - si \quad = (q-s)i$.

Als das Produkt der beiden Punkte P_1: $a(\cos\varphi_1 + i\sin\varphi_1)$ und P_2: $b(\cos\varphi_2 + i\sin\varphi_2)$ (Fig. 4) ist bereits P_3: $ab[\cos(\varphi_1 + \varphi_2) + i\sin(\varphi_1 + \varphi_2)]$ gefunden. Man hat also:

7) $a(\cos\varphi_1 + i\sin\varphi_1).b(\cos\varphi_2 + i\sin\varphi_2) = ab[\cos(\varphi_1+\varphi_2) + i\sin(\varphi_1+\varphi_2)]$

oder wenn sämmtliche Winkel an den Punkten Q_1 und Q_2 gleich 90° vorausgesetzt und die Abschnitte: AQ_1, P_1Q_1, AQ_2 und P_2Q_2 kurzweg mit: p, q, r und s bezeichnet werden:

8) $(p+qi)(r+si) = ab(\cos\varphi_1.\cos\varphi_2 - \sin\varphi_1.\sin\varphi_2 + i\sin\varphi_1.\cos\varphi_2$
$\qquad + i\cos\varphi_1.\sin\varphi_2)$
$\quad = a\cos\varphi_1.b\cos\varphi_2 - a\sin\varphi_1.b\sin\varphi_2 + i$
$\qquad (a\sin\varphi_1.b\cos\varphi_2 + a\cos\varphi_1.b\sin\varphi_2)$
$\quad = pr - qs + (rq + ps)i$.

Hieraus wird für: $\varphi_1 = \varphi_2 = 90°$, d. i. für: $p = r = 0$, $a = q$, $b = s$:

9) $qi \cdot si = (qs) \cdot (-1) = -qs$').

Dieses Resultat ergiebt sich auch direct durch die Ueberlegung, dass, wegen des linker Hand zwei Mal vorkommenden Factors i, die Gerade, welche den Punkt des Productes: $qi \cdot si$ enthält, mit der Achse der positiven reellen Zahlen einen Winkel gleich 180°. einschliessen, also mit der Achse der negativen reellen Zahlen zusammenfallen muss.

Ferner wird aus 8 für: $\varphi_1 = 90°$, $\varphi_2 = 0$, also: $p = 0$, $a = q$, $r = b$, $s = 0$:

10) $qi \cdot r = (rq) i$

und endlich für: $\varphi_1 = 0$, $\varphi_2 = 90°$, $p = a$, $q = 0$, $r = 0$, $s = b$:

11) $p \cdot si = (ps) i$.

Zur Bestimmung des Quotienten hat man das ohne weiteres aus dem Vorhergehenden folgende Gesetz:

12) $\dfrac{b(\cos\varphi_2 + i\sin\varphi_2)}{a(\cos\varphi_1 + i\sin\varphi_1)} = \dfrac{b}{a}\{\cos(\varphi_2 - \varphi_1) + i\sin(\varphi_2 - \varphi_1)\}$,

welches sich auch dadurch ableiten lässt, dass man linker Hand

---

*) Die Bedeutung des Factors i lässt sich auch folgendermaassen erkennen. Trägt man auf einer Geraden, die in unserem früheren Sinne mit der Achse der positiven reellen Zahlen bez. die Winkel: π, 2π, 3π, 4π ... einschliesst, vom Nullpunkt aus die Länge a ab, so gelangt man zu einem Punkte, dessen arithmetischer Repräsentant bez. $a.(-1)$, $a.(-1).(-1)$ $= a.(-1)^2$, $a.(-1).(-1).(-1) = a.(-1)^3$, $a.(-1).(-1).(-1).(-1)$ $= a.(-1)^4$ ... ist. Hieraus kann man schliessen, dass, wenn der Winkel des Punktes allgemein mit φ bezeichnet wird, die letzte darstellende Zahl: $a(-1)^{\frac{\varphi}{\pi}}$ sein muss, woraus für $\varphi = \dfrac{\pi}{2}$ wieder wie früher: $a(-1)^{\frac{1}{2}}$ $= a\sqrt{-1} = ai$ wird. Alsdann folgt weiter, dass die Zahl jedes Punktes, der weder in der Achse der reellen noch in der der imaginairen Zahlen liegt, complex, d. i. von der Form: $a + bi = r(\cos\varphi + i\sin\varphi)$ sein muss — Was nun die Rechnung mit imaginairen Zahlen anlangt, so zeigt man jetzt zunächst, dass: $i \cdot i = -1$ sein muss und entwickelt darauf durch Ausführung des Productes:

$(p + qi)(r + si) = a(\cos\varphi_1 + i\sin\varphi_1) \cdot b(\cos\varphi_2 + i\sin\varphi_2)$
$= ab[\cos\varphi_1\cos\varphi_2 - \sin\varphi_1\sin\varphi_2 + i(\sin\varphi_1\cos\varphi_2 + \sin\varphi_2\cos\varphi_1)]$
$= ab[\cos(\varphi_1 + \varphi_2) + i\sin(\varphi_1 + \varphi_2)]$.

in 12 zunächst Zähler und Nenner mit dem Conjugirten des Nenners multiplicirt. Man findet alsdann:

$$\frac{b(\cos\varphi_2 + i\sin\varphi_2)}{a(\cos\varphi_1 + i\sin\varphi_1)} = \frac{b(\cos\varphi_2 + i\sin\varphi_2) a(\cos\varphi_1 - i\sin\varphi_1)}{a(\cos\varphi_1 + i\sin\varphi_1) a(\cos\varphi_1 - i\sin\varphi_1)}$$

$$= \frac{b(\cos\varphi_2 \cos\varphi_1 + i\sin\varphi_2\cos\varphi_1 - i\cos\varphi_2\sin\varphi_1 + \sin\varphi_2\sin\varphi_1)}{a(\cos^2\varphi_1 + \sin^2\varphi_1)}$$

$$= \frac{b}{a}[(\cos\varphi_2\cos\varphi_1 + \sin\varphi_2\sin\varphi_1 + i(\sin\varphi_2\cos\varphi_1 - \cos\varphi_2\sin\varphi_1)]$$

$$= \frac{b}{a}[\cos(\varphi_2 - \varphi_1) + i\sin(\varphi_2 - \varphi_1)].$$

Ueberhaupt in allen Fällen, in welchen die zu dividirenden complexen Zahlen nicht direct in trigonometrischer Form gegeben sind, ist es zweckmässiger, nicht erst, um 12 anwenden zu können, jene herzustellen, sondern sogleich den Bruch aus Dividend als Zähler und Divisor als Nenner in der zuletzt angedeuteten Weise zu behandeln.

Z. B.: $\frac{-1+7i}{1+3i} = \frac{(-1+7i)(1-3i)}{(1+3i)(1-3i)} = \frac{20+10i}{10} = 2+i$

$\frac{4-6i}{2+5i} = \frac{(4-6i)(2-5i)}{(2+5i)(2-5i)} = \frac{-22-32i}{29} = -\frac{22}{29} - \frac{32}{29}i.$

Endlich wird noch aus 12 für: $\varphi_1 = \varphi_2 = 90°$

13) $\quad \frac{bi}{ai} = \frac{b}{a};$

für: $\varphi_1 = 0, \varphi_2 = 90°$:

14) $\quad \frac{bi}{a} = \frac{b}{a}i;$

für: $\varphi_1 = 90°, \varphi_2 = 0$:

15) $\quad \frac{b}{ai} = -\frac{b}{a}i.$

Für die Berechnung des Potenz- und Wurzel-Werthes einer complexen Zahl stellen wir zunächst den folgenden Satz auf.

Wird in 7 statt φ_2: $\varphi_2 + \varphi_3$ eingesetzt, so ergiebt sich:

$$(\cos\varphi_1 + i\sin\varphi_1)[\cos(\varphi_2 + \varphi_3) + i\sin(\varphi_2 + \varphi_3)]$$
$$= \cos(\varphi_1 + \varphi_2 + \varphi_3) + i\sin(\varphi_1 + \varphi_2 + \varphi_3)$$

oder wenn der zweite Factor linker Hand wieder in Rücksicht auf das in 7 liegende Gesetz in Factoren zerlegt wird:

$$(\cos\varphi_1 + i\sin\varphi_1)(\cos\varphi_2 + i\sin\varphi_2)(\cos\varphi_3 + i\sin\varphi_3)$$
$$= \cos(\varphi_1 + \varphi_2 + \varphi_3) + i\sin(\varphi_1 + \varphi_2 + \varphi_3).$$

Fährt man in dieser Weise fort, vertauscht φ_2 mit $\varphi_2 + \varphi_3$, φ_1 mit $\varphi_1 + \varphi_2 \ldots \varphi_{n-1}$ mit $\varphi_{n-1} + \varphi_n$, so erhält man ganz allgemein:

$$(\cos\varphi_1 + i\sin\varphi_1)(\cos\varphi_2 + i\sin\varphi_2)\ldots(\cos\varphi_n + i\sin\varphi_n)$$
$$= \cos(\varphi_1 + \varphi_2 + \ldots + \varphi_n) + i\sin(\varphi_1 + \varphi_2 + \ldots + \varphi_n)$$

und hieraus für: $\varphi_1 = \varphi_2 = \ldots = \varphi_n = \pm\varphi$:

16) $(\cos\varphi \pm i\sin\varphi)^n = \cos n\varphi \pm \sin n\varphi$.

Diese unter dem Namen des Moivre'schen Theorems vielfach angewendete Formel bleibt auch für negative und gebrochene Exponenten gültig; denn einmal folgt aus:

$$(\cos\varphi \pm i\sin\varphi)^{-n} = \frac{1}{(\cos\varphi \pm i\sin\varphi)^n}$$
$$= \frac{(\cos\varphi \mp i\sin\varphi)^n}{(\cos\varphi \pm i\sin\varphi)^n(\cos\varphi \mp i\sin\varphi)^n} = \frac{(\cos\varphi \mp i\sin\varphi)^n}{(\cos^2\varphi + \sin^2\varphi)^n}.$$

17) $(\cos\varphi \pm i\sin\varphi)^{-n} = \cos(-n\varphi) \pm i\sin(-n\varphi)$,

und ein andermal aus 16, wenn $n\varphi = \varphi_1$, also $\varphi = \frac{\varphi_1}{n}$ gesetzt wird:

$$\left(\cos\frac{\varphi_1}{n} \pm i\sin\frac{\varphi_1}{n}\right)^n = \cos\varphi_1 \pm i\sin\varphi_1$$

d. i.:

$$\sqrt[n]{\cos\varphi_1 \pm i\sin\varphi_1} = \cos\frac{\varphi_1}{n} \pm i\sin\frac{\varphi_1}{n}$$

also auch:

18) $\sqrt[n]{(\cos\varphi_1 \pm i\sin\varphi_1)^m} = \cos\frac{m}{n}\varphi_1 \pm i\sin\frac{m}{n}\varphi_1$.

Die Anwendung der Formeln 16, 17 und 18 für obige Zwecke liegt auf der Hand. Die zu potenzirende oder radicirende complexe Zahl: $p + qi$ wird zunächst auf die Form: $r(\cos\varphi + i\sin\varphi)$, wo: $r = \sqrt{p^2 + q^2}$ und $\lg\varphi = \frac{q}{p}$ ist, gebracht; alsdann hat man ohne weiteres:

$$(p + qi)^n = r^n(\cos n\varphi + i\sin n\varphi)$$
$$(p + qi)^{-n} = r^{-n}[\cos(-n\varphi) + i\sin(-n\varphi)]$$
$$\sqrt[n]{p + qi} = \sqrt[n]{r}\left(\cos\frac{\varphi}{n} + i\sin\frac{\varphi}{n}\right).$$

Z. B.:

$$(1 + i)^7 = [\sqrt{2}(\cos 45° + i\sin 45°)]^7 = \sqrt{2}^7(\cos 315° + i\sin 315°)$$
$$= 8(1 - i)$$

$$\sqrt[r]{8+8i\sqrt{3}} = \sqrt[r]{16(\cos 60° + i \sin 60°)}$$
$$= \sqrt[r]{16}(\cos 15° + i \sin 15°) = (\sqrt[r]{\tfrac{3}{2}} + \sqrt[r]{\tfrac{1}{2}}) + i(\sqrt[r]{\tfrac{3}{2}} + \sqrt[r]{\tfrac{1}{2}}).$$

Aus den für Potenzen und Wurzeln erhaltenen Werthen complexer Zahlen lassen sich unmittelbar die Werthe derselben Potenzen und Wurzeln aus denjenigen complexen Zahlen ableiten, welche zu den ersten conjugirt sind.

Weil nämlich conjugirte Zahlen stets von der Form:
$$a + bi = r(\cos \varphi + i \sin \varphi)$$
$$a - bi = r(\cos \varphi - i \sin \varphi)$$
(siehe 1) sind, weil weiter für jedes reelle n:
$$(p+qi)^n = [r(\cos \varphi + i \sin \varphi)]^n = r^n(\cos n\varphi + i \sin n\varphi)$$
$$(p-qi)^n = [r(\cos \varphi - i \sin \varphi)]^n = r^n(\cos n\varphi - i \sin n\varphi)$$
stattfinden muss, so folgt, wenn man $r^n \cos n\varphi = P$, $r^n \sin n\varphi = Q$ setzt:
19) $(p + qi)^n = P + Qi$
20) $(p - qi)^n = P - Qi$

d. h. Conjugirte Grössen mit derselben reellen Zahl potenzirt oder depotenzirt geben conjugirte Resultate.

So erhält man demnach ohne weiteres aus letzten Beispielen:
$$(1 - i)^7 = 8(1 + i)$$
$$\sqrt[r]{8 - 8i\sqrt{3}} = (\sqrt[r]{\tfrac{3}{2}} + \sqrt[r]{\tfrac{1}{2}}) - i(\sqrt[r]{\tfrac{3}{2}} + \sqrt[r]{\tfrac{1}{2}}).$$

Für den besonderen Fall der Quadratwurzel aus complexen Zahlen lässt sich dieselbe auf folgendem einfacheren Wege, ohne Benutzung des Moivre'schen Satzes, berechnen. Setzt man nämlich:
$$\sqrt{a + bi} = x + yi, \quad \sqrt{a - bi} = x - yi,$$
wo: a, b, x und y reelle Grössen bedeuten, so folgt durch Quadrirung:
$$a + bi = x^2 + 2xyi - y^2, \quad a - bi = x^2 - 2xyi - y^2.$$
Es muss demnach:
$$a = x^2 - y^2, \quad 2xy = b$$
oder auch:
$$a^2 = x^4 - 2x^2y^2 + y^4, \quad 4x^2y^2 = b^2$$
stattfinden, welche Gleichungen addirt:

d. i.
$$x^4 + 2x^2y^2 + y^4 = (x^2+y^2)^2 = a^2 + b^2$$
$$x^2 + y^2 = +\sqrt{a^2+b^2}$$

geben. Dieses in Verbindung mit $x^2 - y^2 = a$ liefert endlich:
$$2x^2 = a + \sqrt{a^2+b^2},$$

$$x = \pm\sqrt{\frac{a+\sqrt{a^2+b^2}}{2}}$$
$$y = \pm\sqrt{\frac{-a+\sqrt{a^2+b^2}}{2}}$$

es ist jezt leicht zu erkennen, dass nur das obere Zeichen vor $\sqrt{a^2+b^2}$ zulässig ist, weil für das untere x und y imaginair werden würden.

so dass man erhält:

21) $\sqrt{a+bi} = \pm\left[\sqrt{\frac{a+\sqrt{a^2+b^2}}{2}} + i\sqrt{\frac{-a+\sqrt{a^2+b^2}}{2}}\right]$

22) $\sqrt{a-bi} = \pm\left[\sqrt{\frac{a+\sqrt{a^2+b^2}}{2}} - i\sqrt{\frac{-a+\sqrt{a^2+b^2}}{2}}\right]$

Z. B.: $\sqrt{16+30i} = \pm\left[\sqrt{\frac{16+\sqrt{256+900}}{2}}\right.$

$\left. + i\sqrt{\frac{-16+\sqrt{256+900}}{2}}\right] = \pm(5+3i)$

$\sqrt{77-36i} = \pm\left[\sqrt{\frac{77+\sqrt{5929+1296}}{2}}\right.$

$\left. - i\sqrt{\frac{-77+\sqrt{5929+1296}}{2}}\right] = \pm(9-2i).$

Die Berechnung der dritten Wurzel aus complexen Zahlen ohne Anwendung des Moivre'schen Satzes werden wir später lehren.

Enthält die zu potenzirende Zahl nur einen imaginairen Bestandtheil, ist dieselbe also von der Form: ai, dann lässt sich allerdings wohl in der früheren Weise ihr Potenzwerth bestimmen, da: $ai = a(\cos 90° + i \sin 90°)$; folglich: $(ai)^n = a^n (\cos n.90° + i \sin n.90°)$ sein muss; einfacher ist es jedoch, in Rücksicht auf das aus 9 leicht abzuleitende Gesetz:

23) $(ai)^n = a^n . i^n$

zu rechnen; alsdann bekommt i^n bez. den Werth $+1, +i, -1$ oder $-i$, jenachdem n durch 4 dividirt den Rest 0, 1, 2 oder 3 lässt, weil: $(i^{4n}) = (i^4)^n = (+1)^n = +1, i^{4n+1} = i^{4n}.i = +i,$

$i^{4n+2} = i^{4n} \cdot i^2 = -1$ und $i^{4n+3} = i^{4n} \cdot i^3 = -i$ ist. Aehnlich ist es mit der Wurzel aus ai, man kann die Formel: $\sqrt[n]{ai}$ $= \sqrt[n]{a}\left(\cos\frac{90°}{n} + i\sin\frac{90°}{n}\right)$ benutzen oder, und das ist zweckmässiger, von einem Verfahren Gebrauch machen, welches weiter unten erwähnt werden wird.

Nachdem wir noch bemerkt haben, dass die Bestimmung der Potenz und Wurzel für imaginäre Exponenten die Kräfte der Arithmetik überschreitet, dieser Punkt also hier unerledigt bleiben muss, wenden wir uns schliesslich zu einem Gegenstande, von dem bereits in unseren zu gegenwärtigem Abschnitte einleitenden Bemerkungen die Rede war, nämlich zur Bestimmung aller Werthe des Wurzelausdruks $\sqrt[n]{+a}$, wo der Allgemeinheit halber a eine complexe Zahl, etwa: $a = p + qi = r(\cos\varphi + i\sin\varphi)$ $\left(r = \sqrt{p^2 + q^2}, \operatorname{tg}\varphi = \frac{q}{p}\right)$, bedeuten soll.

Wegen:

24) $\sqrt[n]{+a} = \sqrt[n]{+r(\cos\varphi + i\sin\varphi)} = \sqrt[n]{r}\left(\cos\frac{\varphi}{n} + i\sin\frac{\varphi}{n}\right)\cdot\sqrt[n]{+1}$

kommt es, weil der Modul r, wie bekannt, eine absolute Zahl ist, also $\sqrt[n]{r}$ wie $\cos\frac{\varphi}{n} + i\sin\frac{\varphi}{n}$ einen einzigen Werth hat, nur darauf an, alle Werthe des letzten Factors: $\sqrt[n]{+1}$ zu erhalten. Setzt man zu dem Zwecke:

$$\sqrt[n]{+1} = \rho(\cos\psi + i\sin\psi),$$

dann sind ρ und ψ so zu bestimmen, dass bez.:

25) $\rho^n(\cos n\psi + i\sin n\psi) = +1$ und
26) $\rho^n(\cos n\psi + i\sin n\psi) = -1$

stattfindet. Die rechten Seiten der beiden Gleichungen 25 und 26 sind reell, folglich muss:

$$\rho^n \sin n\psi = 0$$

und weil die Annahme: $\rho^n = 0$ zu $\rho = 0$, d. i. zu dem Absurdum: $0 = +1$ und $0 = -1$ führt, also unmöglich ist:

$$\sin n\psi = 0$$

sein. Hieraus folgt:

$$n\psi = 0, \pi, 2\pi, 3\pi, 4\pi \ldots$$

d. i. eine Reihe von Winkeln, deren cosinus bez. $+1$ und -1

ist. Ueberlegt man nun, dass p eine absolute Zahl bedeutet, so sieht man, dass für 25 nur die Winkel: $0, 2\pi, 4\pi \ldots$ für 26 nur die Winkel: $\pi, 3\pi, 5\pi, 7\pi \ldots$ zulässig sind, dass demnach für 25: $n\psi = 2k\pi$, für 26: $n\psi = (2k+1)\pi$, wo unter k irgend eine ganze positive Zahl zu verstehen ist, sein muss, wodurch 25 und 26 bez. in:

$$\rho^n(+1) = +1 \quad \text{und} \quad \rho^n(-1) = -1$$

übergehen. Es muss demnach ρ^n, folglich auch ρ gleich der absoluten Einheit, und für 25: $\psi = \frac{2k\pi}{n}$, für 26: $\psi = \frac{(2k+1)\pi}{n}$ sein, so dass man erhält:

26) $\sqrt[n]{+a} = \sqrt[n]{+r(\cos\varphi + i\sin\varphi)}$

$$= \sqrt[n]{r}\left(\cos\frac{\varphi}{n} + i\sin\frac{\varphi}{n}\right)\left(\cos\frac{2k\pi}{n} + i\sin\frac{2k\pi}{n}\right)$$

27) $\sqrt[n]{-a} = \sqrt[n]{-r(\cos\varphi + i\sin\varphi)}$

$$= \sqrt[n]{r}\left(\cos\frac{\varphi}{n} + i\sin\frac{\varphi}{n}\right)\left(\cos\frac{(2k+1)\pi}{n} + i\sin\frac{(2k+1)\pi}{n}\right),$$

wo k jede beliebige positive Ganzzahl sein kann. Es scheint demnach, dass dem $\sqrt[n]{+a}$ wie $\sqrt[n]{-a}$ unzählig viele verschiedene Werthe zukommen. Weil jedoch:

$$\cos(2\pi + \alpha) = \cos\alpha \quad \text{und} \quad \sin(2\pi + \alpha) = \sin\alpha$$

ist, so resultirt aus den beiden letzten Factoren rechter Hand in 26 und 27 für zwei Zahlwerthe des k, deren Differenz gleich n ist, z. B. für: $k = a$ und $k = n + a$, was immerhin a auch sein möge, das nämliche:

$$\cos\frac{2(n+a)\pi}{n} = \cos\left(\frac{2a\pi}{n} + 2\pi\right) = \cos\frac{2a\pi}{n};$$

$$\sin\frac{2(n+a)\pi}{n} = \sin\left(\frac{2a\pi}{n} + 2\pi\right) = \sin\frac{2a\pi}{n};$$

$$\cos\frac{2n+2a+1}{n}\pi = \cos\left(\frac{2a+1}{n}\pi + 2\pi\right) = \cos\frac{2a-1}{n}\pi;$$

$$\sin\frac{2n+2a+1}{n}\pi = \sin\left(\frac{2a+1}{n}\pi + 2\pi\right) = \sin\frac{2a-1}{n}\pi;$$

folglich reduciren sich alle aus 26 und 27 abzuleitende Werthe des $\sqrt[n]{+a}$ auf n verschiedene und werden dadurch gewonnen, dass man in 26 bez. 27 statt k n auf einander folgende Zahlen der natürlichen Zahlenreihe, am einfachsten die Zahlen: 0, 1, 2 ... $(n-1)$ substituirt.

Diese n Werthe sind für ein reelles a, d. i. für $\varphi = 0$:

$$28)\quad \sqrt[n]{+a} = \sqrt[n]{a}.\sqrt[n]{+1} = \sqrt[n]{a}\left(\cos\frac{2k\pi}{n} + i\sin\frac{2k\pi}{n}\right)_{k=0,1\ldots(n-1)}$$

$$\sqrt[n]{a}\begin{cases} +1 & \text{für } k=0 \\ \cos\frac{2\pi}{n} + i\sin\frac{2\pi}{n} & ,, k=1 \\ \cos\frac{4\pi}{n} + i\sin\frac{4\pi}{n} & ,, k=2 \\ \text{---} \text{---} \text{---} \text{---} \text{---} \\ \cos\frac{4\pi}{n} - i\sin\frac{4\pi}{n} & ,, k=n-2 \\ \cos\frac{2\pi}{n} - i\sin\frac{2\pi}{n} & ,, k=n-1. \end{cases}$$

Unter denselben befinden sich für ein gerades n zwei reelle Werthe: $+1$ und -1 für $k=0$ und $k=\frac{n}{2}$; für ein ungerades n ein reeller Werth: $+1$ für $k=0$.

$$29)\quad \sqrt[n]{-a} = \sqrt[n]{a}.\sqrt[n]{-1} = \sqrt[n]{a}\left(\cos\frac{2k+1}{n}\pi + i\sin\frac{2k+1}{n}\pi\right)_{k=0,1\ldots(n-1)}$$

$$= \sqrt[n]{a}\begin{cases} \cos\frac{1}{n}\pi + i\sin\frac{1}{n}\pi & \text{für } k=0 \\ \cos\frac{3}{n}\pi + i\sin\frac{3}{n}\pi & ,, k=1 \\ \text{---} \text{---} \text{---} \text{---} \text{---} \\ \cos\frac{3}{n}\pi - i\sin\frac{3}{n}\pi & ,, k=n-2 \\ \cos\frac{1}{n}\pi - i\sin\frac{1}{n}\pi & ,, k=n-1. \end{cases}$$

Dieselben sind für ein gerades n sämmtlich complex oder einfach imaginair; dagegen für ein ungerades n befindet sich unter ihnen ein reeller Werth: -1 für $k = \frac{n-1}{2}$.

Ist die zu depotenzirende Zahl einfach imaginair, also $\varphi = 90°$, dann wird aus 26 und 27:

30) $\sqrt[n]{+ai} = \sqrt[n]{a}\left(\cos\frac{90°}{n} + i\sin\frac{90°}{n}\right)\left(\cos\frac{2k\pi}{n} + i\sin\frac{2k\pi}{n}\right)_{k=0,1...(n-1)}$

$= \sqrt[n]{a}\left(\cos\frac{4k+1}{2n}\pi + i\sin\frac{4k+1}{2n}\pi\right)_{k=0,1...(n-1)}$

$= \sqrt[n]{a}\begin{cases}\cos\frac{1}{2n}\pi + i\sin\frac{1}{2n}\pi \text{ für } k=0 \\ \cos\frac{5}{2n}\pi + i\sin\frac{5}{2n}\pi \text{ , } k=1 \\ -\ -\ -\ -\ -\ - \\ \cos\frac{7}{2n}\pi - i\sin\frac{7}{2n}\pi \text{ , } k=n-2 \\ \cos\frac{3}{2n}\pi - i\sin\frac{3}{2n}\pi \text{ , } k=n-1.\end{cases}$

31) $\sqrt[n]{-ai} = \sqrt[n]{a}\left(\cos\frac{270°}{n} + i\sin\frac{270°}{n}\right)\left(\cos\frac{2k+1}{n}\pi + i\sin\frac{2k+1}{n}\pi\right)_{k=0,1...(n-1)}$

$= \sqrt[n]{a}\left(\cos\frac{4k+3}{2n}\pi + i\sin\frac{4k+3}{2n}\pi\right)_{k=0,1...(n-1)}$

$= \sqrt[n]{a}\begin{cases}\cos\frac{3}{2n}\pi + i\sin\frac{3}{2n}\pi \text{ für } k=0 \\ \cos\frac{7}{2n}\pi + i\sin\frac{7}{2n}\pi \text{ , } k=1 \\ -\ -\ -\ -\ -\ - \\ \cos\frac{5}{2n}\pi - i\sin\frac{5}{2n}\pi \text{ , } k=n-2 \\ \cos\frac{1}{2n}\pi - i\sin\frac{1}{2n}\pi \text{ , } k=n-1.\end{cases}$

Alle Werthe in 30 und 31 sind einfach imaginair oder complex.

Beispiel:

$\sqrt[6]{+64} = \sqrt[6]{64}.\sqrt[6]{+1} = \begin{cases} 2(\cos 0 + i\sin 0) = 2(+1) = +2 \\ 2\left(\cos\frac{\pi}{3} + i\sin\frac{\pi}{3}\right) = 2\left(+\frac{1}{2} + \frac{i}{2}\sqrt{3}\right) = +1+i\sqrt{3} \\ 2\left(\cos\frac{2}{3}\pi + i\sin\frac{2}{3}\pi\right) = 2\left(-\frac{1}{2} + \frac{i}{2}\sqrt{3}\right) = -1+i\sqrt{3} \\ 2(\cos\pi + i\sin\pi) = 2(-1) = -2 \\ 2\left(\cos\frac{4}{3}\pi + i\sin\frac{4}{3}\pi\right) = 2\left(-\frac{1}{2} - \frac{i}{2}\sqrt{3}\right) = -1-i\sqrt{3} \\ 2\left(\cos\frac{5}{3}\pi + i\sin\frac{5}{3}\pi\right) = 2\left(+\frac{1}{2} - \frac{i}{2}\sqrt{3}\right) = +1-i\sqrt{3}.\end{cases}$

$$\sqrt[4]{-81} = \sqrt[4]{81} \cdot \sqrt[4]{-1} = \begin{cases} 3\left(\cos\frac{\pi}{4} + i\sin\frac{\pi}{4}\right) = 3\left(\frac{1}{2}\sqrt{2} + \frac{i}{2}\sqrt{2}\right) = \frac{3}{2}\sqrt{2} + i\frac{3}{2}\sqrt{2} \\ 3\left(\cos\frac{3}{4}\pi + i\sin\frac{3}{4}\pi\right) = 3\left(-\frac{1}{2}\sqrt{2} + \frac{i}{2}\sqrt{2}\right) = -\frac{3}{2}\sqrt{2} + i\frac{3}{2}\sqrt{2} \\ 3\left(\cos\frac{5}{4}\pi + i\sin\frac{5}{4}\pi\right) = 3\left(-\frac{1}{2}\sqrt{2} - \frac{i}{2}\sqrt{2}\right) = -\frac{3}{2}\sqrt{2} - i\frac{3}{2}\sqrt{2} \\ 3\left(\cos\frac{7}{4}\pi + i\sin\frac{7}{4}\pi\right) = 3\left(\frac{1}{2}\sqrt{2} - \frac{i}{2}\sqrt{2}\right) = \frac{3}{2}\sqrt{2} - i\frac{3}{2}\sqrt{2} \end{cases}$$

$$\sqrt[3]{64i} = \sqrt[3]{64} \cdot \sqrt[3]{+i} = \begin{cases} 4\left(\cos\frac{\pi}{6} + i\sin\frac{\pi}{6}\right) = 4\left(+\frac{1}{2}\sqrt{3} + \frac{i}{2}\right) = +2\sqrt{3} + 2i \\ 4\left(\cos\frac{5}{6}\pi + i\sin\frac{5}{6}\pi\right) = 4\left(-\frac{1}{2}\sqrt{3} + \frac{i}{2}\right) = -2\sqrt{3} + 2i \\ 4\left(\cos\frac{9}{6}\pi + i\sin\frac{9}{6}\pi\right) = 4(-i) = -4i. \end{cases}$$

V.
Lehre von den Gleichungen.

Den Begriffen der Potenz und Wurzel zufolge ist von den beiden Gleichungen: $x^n = \pm a$ und $x = \sqrt[n]{+a}$ die eine stets eine unmittelbare Consequenz der anderen. Es fällt darum die Berechnung einer Wurzel, womit wir uns in den letzten Abschnitten beschäftigten, mit der Lösung einer Gleichung, in der nur irgend eine Potenz der Unbekannten enthalten ist, zusammen. Betrachtet man nun die Lehre von der zweiten, dritten ... Wurzel aus reellen oder imaginairen Zahlen in der That als eine Theorie der Gleichungen von der Form: $x^2 = \pm a$, $x^3 = \pm a$ ..., so knüpft sich in ganz natürlicher Weise an unsere letzten Untersuchungen die Frage nach der Lösung der vollständigen Gleichung:

1) $a_0 x^n + a_1 x^{n-1} + a_2 x^{n-2} + \ldots + a_{n-2} x^2 + a_{n-1} x + a_n = 0$.

Aus der äusseren Gestalt der Summe linker Hand lässt sich offenbar nicht ohne weiteres erkennen, ob Gleichung 1 für jedes ganze positive n mindestens eine Lösung hat, d. h. ob für jedes n stets mindestens ein endlicher Werth von x existirt, der in obige Summe statt x eingesetzt, dieselbe zu Null macht; es wird darum, bevor wir die einzelnen Lösungs-Methoden der Gleichungen entwickeln, zunächst ein allgemeiner Nachweis der **Möglichkeit** der Lösung geführt werden müssen. Ehe wir diesen beginnen, machen wir noch auf einige Bezeichnungen aufmerksam, die in der Theorie der Gleichungen allgemein gebräuchlich geworden sind.

Ist nämlich die Gleichung so geordnet wie in 1, dass also der ganze Ausdruck auf Null reducirt ist, dann nennt man die linke Seite das **Polynom** der Gleichung. Wir werden dieses mit X bezeichnen, also $X = 0$ kurzweg: $X = 0$ schreiben. Je nachdem in X die Unbekannte höchstens in der 1ten, 2ten, 3ten ... Potenz vorkommt, nennt man sowohl X wie die Gleichung: $X = 0$ selbst vom ersten, zweiten, dritten ... Grade, so dass also 1 eine Gleichung n ten Grades ist. Und endlich wird jede Auflösung, d. h. jede Grösse, welche statt x in das Polynom X eingesetzt, letztes zu Null macht, eine Wurzel der Gleichung $X = 0$ genannt; die Lösung einer Gleichung besteht also in der Berechnung ihrer Wurzeln, und die Möglichkeit der Lösung ist bewiesen, wenn die Existenz mindestens einer endlichen Wurzel dargethan werden kann. Dieses soll nun geschehen.

Die allgemeine Form der Zahlen ist die complexe; wir setzen darum: $x = p + qi = r(\cos t + i \sin t)$ und zeigen, dass stets mindestens ein endlicher Werth von p und von q existirt, für welchen X verschwindet. Werden die Coefficienten $a_0, a_1 ... a_n$ in X, um jedem Fall zu begegnen, ebenfalls als complex angenommen und zwar:

$$a_0 = \rho_0 (\cos \theta_0 + i \sin \theta_0), \quad a_1 = \rho_1 (\cos \theta_1 + i \sin \theta_1) \ldots$$
$$a_n = \rho_n (\cos \theta_n + i \sin \theta_n),$$

so wird aus X für $x = p + qi = r(\cos t + i \sin t)$ in Rücksicht auf 16 pag. 172 und pag. 171:

2) $X_{x=p+qi=r(\cos t + i \sin t)}$
$= \rho_0 r^n [\cos(nt + \theta_0) + i \sin(nt + \theta_0)] + \rho_1 r^{n-1}[\cos((n-1)t + \theta_1)$
$\qquad + i \sin((n-1)t + \theta_1)]$
$+ \rho_2 r^{n-2} [\cos((n-2)t + \theta_2) + i \sin((n-2)t + \theta_2)] + \ldots$
$\qquad + \rho_n (\cos \theta_n + i \sin \theta_n)$

und wenn man das Reelle und Imaginäire zusammenzieht:

3) $X_{x=p+qi=r(\cos t + i \sin t)}$
$= \rho_0 r^n \cos(nt + \theta_0) + \rho_1 r^{n-1} \cos((n-1)t + \theta_1) + \ldots + \rho_n \cos \theta_n$
$+ i[\rho_0 r^n \sin(nt + \theta_0) + \rho_1 r^{n-1} \sin((n-1)t + \theta_1) + \ldots + \rho_n \sin \theta_n]$

oder kurzweg:

4) $X = P + Qi$

falls man setzt:

5) $P = \rho_0 r^n \cos(nt + \theta_0) + \rho_1 r^{n-1} \cos[(n-1)t + \theta_1] + \ldots + \rho_n \cos \theta_n$
6) $Q = \rho_0 r^n \sin(nt + \theta_0) + \rho_1 r^{n-1} \sin[(n-1)t + \theta_1] + \ldots + \rho_n \sin \theta_n$

Eine complexe Grösse: $P + Qi$ kann aber nur dann verschwinden, wenn das Reelle und Imaginaire für sich verschwindet, d. i. wenn $P = 0$ und $Qi = 0$, also $Q = 0$ ist, unter welchen Umständen also auch: $S = P^2 + Q^2$ verschwindet. Und umgekehrt kann: $P^2 + Q^2$, die Summe der Quadrate zweier reeller Grössen, nur dann gleich Null sein, wenn: $P^2 = 0$ und $Q^2 = 0$, d. i. wenn $P = 0$ und $Q = 0$ stattfindet, wenn also auch $P + Qi = X = 0$ ist. Hieraus folgt, dass von den beiden Gleichungen:
$$X = P + Qi = 0, \quad S = P^2 + Q^2 = 0,$$
die eine eine unmittelbare Consequenz der anderen ist, dass die eine ohne die andere nicht existiren kann, so dass der Beweis des Satzes: $X = 0$ hat stets mindestens eine endliche Wurzel, geführt ist, wenn sich nachweisen lässt, dass es stets mindestens einen endlichen Werth des p und des q giebt, für welchen S verschwindet.

Aus 5 und 6 folgt nun aber:
$$S = P^2 + Q^2 = r^{2n} p_o^2 + r^{2n-2} p_1^2 + r^{2n-4} p_2^2 + \ldots + p_n^2$$
$$+ 2r^{2n-1} p_o p_1 \cos(t + \theta_o - \theta_1) + 2r^{2n-2} p_o p_2 \cos(2t + \theta_o - \theta_2)$$
$$+ \ldots + 2r^n p_o p_n \cos(nt + \theta_o - \theta_n)$$
$$+ 2r^{2n-3} p_1 p_2 \cos(t + \theta_1 - \theta_2) + 2r^{2n-4} p_1 p_3 \cos(2t + \theta_1 - \theta_3)$$
$$+ \ldots + 2r^{n-1} p_1 p_n \cos[(n-1)t + \theta_1 - \theta_n]$$
$$+ \quad - \quad - \quad - \quad -$$
$$+ 2r \, p_{n-1} p_n \cos(t + \theta_{n-1} - \theta_n)$$

oder wenn der Factor r^{2n} gezogen wird:

7) $S = P^2 + Q^2 = r^{2n} \left[p_o^2 + \dfrac{2 p_o p_1 \cos(t + \theta_o - \theta_1)}{r} + \dfrac{p_1^2 + 2 p_o p_2 \cos(2t + \theta_o - \theta_2)}{r^2} \right.$
$$\left. + \ldots + \dfrac{2 p_{n-1} p_n \cos(t + \theta_{n-1} - \theta_n)}{r^{2n-1}} + \dfrac{p_n^2}{r^{2n}} \right].$$

In diesem Producte rechter Hand muss der erste Factor: r^{2n} mit r wachsen und für ein unendlich grosses r ebenfalls unendlich gross werden; dagegen müssen sämmtliche Bestandtheile des zweiten Factors, mit Ausnahme des ersten: p_o^2, desto kleiner ausfallen, je grösser r wird; man kann demnach sagen, dass sich S mit zunehmendem r immer mehr der Grenze: $r^{2n} . p_o^2$ nähert, also für ein unendlich grosses r ebenfalls unendlich gross wird, dagegen für jedes endliche r einen endlichen Werth hat. Nun ist: $r = \sqrt{p^2 + q^2}$; folglich kann r nur unendlich gross werden, wenn p, oder wenn q, oder wenn p und q es gleichzeitig sind, und muss umgekehrt jedem endlichen Werthe des p und q auch ein endliches r, also auch ein endliches S entsprechen.

Denkt man sich demnach in S statt r und statt t oder statt p und statt q eine Reihe endlicher Werthe eingesetzt:

$$p_1 + q_1 i = r_1 (\cos t_1 + i \sin t_1), \; p_2 + q_2 i = r_2 (\cos t_2 + i \sin t_2) \ldots$$
$$p_m + q_m i = r_m (\cos t_m + i \sin t_m)$$

so kann keins der Substitutions-Resultate, die wir mit:

$$S_1, \; S_2 \ldots S_m$$

bezeichnen wollen, unendlich gross, aber auch wegen: $S = P^2 + Q^2$ keins negativ ausfallen. Von allen diesen, im allgemeinen unter einander ungleichen Werthen: $S_1, S_2 \ldots S_m$ sei S_α der für: $x = p_\alpha + q_\alpha i = r_\alpha (\cos t_\alpha + i \sin t_\alpha)$ resultirt, der kleinste, dann muss, wenn irgend eine von: $p_\beta + q_\beta i$ verschiedene complexe Zahl mit:

8) $p_\beta + q_\beta i = (p_\alpha + h) + i(q_\alpha + k) = p_\alpha + i q_\alpha + l(h_1 + i k_1)^*)$
$= r_\alpha (\cos t_\alpha + i \sin t_\alpha) + l \rho (\cos \theta + i \sin \theta)$

und das entsprechende Substitutions-Resultat mit: $S_\beta = P_\beta^2 + Q_\beta^2$ bezeichnet wird:

9) $[S_\beta - S_\alpha = (P_\beta^2 + Q_\beta^2) - (P_\alpha^2 + Q_\alpha^2)] > 0$

stattfinden, welche endlichen Werthe auch h und k, oder l, h_1 und k_1 repräsentiren mögen.

S_β lässt sich nun aber folgendermassen berechnen:

Aus: $X = a_0 x^n + a_1 x^{n-1} + \ldots + a_{n-2} x^2 + a_{n-1} x + a_n$

erhält man zunächst für $x = p_\beta + q_\beta i = r_\alpha (\cos t_\alpha + i \sin t_\alpha) + l \rho (\cos \theta + i \sin \theta)$:

$X_\beta = \rho_0 (\cos \theta_0 + i \sin \theta_0) [r_\alpha (\cos t_\alpha + i \sin t_\alpha) + l \rho (\cos \theta + i \sin \theta)]^n$
$+ \rho_1 (\cos \theta_1 + i \sin \theta_1) [r_\alpha (\cos t_\alpha + i \sin t_\alpha) + l \rho (\cos \theta + i \sin \theta)]^{n-1}$
$\ldots \ldots \ldots$
$+ \rho_{n-1} (\cos \theta_{n-1} + i \sin \theta_{n-1}) [r_\alpha (\cos t_\alpha + i \sin t_\alpha) + l \rho (\cos \theta + i \sin \theta)]$
$+ \rho_n (\cos \theta_n + i \sin \theta_n)$,

oder wenn die verschiedenen Potenzen von: $p_\beta + q_\beta i$ ausgeführt,

---

*) Es ist: $h = l h_1$, $k = l k_1$, und: $h_1 + i k_1 = \rho (\cos \theta + i \sin \theta)$ gesetzt.

und die complexen Coefficienten der Potenzen von $lp(\cos\theta + i\sin\theta)$ der Kürze halber mit:

$R_0(\cos T_0 + i\sin T_0)$, $R_1(\cos T_1 + i\sin T_1)$,
$R_2(\cos T_2 + i\sin T_2)$ ... $R_n(\cos T_n + i\sin T_n)$

bezeichnet werden:

10) $X_3 = X_{x=r_a(\cos t_a + i\sin t_a) + lp(\cos\theta + i\sin\theta)}$
$= R_0(\cos T_0 + i\sin T_0) + R_1 lp[\cos(T_1 + \theta)$
$+ i\sin(T_1 + \theta)] + R_2 l^2 p^2[\cos(T_2 + 2\theta) + i\sin(T_2 + 2\theta)] + ... + R_{n-1} l^{n-1} p^{n-1}[\cos(T_{n-1} + (n-1)\theta)$
$+ i\sin(T_{n-1} + (n-1)\theta)] + R_n l^n p^n[\cos(T_n + n\theta)$
$+ i\sin(T_n + n\theta)]$

demnach in Rücksicht auf unsere frühere Bezeichnung: $X_{x=p+qi}$
$= P + Qi$:

11) $P_3 = P_{x=p_3 + q_3 i} = P_{x=r_a(\cos t_a + i\sin t_a) + lp(\cos\theta + i\sin\theta)}$
$= R_0 \cos T_0 + R_1 lp\cos(T_1 + \theta) + R_2 l^2 p^2 \cos(T_2 + 2\theta) + ...$
$+ R_{n-1} l^{n-1} p^{n-1}\cos[T_{n-1} + (n-1)\theta] + R_n l^n p^n \cos(T_n + n\theta)$.

12) $Q_3 = Q_{x=p_3 + q_3 i} = Q_{x=r_a(\cos t_a + i\sin t_a) + lp(\cos\theta + i\sin\theta)}$
$= R_0 \sin T_0 + R_1 lp\sin(T_1 + \theta) + R_2 l^2 p^2 \sin(T_2 + 2\theta) + ...$
$+ R_{n-1} l^{n-1} p^{n-1}\sin[T_{n-1} + (n-1)\theta] + R_n l^n p^n \sin(T_n + n\theta)$.

Hieraus folgt für $l = 0$:

$P_{x=r_a(\cos t_a + i\sin t_a)} = P_a = R_0 \cos T_0$

$Q_{x=r_a(\cos t_a + i\sin t_a)} = Q_a = R_0 \sin T_0$

also in Rücksicht auf die allgemeine Relation: $S = P^2 + Q^2$:

13) $S_a = P_a^2 + Q_a^2 = R_0^2$ oder: $R_0 = \sqrt{S_a}$;

und weiter lässt sich jetzt erkennen, dass die Moduli: $R_1, R_2, R_3 \ldots R_n$ nicht gleichzeitig verschwinden können, weil die Annahme: $R_1 = R_2 = \ldots = R_n = 0$ zu: $S_3 = R_0^2 = S_a$ führt, was wegen $S_3 > S_a$ unmöglich ist.

Betrachtet man jetzt: P_3 und Q_3 als zweitheilige Summen, dann ergiebt sich für: $S_3 = P_3^2 + Q_3^2$, wenn gleichzeitig statt: R_0^2 und R_0 bez.: S_a und $\sqrt{S_a}$ gesetzt wird:

$$S_3 = S_a + 2\{S_a\cos T_o[l\rho R_1\cos(T_1+\theta)+l^2\rho^2 R_2\cos(T_2+2\theta)+\ldots$$
$$+ l^n\rho^n R_n(\cos T_n+n\theta)] + [l\rho R_1\cos(T_1+\theta)+l^2\rho^2 R_2\cos(T_2$$
$$+ 2\theta)+\ldots+l^n\rho^n R_n\cos(T_n+n\theta)]^2 + 2\sqrt{S_a}\sin T_o[l\rho R_1\sin(T_1$$
$$+ \theta) + l^2\rho^2 R_2\sin(T_2+2\theta) + \ldots + l^n\rho^n R_n\sin(T_n+n\theta)]$$
$$+ [l\rho R_1\sin(T_1+\theta) + l^2\rho^2 R_2\sin(T_2+2\theta) + \ldots$$
$$+ l^n\rho^n R_n\sin(T_n+n\theta)]^2$$

oder:

14) $S_3 - S_a = 2\sqrt{S_a} l\rho [R_1 \cos(T_1 - T_o + \theta) + l\rho R_2 \cos(T_2$
$- T_o + 2\theta) + \ldots + l^{n-1}\rho^{n-1} R_n \cos(T_n - T_o + n\theta)]$

$$+ l^2\rho^2 \begin{cases} [R_1\cos(T_1+\theta)+l\rho R_2\cos(T_2+2\theta)+\ldots \\ + l^{n-1}\rho^{n-1}R_n\cos(T_n+n\theta)]^2 + [R_1\sin(T_1+\theta) \\ + l\rho R_2\sin(T_2+2\theta)+\ldots+l^{n-1}\rho^{n-1}R_n\sin(T_n \\ + n\theta)]^2. \end{cases}$$

Der zweite Theil dieser Summe, welcher den Werth von $S_3 - S_a$ darstellt, und die daher stets > 0 sein muss, ist, weil in ihm nur Quadrate reeller Grössen enthalten sind, für jedes l, ρ, R, T und θ positiv: der erste Theil dagegen:

$$2\sqrt{S_a} l\rho [R_1 \cos(T_1 - T_o + \theta) + \ldots]$$

kann, weil in ihm der ganz beliebig bestimmbare Winkel θ enthalten ist, ebenso gut positiv wie negativ ausfallen. Es kann demnach $S_3 - S_a$ für jedes beliebige ρ, d. i. für jedes ρ, l und θ nur positiv sein, wenn:

$$2\sqrt{S_a} l\rho [R_1\cos(T_1 - T_o + \theta) + \ldots + l^{n-1}\rho^{n-1} R_n\cos(T_n - T_o + n\theta)] = 0$$

und weil R_1, R_2, ... R_n nicht gleichzeitig verschwinden können, wenn $S_a = 0$ ist; weil also endlich $S_3 - S_a > 0$ stattfinden muss, so folgt mit Nothwendigkeit:

$$S_a = 0.$$

Gegen die Richtigkeit dieses Schlusses lässt sich nur ein Einwand erheben. Wenn nämlich bewiesen werden könnte, dass der erste Summand in 14 stets kleiner als der zweite ausfallen müsste, dann folgte nicht unbedingt aus: $S_3 - S_a > 0 : S_a = 0$. Dieses lässt sich aber nicht nur nicht beweisen, sondern es ist leicht zu zeigen, dass, wenn der erste Summand verschieden von Null ist, derselbe stets grösser als der zweite gemacht werden kann.

Hat man nämlich eine nach ganzen Potenzen von x geordnete Summe:

$$a_1 x + a_2 x^2 + a_3 x^3 + \ldots a_n x^n,$$

so lässt sich stets, was immerhin auch $a_1, a_2 \ldots a_n$ für Werthe haben mögen, ein Werth von x bestimmen, für welchen:

$$a_1 x > a_2 x^2 + a_3 x^3 + \ldots + a_n x^n$$

stattfindet. Angenommen, der grösste der Coefficienten: a_2, $a_3 \ldots a_n$ sei b, dann wird offenbar derjenige Werth von x der letzten Ungleichung erst recht genügen, für welchen:

$$a_1 x > b(x^2 + x^3 + \ldots + x^n)$$

oder:

$$a_1 > bx(1 + x + \ldots + x^{n-2})$$

ist. Nun folgt aber aus:

$$1 + x + \ldots + x^{n-2} = \frac{1 - x^{n-1}}{1 - x} = \frac{1}{1-x} - \frac{x^{n-1}}{1-x} \quad (10, \text{pag}.13),$$

dass für jedes positive x:

$$1 + x + \ldots + x^{n-2} < \frac{1}{1-x}$$

sein muss; giebt es also ein x, für welches:

$$a_1 \gtrless bx \frac{1}{1-x}$$

ist, so muss für dieses umsomehr: $a_1 > bx(1 + x + \ldots + x^{n-2})$ ein. Aus $a_1 \gtrless bx \frac{1}{1-x}$ erhält man aber: $a_1 - a_1 x \gtrless bx$, $a_1 \gtrless x(a_1 + b)$, oder:

$$x < \frac{a_1}{a_1 + b}.$$

So wird also in: $2x + 7x^2 + 3x^3 + 4x^4 + 5x^5$ das erste Glied $2x$ grösser ausfallen, als die Summe aller übrigen Glieder, wenn $x < \left(\frac{2}{2+7} = \frac{2}{9}\right)$ gesetzt wird. — Wir haben allerdings bei unserer Untersuchung sämmtliche Glieder mit Ausnahme des ersten als mit gleichen Vorzeichen behaftet vorausgesetzt; hierdurch wird aber die Allgemeinheit unseres Resultates keineswegs beschränkt. Denn man sieht leicht, dass, wenn $a_1 x > a_2 x^2 \ldots a_n x^n$ für gleichzeitig positive $a_2, a_3 \ldots a_n$ stattfindet, dasselbe erst recht für Coefficienten mit abwechselnden Zeichen gültig sein muss.

Der für $S_3 - S_a$ in 14 erhaltene Werth erscheint nun als eine Summe nach ganzen Potenzen von l geordnet, und zwar enthält das erste Glied: $2\sqrt{S_a}\,l\rho R_1 \cos(T_1 - T_a + \theta)$ die niedrigste Potenz. Wegen $h = lh_1$, $k = lk_1$, wo h und k beliebige endliche Grössen sind, kann l so klein genommen werden, wie man nur will, demnach auch so klein, dass in:

$$S_\beta - S_a - ml + nl^2 + pl^3 + \ldots$$

das erste Glied: ml grösser ausfällt, als die Summe aller übrigen Glieder. Hieraus folgt demnach, dass der vorhin gemachte Einwurf gegen den Schluss: $S_\beta = 0$ aus: $S_\beta - S_a > 0$ unbegründet ist, dass also stets mindestens ein endlicher Werth von $x = p + qi$ existirt, für welchen S verschwindet, dass:

die Gleichung $X = 0$ stets mindestens eine endliche Wurzel haben muss.

Nachdem dieser Fundamental-Satz für die Theorie der Gleichungen bewiesen ist, wenden wir uns zu einer Consequenz desselben in Bezug auf die Anzahl der Wurzeln und zu einigen ihrer allgemeinen Eigenschaften.

Eine Gleichung von der Form:

$$a_0 x^n + a_1 x^{n-1} + a_2 x^{n-2} + \ldots + a_{n-1} x + a_n = 0$$

lässt sich durch Division mit a_0 stets in:

$$x^n + \frac{a_1}{a_0} x^{n-1} + \frac{a_2}{a_0} x^{n-2} + \ldots + \frac{a_{n-1}}{a_0} x + \frac{a_n}{a_0} = 0,$$

und, wenn die bekannten Coefficienten: $\frac{a_1}{a_0}$, $\frac{a_2}{a_0} \ldots \frac{a_n}{a_0}$ kurzweg mit: $A_1, A_2 \ldots A_n$ bezeichnet werden, in:

15) $\quad x^n + A_1 x^{n-1} + A_2 x^{n-2} + \ldots + A_{n-1} x + A_n = 0$

verwandeln. Alsdann nennt man das Polynom der Gleichung oder die Gleichung selbst: gut geordnet. Wir setzen in dem Folgenden stets gut geordnete Polynome voraus und bezeichnen dieselben kurzweg mit $X_n, X_{n-1} \ldots X_3, X_2, X_1$, jenachdem sie vom $n$ten, $(n-1)$ten $\ldots$ 3ten, 2ten, 1sten Grade sind.

$X_n = 0$ (15) hat, wie wir gezeigt, stets mindestens eine endliche Wurzel. Wird diese mit α_1 bezeichnet, dann muss:

16) $\quad \alpha_1^n + A_1 \alpha_1^{n-1} + A_2 \alpha_1^{n-2} + \ldots + A_{n-1} \alpha_1 + A_n = 0$

stattfinden, welche Gleichung, durch Subtraction mit 15 vereinigt, giebt:

17) $\quad (x^n - \alpha_1^n) + A_1(x^{n-1} - \alpha_1^{n-1}) + A_2(x^{n-2} - \alpha_1^{n-2}) + \ldots$
$\quad\quad\quad + A_{n-1}(x - \alpha_1) = 0.$

Da nun: $x^p - a_1^p$ für jedes ganze positive p durch $x - a_1$ ohne Rest theilbar ist, so kann jedes Glied der linken Seite in 17, also auch die ganze Summe durch $(x - a_1)$ ohne Rest getheilt werden, und man erhält, wenn 17 zunächst auf die Form:

$$x^n + A_1 x^{n-1} + A_2 x^{n-2} + \ldots + A_{n-1} x - (a_1^n + A_1 a_1^{n-1} + A_2 a_1^{n-2} + \ldots + A_{n-1} a_1) = 0$$

gebracht und ausserdem wegen 16:

$$-(a_1^n + A_1 a_1^{n-1} + A_2 a_1^{n-2} + \ldots + A_{n-1} a_1) = +A_n$$

berücksichtigt wird:

Ist a_1 eine Wurzel der Gleichung: $X_n = 0$ (15), dann muss X_n durch $x - a_1$ ohne Rest theilbar sein.

Der Quotient, welcher bei dieser Division resultirt, ist offenbar ein gut geordnetes Polynom vom $(n-1)$ten Grade, d. i. ein Ausdruck von der Form:

18) $\quad x^{n-1} + B_1 x^{n-2} + B_2 x^{n-3} + \ldots + B_{n-2} x^1 + B_{n-1} x$
$\qquad + B_{n-1} = X_{n-1}$

in welchem die Coefficienten B_1, B_2 ... B_{n-1} zu denen der ursprünglich gegebenen Gleichung in einer solchen Beziehung stehen, dass, wie man durch Ausführung der Division leicht erkennt:

19) $\begin{cases} A_1 + a_1 = B_1 \\ A_2 + a_1 B_1 = B_2 \\ A_3 + a_1 B_2 = B_3 \\ A_4 + a_1 B_3 = B_4 \\ - - - \\ A_{n-2} + a_1 B_{n-3} = B_{n-2} \\ A_{n-1} + a_1 B_{n-2} = B_{n-1} \\ A_n + a_1 B_{n-1} = B_n = 0 \end{cases}$

stattfinden muss. In Rücksicht hierauf lässt sich der Quotient X_{n-1} in jedem besonderen Falle leicht folgendermassen bilden.

Die Wurzeln der Gleichung: $X_4 = x^4 - 10x^3 + 23x^2 + 34x$ $120 = 0$ sind: $+3$, $+4$, $+5$, -2; es muss demnach X_4 durch: $x-3$, $x-4$, $x-5$ und $x+2$ theilbar sein. Die Quotienten sind in jedem Falle vom 3ten Grade und ihre Coefficienten ergeben sich wie folgt:

$$
\begin{array}{r|cccc}
 & A_1 & A_2 & A_3 & A_4 \\
 & 1 & -10 & +23 & +34 & -120 \\
+3(a_1) & & +3(a_1) & -21(a_1 B_1) & +6(a_1 B_2) & +120(a_1 B_3) \\
\hline
 & 1 & -7 & +2 & +40 & 0
\end{array}
$$

$B_1 = A_1 + a_1,\ B_2 = A_2 + a_1 B_1,\ B_3 = A_3 + a_1 B_2,\ B_4 = A_4 + a_1 B_3.$

$$
\begin{array}{r|cccc}
 & A_1 & A_2 & A_3 & A_4 \\
 & 1 & -10 & +23 & +34 & -120 \\
+4) & & +4(a_1) & -24(a_1 B_1) & -4(a_1 B_2) & +120(a_1 B_3) \\
\hline
 & 1 & -6 & -1 & +30 & 0
\end{array}
$$

$B_1 = A_1 + a_1,\ B_2 = A_2 + a_1 B_1,\ B_3 = A_3 + a_1 B_2,\ B_4 = A_4 + a_1 B_3.$

$$
\begin{array}{r|cccc}
 & 1 & -10 & +23 & +34 & -120 \\
+5) & & +5 & -25 & -10 & +120 \\
\hline
 & 1 & -5 & -2 & +24 & 0
\end{array}
$$

$$
\begin{array}{r|cccc}
 & 1 & -10 & +23 & +34 & -120 \\
-2) & & -2 & +24 & -94 & +120 \\
\hline
 & 1 & -12 & +47 & -60 & 0
\end{array}
$$

Es ist also:

$$\frac{X_4}{x-3} = x^3 - 7x^2 + 2x + 40,$$

$$\frac{X_4}{x-4} = x^3 - 6x^2 - x + 30,$$

$$\frac{X_4}{x-5} = x^3 - 5x^2 - 2x + 24,$$

$$\frac{X_4}{x+2} = x^3 - 12x^2 + 47x - 60.$$

Aus: $\frac{X_n}{x-a_1} = X_{n-1}$ erhält man durch Multiplication mit $x - a_1$:

20) $X_n = (x - a_1) X_{n-1}$;

weil nun alle die Werthe von x Wurzeln der Gleichung $X_n = 0$ sind, für welche $X_n = (x - a_1) X_{n-1}$ verschwindet, ein Product aber nur dann verschwinden kann und muss, wenn einer der Factoren gleich Null ist, so folgt, dass einerseits nur und andererseits alle die Werthe von x Wurzeln der Gleichung $X_n = 0$ sein müssen, für welche:

entweder: $x - a_1 = 0$, oder: $X_{n-1} = 0$
stattfindet. Aus $x - a_1 = 0$ ergiebt sich die schon bekannte
Lösung: $x = a_1$; und aus $X_{n-1} = 0$ unter allen Umständen
irgend eine zweite endliche Wurzel, weil jede Gleichung, also
auch $X_{n-1} = 0$ mindestens eine Wurzel hat. Wird dieselbe mit
a_2 bezeichnet, dann muss nach Obigem X_{n-1} durch: $(x - a_2)$
ohne Rest theilbar sein, sich also durch Ausführung der Division
ein gut geordnetes Polynom $(n-2)$ten Grades ergeben, etwa:
$x^{n-2} + C_1 x^{n-3} + C_2 x^{n-4} + \ldots + C_{n-3}x + C_{n-2}$, für dessen
Coefficienten stattfindet:

$$21) \begin{cases} B_1 + a_2 = C_1 \\ B_2 + a_2 C_1 = C_2 \\ B_3 + a_2 C_2 = C_3 \\ \overline{} \\ B_{n-4} + a_2 C_{n-5} = C_{n-4} \\ B_{n-3} + a_2 C_{n-4} = C_{n-3} \\ B_{n-2} + a_2 C_{n-3} = C_{n-2} \\ B_{n-1} + a_2 C_{n-2} = C_{n-1} = 0. \end{cases}$$

So wird also für obiges Beispiel jede Wurzel der Gleichung.
$x^3 - 7x^2 + 2x + 40 = 0$ gleichzeitig eine Wurzel der gegebenen Gleichung: $x^4 - 10x^3 + 23x^2 + 34x - 120 = 0$ sein.
Eine solche ist, wie aus der vorigen Rechnung bereits hervorgeht: $+4$; es muss also: $x^3 - 7x^2 + 2x + 40$ durch $x - 4$
dividirt einen Rest gleich Null und als Quotienten ein gut geordnetes Polynom 2ten Grades geben, für dessen Coefficienten
man findet:

	B_1	B_2	B_3
1	-7	$+2$	$+40$
	$+4$	-12	-40
4)			
1	-3	-10	0
	C_1	C_2	C_3

d. i.: $\dfrac{x^3 - 7x^2 + 2x + 40}{x - 4} = x^2 - 3x - 10$.

Aus: $\dfrac{X_{n-1}}{x - a_2} = X_{n-2}$ erhält man nun weiter:

$$X_{n-1} = (x - a_2) X_{n-2},$$

und in Rücksicht auf 20:

$$X_n = (x - a_1)(x - a_2) X_{n-2},$$

woraus wie oben zu schliessen ist, dass: a_1, a_2 und alle Wurzeln
der Gleichung: $X_{n-2} = 0$ die Wurzeln der Gleichung: $X_n = 0$ sind.

191.

In dieser Weise fortgefahren, muss sich offenbar der Reihe nach ergeben:

$$X_n = (x - a_1)(x - a_2)(x - a_3) X_{n-3}$$

$$X_n = (x - a_1)(x - a_2)(x - a_3) \ldots (x - a_{n-1}) X_1$$

$$X_n = (x - a_1)(x - a_2)(x - a_3) \ldots (x - a_{n-1})(x - a_n) X_0$$

und weil X_0 ein gut geordnetes Polynom 0ten Grades, also $= 1$ ist:

22) $X_n = (x - a_1)(x - a_2)(x - a_3) \ldots (x - a_{n-1})(x - a_n)$.

Hieraus folgt, dass der Gleichung $X_n = 0$ stets n Wurzeln zukommen, d. i. dass die Anzahl der Wurzeln gleich dem Grade des Polynoms sein muss; und folgt weiter, wenn man die Grössen: $x - a_1, x - a_2, \ldots$ kurzweg Wurzelfactoren nennt, dass das Polynom einer Gleichung stets durch das Product ihrer Wurzelfactoren ersetzbar ist.

Welche Bedeutung die Wurzeln der Gleichung: $X_n = 0$ den Gleichungen: $X_{n-1} = 0$, $X_{n-2} = 0 \ldots X_2 = 0$, $X_1 = 0$ gegenüber haben, ist bereits vorhin gezeigt; ebenso wie aus den Coefficienten von X_n, die von X_{n-1} u. s. w. abzuleiten sind. Dieser Zusammenhang zwischen den Coefficienten ist nämlich durch die Gleichungen 19 und 21 und wenn man die Coefficienten in X_{n-2} mit $D_1, D_2 \ldots$, in X_{n-3} mit $E_1, E_2 \ldots$, in X_3 mit P_1, P_2, P_3, in X_2 mit Q_1, Q_2 und in X_1 mit S_1 bezeichnet, durch die Gleichungen:

23) $\begin{cases} C_1 + a_2 = D_1 & D_1 + a_3 = E_1 \ldots \\ C_2 + a_2 D_1 = D_2 & D_2 + a_3 E_1 = E_2 \ldots \\ C_3 + a_2 D_2 = D_3 & D_3 + a_3 E_2 = E_3 \ldots \\ C_4 + a_2 D_3 = D_4 & D_4 + a_3 E_3 = E_4 \ldots \\ C_{n-2} + a_2 D_{n-3} = D_{n-2} & D_{n-3} + a_3 E_{n-4} = E_{n-3} \ldots \\ C_{n-2} + a_2 D_{n-3} = D_{n-2} & D_{n-3} + a_3 E_{n-4} = E_{n-3} = 0 \ldots \\ C_{n-1} + a_2 D_{n-2} = D_{n-1} = 0 \\ P_1 + a_{n-1} = Q_1 & Q_1 + a_n = S_1 = 0. \\ P_2 + a_{n-1} Q_1 = Q_2 = 0. \end{cases}$

dargestellt. Aus denselben lässt sich endlich noch die folgende Beziehung zwischen den Coefficienten und Wurzeln einer Gleichung ableiten.

Die obersten Gleichungen in 19, 21 und 23 geben nämlich zunächst der Reihe nach:

$$Q_1 = -a_1; \ P_1 = -a_{n-1} + Q_1 = -(a_{n-1} + a_n); \ldots$$
$$D_1 = -a_1 + E_1 = -(a_1 + a_2 + \ldots + a_n);$$
$$C_1 = -a_1 + D_1 = -(a_2 + a_3 + \ldots + a_n); \ B_1 = -a_2 + C_1$$
$$= -(a_2 + a_3 + a_4 + \ldots + a_n);$$
$$24) \ A_1 = -(a_1 + a_2 + a_3 + \ldots + a_n).$$

Vereinigt man darauf alle zweiten Gleichungen durch Addition, so folgt:

$$A_2 = -a_1 B_1 - a_2 C_1 - a_3 D_1 - a_4 E_1 - \ldots - a_{n-1} Q_1$$

demnach mit Rücksicht auf die bereits für $B_1, C_1 \ldots Q_1$ erhaltenen Werthe:

$$25) \ A_2 = +a_1 a_2 + a_1 a_3 + \ldots + a_1 a_n + a_2 a_3 + \ldots + a_2 a_n + \ldots + a_{n-1} a_n.$$

In ähnlicher Weise findet man weiter:

$$26) \ A_3 = -(a_1 a_2 a_3 + a_1 a_2 a_4 + \ldots + a_{n-2} a_{n-1} a_n)$$

$$27) \ A_n = \pm a_1 a_2 a_3 \ldots a_n,$$

wo das obere Zeichen für ein gerades, das untere für ein ungerades n gilt.

Es ist also, abgesehen vom Vorzeichen, der erste, zweite, ... $p$te Coefficient des gut geordneten Polynoms einer Gleichung gleich der Summe aller Combinationen ohne Wiederholung der Wurzeln bez. zur ersten, zweiten, ... $p$ten Classe, wenn die zu einer Complexion vereinigten Elemente als Factoren angesehen werden.

Eine unmittelbare Consequenz aus 25 ist der Satz, dass für Gleichungen, in deren gut geordneten Polynomen das von der Unbekannten freie Glied reell ist, imaginäire Wurzeln stets paarweise vorkommen müssen. Denn befindet sich unter den Wurzeln: $z_1, z_2, \ldots z_n$ eine imaginäire Grösse, dann muss unter ihnen, damit das ganze Product: $z_1 z_2 \ldots z_n = A_n$ reell ausfällt, eine zweite imaginaire Grösse enthalten sein, welche zu der ersten conjugirt ist *).

Dieser Satz lässt sich auch in Rücksicht auf die schon pag. 173 bewiesene Wahrheit, dass gleiche Potenzen conjugirter Zahlen wieder conjugirt sind, folgendermaassen beweisen.

Setzt man nämlich in:

$$X = x^n + \rho_1(\cos\theta_1 + i\sin\theta_1)x^{n-1} + \rho_2(\cos\theta_2 + i\sin\theta_2)x^{n-2}$$
$$+ \ldots + \rho_{n-1}(\cos\theta_{n-1} + i\sin\theta_{n-1})x + A_n$$

wo A_n eine reelle Grösse bedeutet, statt x die conjugirten Zahlen: $p \pm qi = r(\cos t + i\sin t)$ ein, so ergiebt sich:

$$X_{x=p\pm qi} = r^n(\cos nt + i\sin nt) + \rho_1 r^{n-1}[\cos((n-1)t+\theta_1) + i\sin((n-1)t+\theta_1)]$$
$$+ \rho_2 r^{n-2}[\cos((n-2)t+\theta_2) + i\sin((n-2)t+\theta_2)]$$
$$+ \ldots + \rho_{n-1} r[\cos(t+\theta_{n-1}) \pm i\sin(t+\theta_{n-1})] + A_n,$$

und wenn man das Reelle und Imaginaire zusammenfasst:

$$X_{x=p+qi} = r^n \cos nt + \rho_1 r^{n-1}\cos((n-1)t+\theta_1) + \rho_2 r^{n-2}\cos((n-2)t+\theta_2) + \ldots + \rho_{n-1} r\cos(t+\theta_{n-1}) + A_n$$
$$\pm i[r^n\sin nt + \rho_1 r^{n-1}\sin((n-1)t+\theta_1) + \rho_2 r^{n-2}\sin((n-2)t+\theta_2) + \ldots + \rho_{n-1} r\sin(t+\theta_{n-1})]$$

oder das Reelle kurzweg mit P, das Imaginaire mit Qi bezeichnet:

$$X_{x=p+qi} = P + Qi$$
$$X_{x=p-qi} = P - Qi.$$

Ist nun $p+qi$ eine Wurzel der Gleichung $X=0$, dann muss: $P+Qi=0$, also: $P=0$, $Q=0$ sein; folglich ist auch: $P-Qi=0$, d. h. $p-qi$ eine Wurzel der Gleichung: $X=0$. In Gleichungen letzter Art kommen also imaginaire Wurzeln stets paarweise vor und zwar unter der Form conjugirter Zahlen; hat sich also z. B. $a+\beta i$ als Wurzel einer Gleichung herausgestellt, so folgt unmittelbar, dass auch $a-\beta i$ ihr Polynom zu Null macht.

---

*) Das Product: $(ax - by) + i(bx + ay)$ der beiden complexen Zahlen: $a+bi$ und $x+yi$ kann nur reell sein, wenn: $bx+ay=0$, d. i. wenn: $y = -\frac{bx}{a}$ ist. Dann aber wird: $x+yi = x - i\frac{bx}{a} = \frac{x}{a}(a-bi)$; es muss also der complexe Bestandtheil einer Grösse, die mit $a+bi$ multiplicirt ein reelles Product geben soll, zu $a+bi$ conjugirt sein.

13

Nach diesen allgemeinen Untersuchungen wenden wir uns jetzt zur Lösung der Gleichungen vom zweiten, dritten und vierten Grade.

Die Gleichungen vom zweiten Grade oder die quadratischen Gleichungen.

Die allgemeine Form dieser Gleichungen ist offenbar:
$$Ax^2 + Bx + C = 0$$
oder wenn: $\frac{B}{A} = p$, $\frac{C}{A} = q$ gesetzt wird, in gut geordneter Form:
$$x^2 + px + q = 0.$$
Die beiden Wurzeln derselben lassen sich auf verschiedenen Wegen bestimmen.

I. Werden dieselben mit α und β bezeichnet, so dass nach: 24 und 25:
$$p = -(\alpha + \beta), \quad q = \alpha\beta$$
sein muss, dann folgt aus:
$$p^2 = \alpha^2 + 2\alpha\beta + \beta^2, \quad 4q = 4\alpha\beta$$
durch Subtraction:
$$p^2 - 4q = (\alpha - \beta)^2, \text{ also: } \alpha - \beta = +\sqrt{p^2 - 4q},$$
welches in Verbindung mit: $-p = \alpha + \beta$ giebt:
$$\alpha = \frac{-p + \sqrt{p^2 - 4q}}{2}, \quad \beta = \frac{-p + \sqrt{p^2 - 4q}}{2}.$$

Von diesen vier Wurzeln fallen, wie das in der Natur der Sache liegt, je zwei zusammen; die Lösungen der Gleichung: $x^2 + px + q = 0$ sind demnach:
$$x = -\frac{p}{2} + \sqrt{\frac{p^2}{4} - q}.$$

II. Ein anderes Verfahren besteht darin, dass aus: $x^2 + px + q = 0$ zunächst das Glied mit x^1 entfernt wird, man sagt, dass die gemischt quadratische Gleichung: $x^2 + px + q = 0$ zunächst in die rein quadratische Gleichung: $x^2 + m = 0$ verwandelt wird. Zu diesem Zwecke setzt man in die gegebene Gleichung: $x^2 + px + q = 0$ statt $x: z + k$ ein, um zu erhalten:
$$z^2 + 2zk + k^2 + pz + pk + q = z^2 + z(2k+p) + k^2 + pk + q = 0.$$

Wird jetzt k so bestimmt, dass der Factor von z^1 verschwindet, also $2k + p = 0$, d. i. $k = -\frac{p}{2}$ gesetzt, so geht letzte Gleichung in:
$$z^2 - \frac{p^2}{4} + q = 0$$
über, woraus: $z = \pm \sqrt{\frac{p^2}{4} - q}$, also für die gegebene Gleichung:
$$x = z + k = -\frac{p}{2} \pm \sqrt{\frac{p^2}{4} - q} \text{ folgt.}$$

III. Die wegen ihrer Einfachheit gebräuchlichste Methode ist die folgende. Nachdem: $x^2 + px + q = 0$ auf die Form: $x^2 + px = -q$ gebracht worden, ergänze man die linke Seite durch additive Hinzufügung von $\frac{p^2}{4}$ zu einem vollen Quadrate; dieses giebt:

$$x^2 + px + \frac{p^2}{4} = \frac{p^2}{4} - q \text{ oder: } \left(x + \frac{p}{2}\right)^2 = \frac{p^2}{4} - q,$$

woraus ohne weiteres:

$$x + \frac{p}{2} = \pm \sqrt{\frac{p^2}{4} - q}, \text{ also: } x = -\frac{p}{2} \pm \sqrt{\frac{p^2}{4} - q}$$

folgt.

Nach diesen Principien lassen sich natürlich auch alle Gleichungen höherer Grade lösen, falls solche durch geeignete Substitutionen in quadratische verwandelt werden können. So findet man z. B. für die Gleichung:
$$x^{2n} + ax^n + b = 0,$$
wenn: $x^n = y$ gesetzt wird, aus: $y^2 + ay + b = 0$:
$$y = -\frac{a}{2} \pm \sqrt{\frac{a^2}{4} - b},$$
also wegen: $x = \sqrt[n]{y}$
$$x = \sqrt[n]{-\frac{a}{2} \pm \sqrt{\frac{a^2}{4} - b}},$$
woraus die $2n$ Wurzeln der gegebenen Gleichung dadurch folgen, dass man sämmtliche n Werthe, welche nach pag. 177 und 178 der $\sqrt[n]{+p}$ zukommen, in Rechnung bringt.

13*

Die Gleichungen vom dritten Grade oder die cubischen Gleichungen.

Nachdem die Gleichung: $Ax^3 + Bx^2 + Cx + D = 0$ durch Division mit A in eine gut geordnete: $x^3 + \frac{B}{A}x^2 + \frac{C}{A}x + \frac{D}{A} = 0$, oder: $\frac{B}{A} = p$, $\frac{C}{A} = q$, $\frac{D}{A} = r$ gesetzt, in:

28) $x^3 + px^2 + qx + r = 0$

verwandelt worden, ist es zunächst für die Bestimmung ihrer Wurzeln am zweckmässigsten, dieselbe auf die Form einer sog. reducirten cubischen Gleichung, d. i. einer solchen, in der der Coefficient des Quadrates der Unbekannten gleich Null ist, zu bringen. Zu diesem Zwecke setzt man in 28 statt x: $y + k$ ein, wo y eine neue Unbekannte, und k eine vorläufig willkürliche Grösse bedeutet, die im Laufe der Rechnung so bestimmt wird, dass in der resultirenden Gleichung der Factor von y^2 verschwindet. Diesen Gedanken ausgeführt, erhält man aus: $x^3 + px^2 + qx + r = 0$ für: $x = y + k$:

$$(y+k)^3 + p(y+k)^2 + q(y+k) + r = 0$$

oder nach Potenzen von y geordnet:

$$y^3 + y^2(3k+p) + y(3k^2 + 2pk + q) + k^3 + pk^2 + qk + r = 0;$$

und wenn man jetzt: $3k + p = 0$, d. i. $k = -\frac{p}{3}$ setzt:

$$y^3 + y\frac{3q - p^2}{3} + \frac{2p^3 - 9pq + 27r}{27} = 0$$

und wenn endlich, der Einfachheit halber, die Coefficienten von y^1 und y^0: $\frac{3q-p^2}{3}$ und $\frac{2p^3 - 9pq + 27r}{27}$ bez. mit a und b bezeichnet werden:

29) $y^3 + ay + b = 0$.

Die Wurzeln letzter reducirter Gleichung 29 stehen zu denen der gegebenen Gleichung in der bekannten Beziehung: $x = y + k = y - \frac{p}{3}$; sind demnach die ersten gefunden, so folgen aus ihnen die letzten ohne alle Schwierigkeit. Die ersten ergeben sich aber durch Lösung einer quadratischen Gleichung, zu der man gelangt, wenn in 29 eine neue Unbekannte z so eingeführt wird, dass:

30) $y = z - \dfrac{a}{3z}$

stattfindet. Hierdurch wird nämlich aus 29:

$$\left(z - \dfrac{a}{3z}\right)^3 + a\left(z - \dfrac{a}{3z}\right) + b = 0,$$

oder nach einigen einfachen Reductionen:

$$z^6 + bz^3 - \dfrac{a^3}{27} = 0,$$

woraus nach der vorhin mitgetheilten Lösung quadratischer Gleichungen:

$$z^3 = -\dfrac{b}{2} \pm \sqrt{\dfrac{b^2}{4} + \dfrac{a^3}{27}},$$

also: $z = \sqrt[3]{-\dfrac{b}{2} \pm \sqrt{\dfrac{b^2}{4} + \dfrac{a^3}{27}}}$

und endlich wegen 30:

31) $y = \sqrt[3]{-\dfrac{b}{2} \pm \sqrt{\dfrac{b^2}{4} + \dfrac{a^3}{27}}} - \dfrac{a}{3\sqrt[3]{-\dfrac{b}{2} \pm \sqrt{\dfrac{b^2}{4} + \dfrac{a^3}{27}}}}$

folgt. Die dritte Wurzel aus relativen Zahlen — mögen sie im übrigen reell oder imaginair sein — hat aber, wie wir pag. 176 gezeigt haben, drei verschiedene Werthe, und zwar ist:

$$\sqrt[3]{+a^3} = \sqrt[3]{a^3}\sqrt[3]{+1} = a\left(\cos\dfrac{2k\pi}{3} + i\sin\dfrac{2k\pi}{3}\right)_{k=0,1,2} \text{ und}$$

$$\sqrt[3]{-a^3} = \sqrt[3]{a^3}\sqrt[3]{-1} = a\left(\cos\dfrac{(2k+1)\pi}{3} + i\sin\dfrac{(2k+1)\pi}{3}\right)_{k=0,1,2};$$

demnach hätte man in 31 statt $\sqrt[3]{-\dfrac{b}{2} \pm \sqrt{\dfrac{b^2}{4} + \dfrac{a^3}{27}}}$ die dritte Wurzel aus dem absoluten Werth des Ausdruckes: $-\dfrac{b}{2} \pm \sqrt{\dfrac{b^2}{4} + \dfrac{a^3}{27}}$ multiplicirt mit den drei Werthen, die entweder aus: $\cos\dfrac{2k\pi}{3} + i\sin\dfrac{2k\pi}{3}$ oder aus: $\cos\dfrac{(2k+1)\pi}{3} + i\sin\dfrac{(2k+1)\pi}{3}$ für $k = 0, 1, 2$ folgen, je nachdem: $-\dfrac{b}{2} \pm \sqrt{\dfrac{b^2}{4} + \dfrac{a^3}{27}}$ positiv oder negativ ist, einzusetzen, um sämmtliche Werthe, die dem y in 31 zukommen, d. i. um sämmtliche Wurzeln der Gleichung 29 zu erhalten. Dieses

Entweder - Oder bei der Bestimmung der drei Factoren von
$\sqrt[3]{-\frac{b}{2} \pm \sqrt{\frac{b^2}{4} + \frac{a^3}{27}}}$ ist aber für die allgemeine Abhandlung,
in der weder ein bestimmtes Grössen-Verhältniss zwischen a und b,
noch irgend etwas über die Vorzeichen der beiden Coefficienten
a und b vorausgesetzt werden darf, will man nicht die Allgemeinheit der Resultate beschränken, einigermaassen unbequem.
Wir überlegen darum, ob sich nicht beide Fälle irgendwie
zusammenziehen lassen.

Vergleicht man zu diesem Zwecke die drei Werthe von
$\sqrt[3]{+1}$ mit denen von $\sqrt[3]{-1}$:

$$\sqrt[3]{+1} = \left(\cos\frac{2k\pi}{3} + i\sin\frac{2k\pi}{3}\right)_{k=0,1,2} = \begin{cases} +1 \\ -\frac{1}{2}+i\frac{1}{2}\sqrt{3} \\ -\frac{1}{2}-i\frac{1}{2}\sqrt{3} \end{cases}$$

$$\sqrt[3]{-1} = \left(\cos\frac{(2k+1)\pi}{3} + i\sin\frac{(2k+1)\pi}{3}\right)_{k=0,1,2} = \begin{cases} \frac{1}{2}+i\frac{1}{2}\sqrt{3} \\ -1 \\ \frac{1}{2}-i\frac{1}{2}\sqrt{3} \end{cases}$$

so erkennt man sofort die Richtigkeit der Gleichung:

$$\sqrt[3]{+1} = -\sqrt[3]{-1} \quad \text{oder:} \quad \sqrt[3]{-1} = -\sqrt[3]{+1},$$

aus welcher folgt, dass, welches Vorzeichen auch x^3 haben möge,
stets: $\sqrt[3]{x^3} = x\left(\cos\frac{2k\pi}{3} + i\sin\frac{2k\pi}{3}\right)_{k=0,1,2}$ sein muss, wenn
x mit dem Zeichen $+$ oder mit dem Zeichen $-$ in Anrechnung
gebracht wird, je nachdem x^3 positiv oder negativ ist.

In Rücksicht auf diese Bemerkung erhält man nun als die
Wurzeln der Gleichung 29:

$$y = \sqrt[3]{-\frac{b}{2} \pm \sqrt{\frac{b^2}{4} + \frac{a^3}{27}}}\left(\cos\frac{2k\pi}{3} + i\sin\frac{2k\pi}{3}\right)_{k=0,1,2}$$

$$- \frac{a}{3\sqrt[3]{-\frac{b}{2} \pm \sqrt{\frac{b^2}{4} + \frac{a^3}{27}}}}\left(\cos\frac{2k\pi}{3} + i\sin\frac{2k\pi}{3}\right)_{k=0,1,2}$$

oder wenn im zweiten Theil rechter Hand Zähler und Nenner mit

$\sqrt[3]{-\frac{b}{2} + \sqrt{\frac{b^2}{4} + \frac{a^3}{27}}}$ multiplicirt werden:

$$y = \sqrt[3]{-\frac{b}{2} + \sqrt{\frac{b^2}{4} + \frac{a^3}{27}}} \left(\cos\frac{2k\pi}{3} + i\sin\frac{2k\pi}{3}\right)_{0,1,2}$$

$$+ \frac{\sqrt[3]{-\frac{b}{2} + \sqrt{\frac{b^2}{4} + \frac{a^3}{27}}}}{\left(\cos\frac{2k\pi}{3} + i\sin\frac{2k\pi}{3}\right)_{0,1,2}}.$$

Setzt man jetzt der Einfachheit halber:

32) $\quad \sqrt[3]{-\frac{b}{2} + \sqrt{\frac{b^2}{4} + \frac{a^3}{27}}} = w_1,$

$\quad \sqrt[3]{-\frac{b}{2} - \sqrt{\frac{b^2}{4} + \frac{a^3}{27}}} = w_2,$

führt statt k der Reihe nach 0, 1, 2 ein und schafft das Imaginaire im Nenner des zweiten Theiles durch die bekannte Multiplication des Zählers und Nenners mit dem Conjugirten des Nenners weg, so ergeben sich zunächst die folgenden 6 Werthe:

$$\begin{cases} y_1 = w_1(+1) + w_2(+1), \\ y_1' = w_2(+1) + w_1(+1), \end{cases}$$

$$\begin{cases} y_2 = w_1\left(-\frac{1}{2} + \frac{i}{2}\sqrt{3}\right) + w_2\left(-\frac{1}{2} - \frac{i}{2}\sqrt{3}\right), \\ y_2' = w_2\left(-\frac{1}{2} + \frac{i}{2}\sqrt{3}\right) + w_1\left(-\frac{1}{2} - \frac{i}{2}\sqrt{3}\right), \end{cases}$$

$$\begin{cases} y_3 = w_1\left(-\frac{1}{2} - \frac{i}{2}\sqrt{3}\right) + w_2\left(-\frac{1}{2} + \frac{i}{2}\sqrt{3}\right), \\ y_3' = w_2\left(-\frac{1}{2} - \frac{i}{2}\sqrt{3}\right) + w_1\left(-\frac{1}{2} + \frac{i}{2}\sqrt{3}\right), \end{cases}$$

von denen, wie das in der Natur der Sache liegt, je zwei und zwei, nämlich: y_1 und y_1', y_2 und y_2', y_3 und y_3' zusammenfallen, so dass die drei Wurzeln der Gleichung:

$$y^3 + ay + b = 0$$

sein müssen:

$$33)\begin{cases} y_1 = w_1 + w_2 \\ y_2 = w_1\left(-\frac{1}{2} + \frac{i}{2}\sqrt{3}\right) + w_2\left(-\frac{1}{2} - \frac{i}{2}\sqrt{3}\right) \\ = -\frac{w_1+w_2}{2} + i\sqrt{3}\,\frac{w_1-w_2}{2} \\ y_3 = w_1\left(-\frac{1}{2} - \frac{i}{2}\sqrt{3}\right) + w_2\left(-\frac{1}{2} + \frac{i}{2}\sqrt{3}\right) \\ = -\frac{w_1+w_2}{2} - i\sqrt{3}\,\frac{w_1-w_2}{2}. \end{cases}$$

Z. B. $x^3 - 9x^2 + 33x - 65 = 0$ verwandelt sich zunächst, wenn man $x = z + 3$ setzt, in die reducirte Gleichung:

$$z^3 + 6z - 20 = 0.$$

Demnach ist:

$$w_1 = \sqrt[3]{10 + \sqrt{108}} = \sqrt[3]{(1+\sqrt{3})^3} = 1 + \sqrt{3},$$

$$w_2 = \sqrt[3]{10 - \sqrt{108}} = \sqrt[3]{(1-\sqrt{3})^3} = 1 - \sqrt{3},$$

folglich:

$z_1 = w_1 + w_2 = 2$

$z_2 = -\frac{w_1+w_2}{2} + i\sqrt{3}\,\frac{w_1-w_2}{2} = -1 + i\sqrt{3}\cdot\sqrt{3} = -1 + 3i$

$z_3 = -\frac{w_1+w_2}{2} - i\sqrt{3}\,\frac{w_1-w_2}{2} = -1 - i\sqrt{3}\cdot\sqrt{3} = -1 - 3i$

und für die gegebene Gleichung:

$$x_1 = 5$$
$$x_2 = 2 + 3i$$
$$x_3 = 2 - 3i.$$

Die Form, worin wir die Wurzeln der reducirten Gleichung dritten Grades herstellten, lässt offenbar für den praktischen Gebrauch manches zu wünschen übrig, weil die Berechnung des Werthes von: $\sqrt[3]{-\frac{b}{2} \pm \sqrt{\frac{b^2}{4} + \frac{a^3}{27}}}$, mag der zweite Theil: $\sqrt{\frac{b^2}{4} + \frac{a^3}{27}}$ reell oder imaginair ausfallen, wenn auch nicht schwierig, doch im allgemeinen sehr umständlich ist *). Wir überlegen darum, ob sich die für y_1, y_2 und y_3 erhaltenen Werthe (33) nicht noch auf eine andere Form bringen lassen.

---

*) In besonderen Fällen kann man allerdings ohne Benutzung der obigen Formeln durch einen Versuch die Wurzeln ermitteln. Weil nämlich in gut geordneten Gleichungen, deren von x freies Glied reell ist, imaginäre Wurzeln stets paarweise vorkommen, so hat jede cubische Gleichung dieser Art stets mindestens eine reelle Wurzel; und weil ferner das Product aller Wurzeln gleich dem von x freien Gliede sein muss, so ist immer die Möglichkeit vorhanden, dass irgend einer der rationalen Factoren desselben das Polynom der Gleichung zu Null macht. In Rücksicht auf diese Bemerkungen stellt man dann wohl folgendermaassen einen Versuch an. Für obiges Beispiel: $x^3 + 6x - 20 = 0$ sind die Divisoren von 20: 1, 2, 4 ...; von diesen macht 2 die Summe $x^3 + 6x - 20$ zu Null. Dividirt man nun mit $x - 2$ in $x^3 + 6x - 20$: $\frac{x^3 + 6x - 20}{x - 2} = x^2 + 2x + 10$, so sind also: 2 und die Wurzeln der Gleichung: $x^2 + 2x + 10 = 0$: $x = -1 \pm \sqrt{-9} = -1 \pm 3i$ die Lösungen der gegebenen Gleichung. Oder zweitens für: $x^3 - 4x^2 - 3x + 12 = 0$ sind die Divisoren von 12: 1, 2, 3, 4 ... Durch Versuch findet man 4 als erste Wurzel, und weil weiter: $\frac{x^3 - 4x^2 - 3x + 12}{x - 4} = x^2 - 3$ ist, $\pm \sqrt{3}$ als die beiden andern.

Führt ein Probiren dieser Art nicht zum gewünschten Resultate, so kann man auch in der folgenden Weise einen Versuch anstellen, ob sich $\sqrt[3]{A} + \sqrt[3]{B}$ nicht auf die Form $m + \sqrt{n}$ bringen lässt. Setzt man nämlich: $\sqrt[3]{A} + \sqrt[3]{B} = (x + \sqrt{y})\sqrt[3]{a}$, so muss: $A + \sqrt{B} = (x^3 + 3x^2\sqrt{y} + 3xy + y\sqrt{y})a$, also:

1) $A = (x^3 + 3xy)a$, $\sqrt{B} = (3x^2 + y)\sqrt{y}a$

sein. Hieraus folgt:

2) $A^2 = (x^6 + 6x^4y + 9x^2y^2)a^2$
3) $B = (9x^4y + 6x^2y^2 + y^3)a^2$

und durch Subtraction:

$A^2 - B = (x^6 - 3x^4y + 3x^2y^2 - y^3)a^2 = (x^2 - y)^3 a^2$

oder:

4) $x^2 - y = \sqrt[3]{\frac{A^2 - B}{a^2}} = \sqrt[3]{(A^2 - B)\frac{1}{a^2}} \cdot$.

Bestimmt man nun a in der Weise, dass $(A^2 - B)a$ die dritte Potenz einer rationalen Zahl m wird, — was stets möglich ist — dann wird aus 4:

5) $x^2 - y = \frac{m}{a}$ oder: $y = x^2 - \frac{m}{a}$,

Hierbei wird es nothwendig sein, auf die etwaigen Vorzeichen der Coefficienten besonders Rücksicht zu nehmen, so dass sich sämmtliche reducirte cubische Gleichungen in solche von der Form: $x^3 + ax + b = 0$ und in solche von der Form: $x^3 - ax + b = 0$ eintheilen.

A. $x^3 + ax + b = 0$.

Es haben jetzt w_1 und w_2 die stets reellen Werthe:

34) $w_1 = \sqrt[3]{\mp \frac{b}{2} + \sqrt{\frac{b^2}{4} + \frac{a^3}{27}}}$,

$w_2 = \sqrt[3]{\mp \frac{b}{2} - \sqrt{\frac{b^2}{4} + \frac{a^3}{27}}}$,

folglich aus 1.

$A = \left[\left(x^3 + 3x x^2 - \frac{m}{2}\right)\right]2 = 4x^3 2 - 3 x m$ oder: $x^3 - \frac{3m}{4 \cdot 2} x - \frac{A}{4 \cdot 2} = 0$.

Hat jetzt diese Gleichung eine rationale Wurzel, die durch Probiren gefunden werden kann, dann haben x und y rationale Werthe, und es kann auf diesem Wege $\sqrt[3]{A + \sqrt{B}}$ auf die Form $(x + \sqrt{y}) \sqrt[3]{x}$ gebracht werden. Z. B. für $\sqrt[3]{5 + \sqrt{27}}$ ist: $A^2 - B = 25 - 27 = -2$, demnach für $a = 4$:

$y = \frac{\sqrt[3]{-2 \cdot 4}}{4} = \frac{-2}{4} = -\frac{1}{2} = \frac{m}{2}$ und die zu betrachtende Gleichung ist: $x^3 + \frac{3}{2} x - \frac{5}{16} = 0$. Dieselbe hat die rationale Wurzel $\frac{1}{2}$; folglich ist:

$x = \frac{1}{2}$, $y = x^2 - \frac{m}{2} = \frac{1}{4} + \frac{1}{2} = \frac{3}{4}$ und

$\sqrt[3]{5 + \sqrt{27}} = (1 + \sqrt{3}) \sqrt[3]{\frac{1}{4}} = \frac{1 + \sqrt{3}}{2} \sqrt[3]{4} = (1 + \sqrt{3}) \sqrt[3]{\frac{1}{4}}$.

Ist die eine Wurzel der Gleichung: $x^3 - \frac{3m}{4 \cdot 2} x - \frac{A}{4 \cdot 2} = 0$ nicht durch einen einfachen Versuch bestimmbar, dann führt die mitgetheilte Methode zu keinem Resultat, weil durch Anwendung der obigen Formeln 33 sich die inhaltslose Gleichung: $\sqrt[3]{a + \sqrt{b}} = \sqrt[3]{a + \sqrt{b}}$ ergiebt. Man sieht also, dass nur in wenigen Fällen von letzten Bemerkungen Gebrauch gemacht werden kann, dass man, um sicher zu gehen, sich der Formeln bedienen muss, die oben weiter mitgetheilt sind.

Setzt man hierin wegen der völligen Unbestimmtheit über den Werth der Grösse: $\dfrac{\frac{a^3}{27}}{\frac{b^3}{4}} = \dfrac{4a^3}{27b^3}$, von der man nur weiss, dass sie stets positiv sein muss:

35) $\quad \dfrac{4a^3}{27b^3} = \operatorname{tg}^2\varphi$ d. i. $\operatorname{tg}\varphi = \dfrac{2a}{3b}\sqrt{\dfrac{a}{3}}$

so wird aus 34:

$$w_1 = \sqrt[3]{\mp\dfrac{b}{2} + \dfrac{b}{2}\sec\varphi} = \sqrt[3]{\dfrac{b}{2}}\sqrt[3]{\mp 1 + \sec\varphi},$$

$$w_2 = \sqrt[3]{\mp\dfrac{b}{2} - \dfrac{b}{2}\sec\varphi} = -\sqrt[3]{\dfrac{b}{2}}\sqrt[3]{\pm 1 + \sec\varphi}$$

und weil wegen 35: $\sqrt[3]{\dfrac{b}{2}} = \sqrt{\dfrac{a}{3}}\cdot\dfrac{1}{\sqrt{\operatorname{tg}\varphi}}$ sein muss:

$$w_1 = \sqrt{\dfrac{a}{3}}\sqrt[3]{\dfrac{\mp 1 + \sec\varphi}{\operatorname{tg}\varphi}} = \sqrt{\dfrac{a}{3}}\sqrt[3]{\dfrac{\mp\cos\varphi + 1}{\sin\varphi}}$$

$$= \sqrt{\dfrac{a}{3}}\begin{cases}\sqrt[3]{\operatorname{tg}\dfrac{\varphi}{2}} & \text{für das obere Zeichen} \\ \sqrt[3]{\operatorname{cotg}\dfrac{\varphi}{2}} & \text{für das untere Zeichen}\end{cases}$$

$$w_2 = -\sqrt{\dfrac{a}{3}}\sqrt[3]{\dfrac{\pm 1 + \sec\varphi}{\operatorname{tg}\varphi}} = \sqrt{\dfrac{a}{3}}\sqrt[3]{\dfrac{\pm\cos\varphi + 1}{\sin\varphi}}$$

$$= -\sqrt{\dfrac{a}{3}}\begin{cases}\sqrt[3]{\operatorname{cotg}\dfrac{\varphi}{2}} & \text{für das obere Zeichen} \\ \sqrt[3]{\operatorname{tg}\dfrac{\varphi}{2}} & \text{für das untere Zeichen}\end{cases}$$

folglich, wenn:

36) $\quad \sqrt[3]{\operatorname{tg}\dfrac{\varphi}{2}} = \operatorname{tg}\psi$

gesetzt wird:

$$w_1 + w_2 = \pm\sqrt{\dfrac{a}{3}}\left(\operatorname{tg}\psi - \dfrac{1}{\operatorname{tg}\psi}\right) = \mp 2\sqrt{\dfrac{a}{3}}\operatorname{cotg}2\psi$$

$$w_1 - w_2 = +\sqrt{\dfrac{a}{3}}\left(\operatorname{tg}\psi + \dfrac{1}{\operatorname{tg}\psi}\right) = +2\sqrt{\dfrac{a}{3}}\dfrac{1}{\sin 2\psi}.$$

Demnach sind die Wurzeln der Gleichungen:

$$x^3 + ax + b = 0 \qquad x^3 + ax - b = 0$$

$$x_1 = -2\sqrt{\tfrac{a}{3}}\operatorname{cotg} 2\psi \qquad x_1 = +2\sqrt{\tfrac{a}{3}}\operatorname{cotg} 2\psi$$

$$x_2 = \sqrt{\tfrac{a}{3}}\operatorname{cotg} 2\psi + \tfrac{\sqrt{a}}{\sin 2\psi} i \qquad x_2 = -\sqrt{\tfrac{a}{3}}\operatorname{cotg} 2\psi + \tfrac{\sqrt{a}}{\sin 2\psi} i$$

$$x_3 = \sqrt{\tfrac{a}{3}}\operatorname{cotg} 2\psi - \tfrac{\sqrt{a}}{\sin 2\psi} i \qquad x_3 = -\sqrt{\tfrac{a}{3}}\operatorname{cotg} 2\psi - \tfrac{\sqrt{a}}{\sin 2\psi} i$$

B. $x^3 - ax \pm b = 0$.

37) $w_1 = \sqrt[3]{+\tfrac{b}{2} + \sqrt{\tfrac{b^2}{4} - \tfrac{a^3}{27}}}$,

$w_2 = \sqrt[3]{\mp\tfrac{b}{2} - \sqrt{\tfrac{b^2}{4} - \tfrac{a^3}{27}}}$.

Man wird jetzt die beiden Fälle $\tfrac{b^2}{4} \gtrless \tfrac{a^3}{27}$ zu unterscheiden haben, weil w_1 und w_2 im ersten reell, im zweiten dagegen imaginair ausfallen, und die Wurzeln aus reellen Zahlen bekanntlich nach anderen Prinzipien zu ziehen sind, als aus imaginairen.

a) $\tfrac{b^2}{4} > \tfrac{a^3}{27}$.

Weil unter dieser Annahme $\tfrac{\tfrac{a^3}{27}}{\tfrac{b^2}{4}} < 1$ ist, so wird man statt jenes Bruches den sin oder cos eines Hülfswinkels zu setzen haben. Nehmen wir:

38) $\tfrac{\tfrac{a^3}{27}}{\tfrac{b^2}{4}} = \tfrac{4a^3}{27 b^2} = \sin^2 \varphi$ d. i. $\sin \varphi = \tfrac{2a}{3b}\sqrt{\tfrac{a}{3}}$,

dann wird aus 37:

$w_1 = \sqrt[3]{\mp\tfrac{b}{2} + \tfrac{b}{2}\cos\varphi} = \sqrt[3]{\tfrac{b}{2}}\sqrt[3]{\mp 1 + \cos\varphi}$,

$w_2 = \sqrt[3]{\mp\tfrac{b}{2} - \tfrac{b}{2}\cos\varphi} = -\sqrt[3]{\tfrac{b}{2}}\sqrt[3]{\pm 1 + \cos\varphi}$

oder wegen:

$$\sqrt[3]{\tfrac{b}{2}} = \sqrt[3]{\tfrac{a}{3}}\tfrac{1}{\sqrt{\sin\varphi}}$$

$$w_1 = \sqrt[3]{\tfrac{a}{3}} \sqrt[3]{\tfrac{+1+\cos\varphi}{\sin\varphi}} = \sqrt[3]{\tfrac{a}{3}} \begin{cases} -\sqrt[3]{\operatorname{tg}\tfrac{\varphi}{2}} \\ +\sqrt[3]{\operatorname{cotg}\tfrac{\varphi}{2}} \end{cases}$$

$$w_2 = -\sqrt[3]{\tfrac{a}{3}} \sqrt[3]{\tfrac{+1+\cos\varphi}{\sin\varphi}} = \sqrt[3]{\tfrac{a}{3}} \begin{cases} -\sqrt[3]{\operatorname{cotg}\tfrac{\varphi}{2}} \\ +\sqrt[3]{\operatorname{tg}\tfrac{\varphi}{2}} \end{cases}$$

und wenn man: $\sqrt[3]{\operatorname{tg}\tfrac{\varphi}{2}} = \operatorname{tg}\psi$ setzt:

$$w_1 + w_2 = +\sqrt[3]{\tfrac{a}{3}}\left(\operatorname{tg}\psi + \tfrac{1}{\operatorname{tg}\psi}\right) = +\tfrac{2\sqrt[3]{\tfrac{a}{3}}}{\sin 2\psi}$$

$$w_1 - w_2 = -\sqrt[3]{\tfrac{a}{3}}\left(\operatorname{tg}\psi - \tfrac{1}{\operatorname{tg}\psi}\right) = +2\sqrt[3]{\tfrac{a}{3}}\operatorname{cotg} 2\psi$$

Es sind also die Wurzeln der Gleichungen:

$$x^3 - ax + b = 0 \qquad\qquad x^3 - ax - b = 0$$

$$x_1 = -\tfrac{2\sqrt[3]{\tfrac{a}{3}}}{\sin 2\psi} \qquad\qquad x_1 = +\tfrac{2\sqrt[3]{\tfrac{a}{3}}}{\sin 2\psi}$$

$$x_2 = \tfrac{\sqrt[3]{\tfrac{a}{3}}}{\sin 2\psi} + \sqrt{a}\operatorname{cotg} 2\psi\, i \qquad x_2 = -\tfrac{\sqrt[3]{\tfrac{a}{3}}}{\sin 2\psi} + \sqrt{a}\operatorname{cotg} 2\psi\, i$$

$$x_3 = \tfrac{\sqrt[3]{\tfrac{a}{3}}}{\sin 2\psi} - \sqrt{a}\operatorname{cotg} 2\psi\, i \qquad x_3 = -\tfrac{\sqrt[3]{\tfrac{a}{3}}}{\sin 2\psi} - \sqrt{a}\operatorname{cotg} 2\psi\, i$$

$$\beta)\ \tfrac{b^2}{4} < \tfrac{a^3}{27}$$

$$w_1 = \sqrt[3]{\mp\tfrac{b}{2} + i\sqrt{\tfrac{a^3}{27} - \tfrac{b^2}{4}}},$$

$$w_2 = \sqrt[3]{\mp\tfrac{b}{2} - i\sqrt{\tfrac{a^3}{27} - \tfrac{b^2}{4}}}.$$

Um die dritte Wurzel aus den complexen Zahlen:
$$\mp \frac{b}{2} + i\sqrt{\frac{a^3}{27} - \frac{b^2}{4}} \quad \text{und} \quad \mp \frac{b}{2} - i\sqrt{\frac{a^3}{27} - \frac{b^2}{4}}$$
ziehen zu können, sind dieselben zunächst auf die trigonometrische Form zu bringen. Setzt man zu dem Zwecke:

$$\mp \frac{b}{2} + i\sqrt{\frac{a^3}{27} - \frac{b^2}{4}} = \frac{r^3}{8}(\cos 3\varphi + i \sin 3\varphi)$$

$$\mp \frac{b}{2} - i\sqrt{\frac{a^3}{27} - \frac{b^2}{4}} = \frac{r^3}{8}(\cos 3\varphi - i \sin 3\varphi),$$

dann ist:

$$\frac{r^3}{8} \cos 3\varphi = \mp \frac{b}{2}$$

$$\frac{r^3}{8} \sin 3\varphi = \sqrt{\frac{a^3}{27} - \frac{b^2}{4}}$$

oder, wenn quadrirt und darauf addirt wird:

39) $\quad \frac{r^6}{64} = \frac{a^3}{27}$, d. i. $r = 2\sqrt{\frac{a}{3}}$

40) $\quad \cos 3\varphi = \mp \frac{4b}{r^3}$.

Aus w_1 und w_2 wird demnach:

$$w_1 = \sqrt[3]{\frac{r^3}{8}(\cos 3\varphi + i \sin 3\varphi)} = \frac{r}{2}(\cos\varphi + i \sin\varphi)$$

$$w_2 = \sqrt[3]{\frac{r^3}{8}(\cos 3\varphi - i \sin 3\varphi)} = \frac{r}{2}(\cos\varphi - i \sin\varphi).$$

folglich:
$$w_1 + w_2 = r \cos\varphi$$
$$w_2 - w_1 = r i \sin\varphi,$$

so dass man unter augenblicklichen Umständen als Wurzeln erhält:

$$z_1 = w_1 + w_2 = r \cos\varphi.$$

$$z_2 = -\frac{w_1 + w_2}{2} + i\sqrt{3}\frac{w_1 - w_2}{2} = -\frac{r}{2}\cos\varphi - \frac{r}{2}\sqrt{3}\sin\varphi$$
$$= -r[\cos\varphi \cos 60° + \sin\varphi \sin 60°] = -r\cos(\varphi - 60°),$$

$$z_3 = -\frac{w_1 + w_2}{2} - i\sqrt{3}\frac{w_1 - w_2}{2} = -\frac{r}{2}\cos\varphi + \frac{r}{2}\sqrt{3}\sin\varphi$$
$$= -r[\cos\varphi \cos 60° - \sin\varphi \sin 60°] = -r\cos(\varphi + 60°).$$

Wir stellen schliesslich die erhaltenen Resultate der besseren Uebersicht halber tabellarisch zusammen.

41

$x^3 + ax + b = 0$	$x^3 + ax - b = 0$
$\operatorname{tg}\varphi = \frac{2a}{3b}\sqrt{\frac{a}{3}}$, $\operatorname{tg}\psi = \sqrt[3]{\operatorname{tg}\frac{\varphi}{2}}$	
$x_1 = -2\sqrt{\frac{a}{3}}\operatorname{cotg}2\psi$	$x_1 = +2\sqrt{\frac{a}{3}}\operatorname{cotg}2\psi$
$\left.\begin{array}{c}x_2\\x_3\end{array}\right\} = \sqrt{\frac{a}{3}}\operatorname{cotg}2\psi + \frac{\sqrt{a}}{\sin 2\psi}i$	$\left.\begin{array}{c}x_2\\x_3\end{array}\right\} = -\sqrt{\frac{a}{3}}\operatorname{cotg}2\psi + \frac{\sqrt{a}}{\sin 2\psi}i$
$x^3 - ax + b = 0$	$x^3 - ax - b = 0$
$\dfrac{b^2}{4} > \dfrac{a^3}{27}$	
$\sin\varphi = \frac{2a}{3b}\sqrt{\frac{a}{3}}$, $\sqrt[3]{\operatorname{tg}\frac{\varphi}{2}} = \operatorname{tg}\psi$	
$x_1 = -2\cdot\dfrac{\sqrt{\frac{a}{3}}}{\sin 2\psi}$	$x_1 = +2\dfrac{\sqrt{\frac{a}{3}}}{\sin 2\psi}$
$\left.\begin{array}{c}x_2\\x_3\end{array}\right\} = \dfrac{\sqrt{\frac{a}{3}}}{\sin 2\psi} + \sqrt{a}\operatorname{cotg}2\psi\, i$	$\left.\begin{array}{c}x_2\\x_3\end{array}\right\} = -\dfrac{\sqrt{\frac{a}{3}}}{\sin 2\psi} + \sqrt{a}\operatorname{cotg}2\psi\, i$
$x^3 - ax + b = 0$	$x^3 - ax - b = 0$
$\dfrac{b^2}{4} < \dfrac{a^3}{27}$	
$r = 2\sqrt{\frac{a}{3}}$	$r = 2\sqrt{\frac{a}{3}}$
$\cos 3\varphi = -\dfrac{4b}{r^3}$	$\cos 3\varphi = +\dfrac{4b}{r^3}$
$x_1 = +r\cos\varphi$	
$x_2 = -r\cos(\varphi - 60°)$	
$x_3 = -r\cos(\varphi + 60°)$	

1. Beispiel:
$x^3 + 12x + 9 = 0$, $a = 12$, $b = 9$.
$\lg \varphi = \frac{16}{9}$, $\varphi = 60°\ 38'\ 32''$, $\psi = 39°\ 54'\ 17''$.
$x_1 = -0,7190328$
$x_2 = 0,3595164 + 3,5196233\,i$
$x_3 = 0,3595164 - 3,5196233\,i$

2. Beispiel:
$x^3 - 37x - 4 = 0$, $a = 37$, $b = 4$.
$r = 2\sqrt{\frac{37}{3}}$, $\cos 3\varphi = \frac{16}{r^3}$, $3\varphi = 87°\ 21'\ 12''$.
$x_1 = 6,13611$
$x_2 = -6,02797$
$x_3 = -0,10814$.

3. Beispiel:
$x^3 - 71x + 20 = 0$, $a = 71$, $b = 20$.
$r = 2\sqrt{\frac{71}{3}}$; $\cos 3\varphi = -\frac{80}{r^3}$, $\cos(180° - 3\varphi) = \frac{80}{r^3}$:
$3\varphi = 94°\ 58'\ 55''$.
$x_1 = 8,281611$
$x_2 = -8,563620$
$x_3 = 0,282009$.

In einigen besonderen Fällen lassen sich die Wurzeln der Gleichung in einer einfacheren Weise, als der gewöhnlichen, bestimmen.

Hat nämlich die cubische Gleichung: $x^3 + ax^2 + bx + c = 0$ zwei Wurzeln, von denen die eine das Reciproke der anderen ist, etwa w und $\frac{1}{w}$, — man nennt dann die Gleichung selbst reciprok — dann muss gleichzeitig:
$w^3 + aw^2 + bw + c = 0$ und
$\frac{1}{w^3} + \frac{a}{w^2} + \frac{b}{w} + c = 0$ oder: $w^3 + \frac{b}{c}w^2 + \frac{a}{c}w + \frac{1}{c} = 0$
stattfinden. Dieses wird offenbar der Fall sein, wenn:
$$a = \frac{b}{c},\ b = \frac{a}{c},\ c = \frac{1}{c},$$
d. i. wenn:

$c = +1$, $b = \pm a$,

wenn also die Gleichung von einer der beiden Formen:
$$x^3 + ax^2 + ax + 1 = 0$$
$$x^3 + ax^2 - ax - 1 = 0$$
ist. Die Wurzeln dieser reciproken Gleichungen dritten Grades erhält man nun ohne Schwierigkeit, wenn erste zunächst auf die Form:

$$x^2 + 1 + ax(x+1) = \left(\tfrac{x^3+1}{x+1} + ax\right)(x+1)$$
$$= (x^2 - x + 1 + ax)(x+1) = 0$$
$$x^2 - 1 + ax(x-1) = \left(\tfrac{x^3-1}{x-1} + ax\right)(x-1)$$
$$= (x^2 + x + 1 + ax)(x-1) = 0$$

gebracht werden, und zwar für den ersten Fall durch die Auflösung der Gleichungen:
$$x+1 = 0, \quad x^2 - x(1-a) + 1 = 0,$$
für den zweiten Fall:
$$x - 1 = 0, \quad x^2 + x(1+a) + 1 = 0.$$

Z. B. für: $x^3 - \tfrac{13}{3}x^2 + \tfrac{13}{3}x - 1 = 0$ ist: $a = -\tfrac{13}{3}$, die Wurzeln folgen demnach aus:

mit:
$$x - 1 = 0, \quad x^2 - \tfrac{10}{3}x + 1 = 0$$
$$x = 1, \quad x = \tfrac{5}{3} \pm \sqrt{\tfrac{25}{9} - 1} = \tfrac{5}{3} \pm \tfrac{4}{3} = 3, \tfrac{1}{3}.$$

Sind die Coefficienten sämmtlich oder nur zum Theil complex, dann behalten unsere Resultate bis 33 allerdings ihre Gültigkeit, weil bis dahin in Bezug auf a und b keinerlei Voraussetzung gemacht wurde; von den Formeln 41 dagegen wird man unter diesen Umständen keinen Gebrauch machen können, da die Substitutionen: $\operatorname{tg}\varphi = \tfrac{2a}{3b} \cdot \sqrt{\tfrac{a}{3}}$ etc. etc. natürlich nur für reelle a und b zulässig sind. Die Wurzeln der Gleichung sind demnach im Fall complexer Coefficienten folgendermaassen zu berechnen.

Die Gleichung:
$$x^3 + x^2(3+3i) + x(-42+21i) + 34 - 86i = 0 \quad (a)$$
ist zunächst dadurch in eine reducirte zu verwandeln, dass

$x = y + k$ eingesetzt und darauf k so bestimmt wird, dass der Coefficient von y^2 gleich Null wird. Man bekommt auf diese Weise:

und: $$y^3 + y(-42 + 15i) + 93 - 61i = 0 \quad (b)$$
$$x = y - (1 + i) \quad (c).$$

Demnach sind die Wurzeln von b (siehe 33, pag. 200):

$$y_1 = \sqrt[3]{-\tfrac{93}{2} + \tfrac{61}{2}i + \tfrac{1}{2}\sqrt{-1848 - 86i}}$$
$$+ \sqrt[3]{-\tfrac{93}{2} + \tfrac{61}{2}i - \tfrac{1}{2}\sqrt{-1848 - 86i}}$$

$$y_2 = \sqrt[3]{-\tfrac{93}{2} + \tfrac{61}{2}i + \tfrac{1}{2}\sqrt{-1848 - 86i}}\left(-\tfrac{1}{2} + \tfrac{i}{2}\sqrt{3}\right)$$
$$+ \sqrt[3]{-\tfrac{93}{2} + \tfrac{61}{2}i - \tfrac{1}{2}\sqrt{-1848 - 86i}}\left(-\tfrac{1}{2} - \tfrac{i}{2}\sqrt{3}\right)$$

$$y_3 = \sqrt[3]{-\tfrac{93}{2} + \tfrac{61}{2}i + \tfrac{1}{2}\sqrt{-1848 - 86i}}\left(-\tfrac{1}{2} - \tfrac{i}{2}\sqrt{3}\right)$$
$$+ \sqrt[3]{-\tfrac{93}{2} + \tfrac{61}{2}i - \tfrac{1}{2}\sqrt{-1848 - 86i}}\left(-\tfrac{1}{2} + \tfrac{i}{2}\sqrt{3}\right)$$

oder weil (siehe 22, pag. 174):

$$\sqrt{-1848 - 86i} = \sqrt{\tfrac{-1848 + \sqrt{1848^2 + 86^2}}{2}}$$
$$- i\sqrt{\tfrac{+1848 + \sqrt{1848^2 + 86^2}}{2}} = 1 - 43i$$

sein muss:

$$y_1 = \sqrt[3]{-46 + 9i} + \sqrt[3]{-47 + 52i}$$
$$y_2 = \sqrt[3]{-46 + 9i}\left(-\tfrac{1}{2} + \tfrac{i}{2}\sqrt{3}\right)$$
$$+ \sqrt[3]{-47 + 52i}\left(-\tfrac{1}{2} - \tfrac{i}{2}\sqrt{3}\right)$$
$$y_3 = \sqrt[3]{-46 + 9i}\left(-\tfrac{1}{2} - \tfrac{i}{2}\sqrt{3}\right)$$
$$+ \sqrt[3]{-47 + 52i}\left(-\tfrac{1}{2} + \tfrac{i}{2}\sqrt{3}\right).$$

oder:
$$y_1 = 2 + 3i^*) + 1 - 4i^*) = 3 - i$$
$$y_2 = (2 + 3i)\left(-\tfrac{1}{2} + \tfrac{i}{2}\sqrt{3}\right) + (1 - 4i)\left(-\tfrac{1}{2} - \tfrac{i}{2}\sqrt{3}\right)$$
$$= \tfrac{-3 - 7\sqrt{3}}{2} + \tfrac{1 + \sqrt{3}}{2} i$$
$$y_3 = (2 + 3i)\left(-\tfrac{1}{2} - \tfrac{i}{2}\sqrt{3}\right) + (1 - 4i)\left(-\tfrac{1}{2} + \tfrac{i}{2}\sqrt{3}\right)$$
$$= \tfrac{-3 + 7\sqrt{3}}{2} + \tfrac{1 - \sqrt{3}}{2} i.$$

*) Aehnlich wie für die zweite Wurzel (pag. 173 u. 174) lässt sich manchmal $\sqrt[3]{a + bi}$ ohne Anwendung des Moivre'schen Satzes folgendermassen berechnen.
Setzt man:

I. $\sqrt[3]{a + bi} = (x + iy)\sqrt[3]{\alpha}$,

so muss:

II. $a + bi = (x^3 + 3x^2 iy - 3xy^2 - iy^3)\alpha$

also auch:

III. $a = (x^3 - 3xy^2)\alpha$

IV. $b = (3x^2 y - y^3)\alpha$

sein. Aus III. und IV. folglich durch Quadrirung:

V. $a^2 = (x^6 - 6x^4 y^2 + 9x^2 y^4)\alpha^2$

VI. $b^2 = (9x^4 y^2 - 6x^2 y^4 + y^6)\alpha^2$,

und wenn man jetzt addirt:
$$a^2 + b^2 = (x^2 + y^2)^3 \alpha^2$$

oder:

VII. $x^2 + y^2 = \sqrt[3]{\dfrac{a^2 + b^2}{\alpha^2}}$.

Bestimmt man jetzt α in der Weise, — was stets möglich ist — dass $\dfrac{a^2 + b^2}{\alpha^2}$ ein voller Cubus, also $x^2 + y^2$ eine rationale Zahl, etwa t, wird, dann liefert VII. in Verbindung mit IV:

VIII. $y^3 - \tfrac{3}{4} y t + \tfrac{b}{4\alpha} = 0.$

Die drei Wurzeln dieser Gleichung sind stets reell, weil: $\dfrac{b^2}{64 \cdot \alpha^2} < \dfrac{t^3}{64}$ ist. Hieraus folgt, dass dann, wenn eine dieser drei Wurzeln sich durch einen Versuch bestimmen lässt (siehe Anmerkung pag. 201 u. 202), der reelle Werth des y gefunden ist, welcher zunächst mit IV. oder III. in Verbindung den correspondirenden Werth von x giebt, für welche beiden Werthe:

14*

Die Wurzeln der gegebenen Gleichung (a) sind demnach:

$$x_1 = 2 - 2i$$
$$x_2 = \frac{-5-7\sqrt{3}}{2} + \frac{-1+\sqrt{3}}{2}i$$
$$x_3 = \frac{-5+7\sqrt{3}}{2} + \frac{-1-\sqrt{3}}{2}i.$$

Die Gleichungen vom vierten Grade oder die biquadratischen Gleichungen.

Nachdem die Gleichung: $ax^4 + bx^3 + cx^2 + dx + e = 0$ durch Division mit a in die gut geordnete: $x^4 + \frac{b}{a}x^3 + \frac{c}{a}x^2 + \frac{d}{a}x + \frac{e}{a} = 0$ verwandelt, ist dieselbe zunächst wiederum auf die Form einer reducirten, d. i. einer solchen Gleichung vierten Grades zu bringen, in der der Coefficient der dritten Potenz der Unbekannten gleich Null ist. Zu dem Zwecke setzt

$\sqrt[3]{a+bi} = (x+yi)\sqrt[3]{a}$ stattfindet. Z. B. für $\sqrt[3]{1+i}$ hat: $a = b = 1$, demnach: $x^2 + y^2 = \sqrt[3]{\frac{2}{a^2}}$ (VII) und für $a = 1$: $x^2 + y^2 = 2$. Folglich wird aus VIII:

$$y^3 - 3y + 1 = 0,$$

als deren eine Wurzel man sofort 1 erkennt. $y = 1$ in Verbindung mit III. giebt: $1 = (x^3 - 3x)\cdot 1$ oder: $x^3 - 3x - 2 = 0$, woraus: $x = -1$ folgt. Es ist also:

$$\sqrt[3]{1+i} = (-1+i)\sqrt[3]{4}.$$

Für obige Fälle $\sqrt[3]{-46+9i}$ und $\sqrt[3]{-47+52i}$ ist einerseits: $x^2 + y^2 = \sqrt[3]{\frac{46^2+9^2}{a^2}} = \sqrt[3]{\frac{2197}{a^2}} = 13$ (wenn $a = 1$); also ist y aus: $y^3 - \frac{39}{4}y + \frac{9}{4} = 0$ mit $+3$ und x aus: $9 = 3x^2 \cdot 3 - 27$ (IV) oder aus: $x^2 = 1$ mit 2 zu bestimmen, so dass man erhält:

$$\sqrt[3]{-46+9i} = 2 + 3i;$$

ist andererseits: $x^2 + y^2 = \sqrt[3]{\frac{47^2+52^2}{a^2}} = \sqrt[3]{\frac{4913}{a^2}} = 17$ (wenn $a = 1$) und wie die Rechnung weiter giebt: $y = -4$, $x = 1$; es ist also:

$$\sqrt[3]{-47+52i} = 1 - 4i.$$

man in die gegebene Gleichung statt x etwa $z+k$ und giebt darauf dem k einen solchen Werth, dass der Factor von z^3 verschwindet. Auf diesem Wege kommt man offenbar stets zu einer Gleichung von der Form:

42) $\quad z^4 + A z^2 + B z + C = 0$,

deren Wurzeln wir dadurch bestimmen wollen, dass wir das Polynom in 42 als Product zweier Polynomen vom je zweiten Grade folgendermaassen darstellen.

Wir setzen nach Descartes:

43) $\quad z^4 + A z^2 + B z + C = (z^2 + \alpha z + \beta)(z^2 - \alpha z + \gamma)$
$= z^4 + z^2(\beta + \gamma - \alpha^2) + z(\alpha\gamma - \alpha\beta) + \beta\gamma$,

dann wird offenbar die Aufgabe gelöst sein, wenn sich ein α, β und γ finden lässt, für welches stattfindet:

44) $\beta + \gamma - \alpha = A$
45) $\alpha\gamma - \alpha\beta = B$
46) $\beta\gamma = C$

Aus 44 folgt aber:

$$\gamma + \beta = A + \alpha^2$$

und aus 45:

$$\gamma - \beta = \frac{B}{\alpha};$$

demnach ist:

47) $\quad \gamma = \dfrac{A + \alpha^2 + \frac{B}{\alpha}}{2}$

48) $\quad \beta = \dfrac{A + \alpha^2 - \frac{B}{\alpha}}{2}$

folglich:

$$4C = (A + \alpha^2)^2 - \frac{B^2}{\alpha^2}$$

oder:

$$\alpha^6 + 2A\alpha^4 + (A^2 - 4C)\alpha^2 - B^2 = 0$$

und für:

$$\alpha^2 = y$$

49) $\quad y^3 + 2Ay^2 + A^2 - 4C)y - B^2 = 0$.

Diese cubische Gleichung aufgelöst, wird man 3 Werthe für y, folglich wegen: $\alpha^2 = y$ 6 Werthe für α erhalten, welche in 47 und 48 eingesetzt, je 6 Werthe für β und γ liefern. Die Wurzeln von 42 sind dann die 24 Werthe, welche für z aus:

50) $z^2 + \alpha z + \beta = 0$

51) $z^2 - \alpha z + \gamma = 0$

folgen, von denen jedoch je 6 und 6 zusammenfallen müssen, weil 42 nur 4 Lösungen haben kann.

Wir nehmen, um dieses zu beweisen, als die Wurzeln der Gleichung 49: w_1, w_2 und w_3 an; dann folgt aus: $\alpha^2 = y$:

$$\alpha = \pm \sqrt{w_1}, \quad \pm \sqrt{w_2}, \quad \pm \sqrt{w_3}$$

und bez. aus 47 und 48:

$$\gamma = \frac{A + w_1 + \frac{B}{\sqrt{w_1}}}{2}, \quad \frac{A + w_2 + \frac{B}{\sqrt{w_2}}}{2}, \quad \frac{A + w_3 + \frac{B}{\sqrt{w_3}}}{2}$$

$$\beta = \frac{A + w_1 + \frac{B}{\sqrt{w_1}}}{2}, \quad \frac{A + w_2 + \frac{B}{\sqrt{w_2}}}{2}, \quad \frac{A + w_3 + \frac{B}{\sqrt{w_3}}}{2}$$

und zeigen zunächst, dass es zu vollkommen denselben Resultaten führt, ob die verschiedenen Werthe des α mit dem einen oder anderen Vorzeichen in Anrechnung gebracht werden. Für:

$\alpha = + \sqrt{w}$, also für: $\gamma = \dfrac{A + w + \dfrac{B}{\sqrt{w}}}{2}$, $\beta = \dfrac{A + w - \dfrac{B}{\sqrt{w}}}{2}$

erhält man nämlich aus:

$$z^2 + \alpha z + \beta = z^2 + \sqrt{w} \cdot z + \frac{A + w - \frac{B}{\sqrt{w}}}{2} = 0$$

$$z = -\frac{\sqrt{w}}{2} + \sqrt{-\frac{2A + w}{4} + \frac{B}{2\sqrt{w}}}$$

$$z^2 - \alpha z + \gamma = z^2 - \sqrt{w} \cdot z + \frac{A + w + \frac{B}{\sqrt{w}}}{2} = 0$$

$$z = \frac{\sqrt{w}}{2} + \sqrt{-\frac{2A + w}{4} - \frac{B}{2\sqrt{w}}}$$

und für: $\alpha = -\sqrt{w}$, also für: $\gamma = \dfrac{A + w - \dfrac{B}{\sqrt{w}}}{2}$,

$\beta = \dfrac{A + w + \dfrac{B}{\sqrt{w}}}{2}$ aus:

$$z^2 + \alpha z + \beta = z^2 - \sqrt{w} \cdot z + \frac{A + w + \frac{B}{\sqrt{w}}}{2} = 0$$

$$z = \frac{\sqrt{w}}{2} \pm \sqrt{-\frac{2A + w}{4} - \frac{B}{2\sqrt{w}}}$$

$$z^2 - \alpha z + \gamma = z^2 + \sqrt{w} \cdot z + \frac{A + w - \frac{B}{\sqrt{w}}}{2} = 0$$

$$z = -\frac{\sqrt{w}}{2} \pm \sqrt{-\frac{2A + w}{4} + \frac{B}{2\sqrt{w}}}$$

also in jedem der beiden Fälle — für $\alpha = +\sqrt{w}$ und $\alpha = -\sqrt{w}$ — die nämlichen Resultate. Die 24 Wurzeln von 42 reduciren sich demnach jetzt schon auf 12, indem für α, also auch für β und γ nur noch je drei Werthe zu berücksichtigen sind, von denen wir schliesslich noch folgendermaassen zeigen, dass jede von ihnen zu den nämlichen vier Wurzeln der Gleichung 42 führt.

Rechnet man nämlich mit: $\alpha = +\sqrt{w_1}$, so sind die vier Wurzeln der Gleichung 42:

$$-\frac{\sqrt{w_1}}{2} \pm \sqrt{-\frac{2A + w_1}{4} + \frac{B}{2\sqrt{w_1}}},$$

$$+\frac{\sqrt{w_1}}{2} \pm \sqrt{-\frac{2A + w_1}{4} - \frac{B}{2\sqrt{w_1}}},$$

oder kurzweg:

52) $\quad z = \mp \frac{\sqrt{w_1}}{2} \pm \sqrt{-\frac{2A + w_1}{4} + \frac{B}{\mp 2\sqrt{w_1}}},$

wenn nämlich die ersten und dritten doppelten Vorzeichen so gerechnet werden, dass nur die oberen: — + und nur die untern Zeichen: + — zusammengehören. Für $\alpha = \sqrt{w_2}$ oder $\sqrt{w_3}$ — wir setzen, um beiden Fällen gleichzeitig zu begegnen, für $\alpha = \sqrt{w}$ —, erhält man dagegen:

53) $\quad z = \frac{\pm\sqrt{w}}{2} \pm \sqrt{-\frac{2A + w}{4} + \frac{B}{\pm 2\sqrt{w}}},$

so dass es darauf ankommt, die Identität von 53 und 52 darzuthun. Zu diesem Zwecke gehen wir von dem auf pag. 192 allgemein nachgewiesenen Zusammenhang zwischen den Coefficienten und Wurzeln einer Gleichung aus, der im vorliegenden Falle, wo w_1, w_2 und w_3 die Wurzeln der Gleichung 49 sein sollen, durch:

$$w_1 + w_2 + w_3 = -2A, \quad w_1 w_2^2 + w_1 w_3 + w_2 w_3 = A^2 - 4C,$$
$$w_1 w_2 w_3 = B^2$$

dargestellt ist. Aus der ersten dieser Gleichungen folgt:

54) $w_2 + w_3 = -2A - w_1$, also auch:
$$w_2^2 + 2w_2 w_3 + w_3^2 = (2A + w_1)^2,$$

und aus der dritten:

55) $w_2 w_3 = \dfrac{B^2}{w_1}$, also auch: $4 w_2 w_3 = \dfrac{4 B^2}{w_1}$.

54 und 55, von einander subtrahirt, geben aber:
$$(w_2 - w_3)^2 = (2A + w_1)^2 - \dfrac{4 B^2}{w_1}$$

oder:
$$w_2 - w_3 = \pm \sqrt{(2A + w_1)^2 - \dfrac{4 B^2}{w_1}}$$

Dieses in Verbindung mit: $w_2 + w_3 = -2A - w_1$ liefert endlich:

$$w_2 = -\dfrac{2A - w_1}{2} \pm \sqrt{\left(\dfrac{2A + w_1}{2}\right)^2 - \dfrac{B^2}{w_1}}$$

$$w_3 = -\dfrac{2A - w_1}{2} + \sqrt{\left(\dfrac{2A + w_1}{2}\right)^2 - \dfrac{B^2}{w_1}}$$

oder zusammengezogen:

56) $\left.\begin{array}{l} w_2 \\ w_3 \end{array}\right\} = -\dfrac{2A + w_1}{2} \pm \sqrt{\left(\dfrac{2A + w_1}{2}\right)^2 - \dfrac{B^2}{w_1}}$,

wo das Zeichen — vor der Wurzel für w_3 oder w_2 gilt, je nachdem man das Zeichen + für w_2 oder w_3 in Anrechnung gebracht hat.

Eine andere Art der Berechnung der vier Wurzeln der Gleichung 42 erscheint hier als Consequenz des folgenden Zusammenhangs zwischen den drei Wurzeln der Hülfsgleichung 49 und den zu berechnenden. Nach 52 sind die vier Wurzeln der Gleichung:

57) $\quad x^4 + A x^2 + B x + C = 0$

durch:

58) $\quad x = \frac{\mp \sqrt{w_1}}{2} \pm \sqrt{-\frac{2A + w_1}{4} + \frac{B}{\pm 2\sqrt{w_1}}}$

dargestellt, wenn die ersten und dritten doppelten Vorzeichen so in Anrechnung gebracht werden, dass nur die oberen: $-\ +$ und die unteren: $+\ -$ zusammengehören und wenn w_1 eine der drei Wurzeln der cubischen Gleichung:

$$y^3 + 2 A y^2 + (A^2 - 4 C) y - B^2 = 0$$

ist. Wegen der schon mehrfach benutzten Gleichung:

$$\sqrt{a} \pm \sqrt{b} = \sqrt{\frac{a + \sqrt{a^2 - b}}{2}} \pm \sqrt{\frac{a - \sqrt{a^2 - b}}{2}}$$

lässt sich aber 58 zunächst auf die Form bringen:

$$x = \mp \frac{\sqrt{w_1}}{2} \pm \Big\{ \frac{1}{2}\sqrt{-\frac{2A + w_1}{2} + \sqrt{\Big(\frac{2A + w_1}{2}\Big)^2 - \frac{B^2}{w_1}}}$$
$$\pm \frac{1}{2}\sqrt{-\frac{2A + w_1}{2} - \sqrt{\Big(\frac{2A + w_1}{2}\Big)^2 - \frac{B^2}{w_1}}} \Big\}$$

wo die ersten und dritten doppelten Vorzeichen wieder wie vorhin zu nehmen sind.

Dieses mit 56 verglichen, erhält man, wenn etwa das obere Zeichen der Wurzel in 56 für w_2, also das untere für w_3 in Anrechnung gebracht wird:

$$x = + \frac{\sqrt{w_1}}{2} \pm \Big(\frac{\sqrt{w_2}}{2} \pm \frac{\sqrt{w_3}}{2} \Big)$$

oder in ausführlicherer Weise zusammengestellt:

59) $\quad \begin{cases} x_1 = -\frac{\sqrt{w_1}}{2} + \frac{\sqrt{w_2}}{2} + \frac{\sqrt{w_3}}{2} \\ x_2 = -\frac{\sqrt{w_1}}{2} - \frac{\sqrt{w_2}}{2} - \frac{\sqrt{w_3}}{2} \\ x_3 = +\frac{\sqrt{w_1}}{2} + \frac{\sqrt{w_2}}{2} - \frac{\sqrt{w_3}}{2} \\ x_4 = +\frac{\sqrt{w_1}}{2} - \frac{\sqrt{w_2}}{2} + \frac{\sqrt{w_3}}{2} \end{cases}$

Für ein negatives B in 57: $x^4 + Ax^2 - Bx + C = 0$
geht zunächst 58 in:

$$x = \mp \frac{\sqrt{w_1}}{2} + \sqrt{-\frac{A + 2w_1}{4} - \frac{B}{\pm 2\sqrt{w_1}}}$$

also 59 in:

60) $\begin{cases} x_1 = -\frac{\sqrt{w_1}}{2} + \frac{\sqrt{w_2}}{2} - \frac{\sqrt{w_3}}{2} \\ x_2 = -\frac{\sqrt{w_1}}{2} - \frac{\sqrt{w_2}}{2} + \frac{\sqrt{w_3}}{2} \\ x_3 = +\frac{\sqrt{w_1}}{2} + \frac{\sqrt{w_2}}{2} + \frac{\sqrt{w_3}}{2} \\ x_4 = +\frac{\sqrt{w_1}}{2} - \frac{\sqrt{w_2}}{2} - \frac{\sqrt{w_3}}{2} \end{cases}$

Sind demnach w_1, w_2 und w_3 die drei Wurzeln der cubischen Gleichung:

61) $y^3 + 2Ay^2 + (A^2 - 4C)y - B^2 = 0$,

dann sind 59 und 60 bez. die vier Wurzeln der Gleichungen:

62) $x^4 + Ax^2 + Bx + C = 0$ und
63) $x^4 + Ax^2 - Bx + C = 0$.

Auf den ersten Blick möchte es scheinen, als wenn die Benutzung von 59 und 60 rascher zum Ziele führte, als die von 58. Das ist aber, im allgemeinen wenigstens, nicht der Fall. Denn von den drei Grössen w_1, w_2 und w_3 ist, falls B einen reellen Werth hat, stets eine positiv und reell; diese benutzt, macht, geht man von 58 aus, nur die Wurzelausziehung aus reellen Zahlen nöthig; die beiden anderen Wurzeln: w_2 und w_3 jedoch können eben so gut complex wie reell ausfallen, so dass man, tritt erster Fall ein, bei Zugrundelegung der Wurzelwertho 59 und 60 genöthigt ist, aus complexen Zahlen die zweite Wurzel zu ziehen. — 59 und 60 sind die von Euler zuerst aufgestellten Formen der vier Wurzeln einer reducirten, biquadratischen Gleichung, der jedoch zu ihnen auf einem anderen Wege, als wir vorhin, gelangt. Er nimmt als Wurzel der Gleichung:

64) $x^4 + Ax^2 \div Bx + C = 0$

die dreitheilige Summe: $\sqrt{p}+\sqrt{q}+\sqrt{r}$ an, dann folgt aus:

65) $x = \sqrt{p}+\sqrt{q}+\sqrt{r}$

durch Quadrirung:

66) $x^2 = p+q+r+2\sqrt{pq}+2\sqrt{qr}+2\sqrt{pr}$

oder für:

67) $p+q+r = M$:

68) $x^2 - M = 2(\sqrt{pq}+\sqrt{qr}+\sqrt{pr})$.

Durch abermalige Quadrirung erhält man weiter:

$$x^4 - 2x^2 M + M^2 = 4[pq+qr+pr+2\sqrt{pqr}(\sqrt{p}+\sqrt{q}+\sqrt{r})]$$

oder für:

69) $pq+qr+pr = N$

70) $pqr = T$:

71) $x^4 - 2x^2 M - 8\sqrt{T}x + M^2 - 4N = 0$,

d. i. eine Gleichung vierten Grades, deren eine Wurzel: $\sqrt{p}+\sqrt{q}+\sqrt{r}$ ist, falls wegen 67, 69 und 70: p, q und r die drei Wurzeln der cubischen Gleichung:

72) $z^3 - Mz^2 + Nz - T = 0$

sind. 71 mit 64 verglichen, giebt aber:

$$A = -2M, \quad B = +8\sqrt{T}, \quad C = M^2 - 4N$$

oder:

$$M = -\frac{A}{2}, \quad T = \frac{B^2}{64}, \quad N = \frac{A^2}{16} - \frac{C}{4};$$

folglich ist: $\sqrt{p}+\sqrt{q}+\sqrt{r}$ eine Wurzel der Gleichung:

$$x^4 + Ax^2 - Bx + C = 0,$$

wenn p, q und r die drei Wurzeln der Hülfsgleichung:

73) $z^3 + \frac{A}{2}z^2 + \left(\frac{A^2}{16} - \frac{C}{4}\right)z - \frac{B^2}{64} = 0$

sind. Setzt man schliesslich in 73: $z = \frac{y}{4}$ und berücksichtigt, dass, wie sich leicht nachrechnen lässt, für die Gleichung:

$x^4 + Ax^2 - Bx + C = 0$ die drei Werthe: $-\sqrt{p} + \sqrt{q} - \sqrt{r}$, $-\sqrt{p} - \sqrt{q} + \sqrt{r}$, $+\sqrt{p} - \sqrt{q} - \sqrt{r}$ und für die Gleichung: $x^4 + Ax^2 + Bx + C = 0$ die vier Werthe: $-\sqrt{p} + \sqrt{q} + \sqrt{r}$, $-\sqrt{p} - \sqrt{q} - \sqrt{r}$, $+\sqrt{p} + \sqrt{q} - \sqrt{r}$, $\sqrt{p} - \sqrt{q} + \sqrt{r}$ zu demselben Resultat führen, welches vorhin für $\sqrt{p} + \sqrt{q} + \sqrt{r}$ in Bezug auf erste Gleichung erhalten ist, so ergiebt sich wie oben (60 und 59):

$$+\frac{\sqrt{p}}{2} + \frac{\sqrt{q}}{2} + \frac{\sqrt{r}}{2} \qquad -\frac{\sqrt{p}}{2} + \frac{\sqrt{q}}{2} + \frac{\sqrt{r}}{2}$$

$$+\frac{\sqrt{p}}{2} - \frac{\sqrt{q}}{2} - \frac{\sqrt{r}}{2} \qquad -\frac{\sqrt{p}}{2} - \frac{\sqrt{q}}{2} - \frac{\sqrt{r}}{2}$$

$$-\frac{\sqrt{p}}{2} + \frac{\sqrt{q}}{2} - \frac{\sqrt{r}}{2} \qquad +\frac{\sqrt{p}}{2} + \frac{\sqrt{q}}{2} - \frac{\sqrt{r}}{2}$$

$$-\frac{\sqrt{p}}{2} - \frac{\sqrt{q}}{2} + \frac{\sqrt{r}}{2} \qquad +\frac{\sqrt{p}}{2} - \frac{\sqrt{q}}{2} + \frac{\sqrt{r}}{2}$$

sind bez. die Wurzeln der Gleichung: $x^4 + Ax^2 - Bx + C = 0$ und $x^4 + Ax^2 + Bx + C = 0$, wenn man unter p, q, r die Wurzeln der Gleichung: $y^3 + 2Ay^2 + (A^2 - 4C)y - B^2 = 0$ versteht.

1. Beispiel:

Für:
$$x^4 - 32x^3 + 369x^2 - 1798x + 3080 = 0$$

erhält man, wenn $x = z + k$ gesetzt und darauf k mit $+8$ bestimmt wird, als reducirte Gleichung:
$$z^4 - 15z^2 + 10z + 24 = 0$$

und als Hülfsgleichung:
$$y^3 - 30y^2 + 129y - 100 = 0.$$

Eine Wurzel dieser Gleichung ist 1. Hieraus folgt:

$$a^2 = y = 1, \quad a = 1, \quad \beta = \frac{-15 + 1 - \frac{10}{1}}{2} = -12,$$

$$\gamma = \frac{-15 + 1 + \frac{10}{1}}{2} = -2.$$

Also wird:

$z^2 + az + \beta = z^2 + z - 12 = 0$, $z = -\frac{1}{2} \pm \sqrt{\frac{1}{4} + 12} = -4, +3$

$z^2 - az + \gamma = z^2 - z - 2 = 0$, $z = +\frac{1}{2} \pm \sqrt{\frac{1}{4} + 2} = +2, -1$

und die vier Wurzeln der gegebenen Gleichung sind:
$$x_1 = 8-4, \quad x_2 = 8+3, \quad x_3 = 8+2, \quad x_4 = 8-1$$
d. i.:
$$x_1 = 4, \quad x_2 = 11, \quad x_3 = 10, \quad x_4 = 7.$$

2. **Beispiel:**

Für: $x^4 + 3x^2 - 7x - 1 = 0$ ist die Hülfsgleichung:
$$y^3 + 6y^2 + 13y - 49 = 0$$
oder wenn $y = z - 2$ gesetzt wird:
$$z^3 + z - 59 = 0.$$

Die reelle positive Wurzel ist demnach (s. 41 pag. 207)
$$z_1 = 2\sqrt[3]{\tfrac{1}{3}\cot g\,2\psi}, \text{ wenn } tg\,\psi\;\;\sqrt[3]{tg\,\tfrac{\varphi}{2}} \text{ und } tg\,\varphi = \sqrt[3]{\tfrac{1}{3}\cdot\tfrac{1}{7}\sqrt[3]{\tfrac{1}{3}}}$$

d. i. wegen: $\varphi = 0°\,22'\,25{,}5''$, $\psi = 8°\,26'\,8{,}5''$:
$$z_1 = 3{,}8074, \text{ also } y_1 = 1{,}8074.$$

Hieraus folgt:
$$\alpha = 1{,}344396, \quad \beta = 5{,}0071, \quad \gamma = -0{,}1997$$
und:
$$x_1 = -0{,}672198 + 2{,}13442\,i$$
$$x_2 = -0{,}672198 - 2{,}13442\,i$$
$$x_3 = +0{,}672198 + 0{,}807186 = 1{,}479384$$
$$x_4 = +0{,}672198 - 0{,}807186 = -0{,}134988.$$

Ist die biquadratische Gleichung reciprok, d. h. kommt ihr eine Wurzel $=\frac{1}{w_1}$ zu, falls eine andere $= w_1$ vorhanden ist, dann gestaltet sich die Auflösung darum einfacher, weil unter diesen Umständen die Hülfsgleichung vom zweiten Grade sein wird.

Zunächst folgt nämlich, dass, wenn die Gleichung:
$$x^4 + Ax^3 + Bx^2 + Cx + D = 0$$

gleichzeitig die Wurzeln w_1 und $\frac{1}{w_1}$ hat, gleichzeitig stattfinden muss:

$$w_1^4 + A w_1^3 + B w_1^2 + C w_1 + D = 0$$
$$w_1^4 + \frac{C}{D} w_1^3 + \frac{B}{D} w_1^2 + \frac{A}{D} w_1 + \frac{1}{D} = 0.$$

Dieses wird der Fall sein, wenn man:

$$D = \frac{1}{D}, \quad C = \frac{A}{D}, \quad B = \frac{B}{D}, \quad A = \frac{C}{D}$$

d. i. wenn man:

$$D = +1^*), \quad C = +A, \quad B = +B, \quad A = +C$$

hat, so dass im Falle der Reciprocität die Gleichung von der Form:

$$x^4 + A x^3 + B x^2 + A x + 1 = 0$$

sein muss. Zerlegt man nun in quadratische Factoren, indem das Polynom gleich $(x^2 + \alpha x + 1)(x^2 + \beta x + 1)$ gesetzt wird, d. i.:

$$x^4 + A x^3 + B x^2 + A x + 1 = (x^2 + \alpha x + 1)(x^2 + \beta x + 1)$$
$$= x^4 + (\alpha + \beta) x^3 + (2 + \alpha \beta) x^2 + (\alpha + \beta) x + 1.$$

so erhält man zur Bestimmung der noch unbekannten Coefficienten α und β die beiden Gleichungen:

$$\alpha + \beta = A$$
$$2 + \alpha \beta = B$$

aus welchen folgt, dass α und β bez. die Wurzeln der quadratischen Gleichung:

$$z^2 - A z + (B - 2) = 0$$

sein müssen. Hieraus α und β genommen, ergeben sich dann die Wurzeln der gegebenen Gleichung durch Auflösung von:

$$x^2 + \alpha x + 1 = 0, \quad x^2 + \beta x + 1 = 0.$$

---

*) Aus $D^2 = +1$ kann unter augenblicklichen Umständen nur: $D = +1$ geschlossen werden, weil $D = -1$ zur Folge hätte: $B = -B$.

Beispiel:

Für die Gleichung:

$$x^4 - \tfrac{11}{3}x^3 + \tfrac{44}{9}x^2 - \tfrac{11}{3}x + 1 = 0$$

ist die quadratische Hülfsgleichung:

$$z^2 + \tfrac{11}{3}z + \tfrac{44}{9} = 0$$

aus welcher man:

$$z_1 = \alpha = -\tfrac{11}{6} + \tfrac{11}{6}i, \quad z_2 = \beta = -\tfrac{11}{6} - \tfrac{11}{6}i$$

erhält. Die Wurzeln der gegebenen Gleichung folgen demnach aus:

$$x^2 + (-\tfrac{11}{6} + \tfrac{11}{6}i)x + 1 = 0, \quad x^2 + (-\tfrac{11}{6} - \tfrac{11}{6}i)x + 1 = 0$$

mit:

$$x = \tfrac{11}{12} - \tfrac{11}{12}i \pm \tfrac{1}{12}\sqrt{-33 - 56i},$$

$$x = \tfrac{11}{12} + \tfrac{11}{12}i \pm \tfrac{1}{12}\sqrt{-33 + 56i},$$

und wenn die zweite Wurzel aus $-33 \mp 56i$ nach der pag. 173 und 174 gegebenen Methode gezogen wird:

$$x = \tfrac{11}{12} - \tfrac{11}{12}i \pm \tfrac{1}{12}(4 - 7i), \quad x = \tfrac{11}{12} + \tfrac{11}{12}i \pm \tfrac{1}{12}(4 + 7i)$$

d. i.:

$$x_1 = 2 - 3i,$$

$$x_2 = \tfrac{2+3i}{13} = \tfrac{(2+3i)(2-3i)}{13(2-3i)} = \tfrac{1}{2-3i},$$

$$x_3 = 2 + 3i,$$

$$x_4 = \tfrac{2-3i}{13} = \tfrac{(2-3i)(2+3i)}{13(2+3i)} = \tfrac{1}{2+3i}.$$

Hiermit sind wir zu einer Grenze gelangt, die sich in der Arithmetik nicht überschreiten lässt. In dem Sinne nämlich, in welchem wir die Gleichungen 2ten, 3ten und 4ten Grades lösten, ist die Bestimmung der Unbekannten einer Gleichung 5ten, 6ten... Grades unmöglich. Man bedarf darum zur Lösung dieser höheren

Gleichungen einer besonderen Methode, von der sich allerdings einige Bruchstücke, mit denen man in sehr günstigen Fällen auskommen könnte, durch die Mittel der Arithmetik constatiren liessen; eine vollständige Darstellung derselben ist jedoch ohne viele Sätze der Analysis nicht möglich, so dass wir an diesem Orte genöthigt sind, die Theorie der Gleichungen zu verlassen.

DRITTER THEIL.
Die Exponentialwerthe.

Theorie und Berechnung der Logarithmen.

Stehen drei Zahlen a, b und c in einem solchen Zusammenhang, dass die erste a b-mal mit sich selbst multiplicirt c giebt, dann ist dieses Verhältniss zwischen den drei Grössen bekanntlich sowohl durch: $a^b = c$ wie durch: $\sqrt[b]{c} = a$ ausgedrückt. Für diese nämliche Beziehung giebt es aber noch eine dritte Darstellungsweise, die darin besteht, dass man den Exponenten irgend einer Potenz den **Logarithmus** ihres Werthes nennt, also im obigen Falle b den Logarithmus von c, und schreibt:

$$b = \text{logarithmus} (c) = \log_a (c),$$

wo das a am Fusse des g nur den Charakter eines Index hat, welcher den Werth der jedesmaligen Basis anzeigt. So ist also wegen: $2^3 = 8$, $3 = \log_2 8$; $4^2 = 16$, $2 = \log_4 16$; $(\tfrac{1}{4})^1 = \tfrac{1}{4}$, $4 = \log_{\tfrac{1}{4}} \tfrac{1}{4}$; $\sqrt{25} = 5$, $\tfrac{1}{2} = \log_{25} 5$ u. s. w.

In Folge dieser Erklärung und des daraus hervorgehenden Zusammenhanges zwischen Potenzen und Logarithmen lassen sich den letzten zunächst folgende wichtige Eigenschaften nachweisen.

Hat man eine Reihe von Logarithmen derselben Basis, etwa:

1) $\log_a m_1 = x_1$, $\log_a m_2 = x_2$, $\log_a m_3 = x_3$ ... $\log_a m_n = x_n$,

so dass zwischen den drei Grössen a, m_1 und x_1: a, m_2, x_2: a, m_3, x_3 ... a, m_n, x_n Beziehungen existiren, die auch durch die Gleichungen:

2) $a^{x_1} = m_1$, $a^{x_2} = m_2$, $a^{x_3} = m_3$ ... $a^{x_n} = m_n$

dargestellt werden können, so folgt einmal aus 1 durch Addition, ein andermal aus 2 durch Multiplication der linken und rechten Seiten sämmtlicher Gleichungen:

3) $\log_a m_1 + \log_a m_2 + \log_a m_3 + \ldots + \log_a m_n = x_1 + x_2 + x_3 + \ldots + x_n$
4) $a^{x_1+x_2+x_3+\ldots+x_n} = m_1 . m_2 . m_3 \ldots m_n$.

Eine unmittelbare Consequenz von 4 ist aber:
5) $\log_a (m_1 . m_2 . m_3 \ldots m_n) = x_1 + x_2 + x_3 + \ldots + x_n$,
welches in Verbindung mit 3 den ersten Fundamentalsatz:
6) $\log_a (m_1 . m_2 . m_3 \ldots m_n) = \log_a m_1 + \log_a m_2 + \log_a m_3 + \ldots + \log_a m_n$
liefert, der in Worten ausgedrückt lautet:

I. **Der Logarithmus eines Productes ist gleich der Summe der Logarithmen der einzelnen Factoren.**

Für den Quotienten existirt ein ähnliches Gesetz. Nimmt man nämlich von 1 und 2 etwa die beiden ersten Gleichungen, stellt für 1 ihre Differenz, für 2 ihren Quotienten her, so erhält man bez.:

7) $\log_a m_1 - \log_a m_2 = x_1 - x_2$
8) $a^{x_1-x_2} = \frac{m_1}{m_2}$ d. i. $\log_a \left(\frac{m_1}{m_2}\right) = x_1 - x_2$.

woraus ohne weiteres folgt:

9) $\log_a \left(\frac{m_1}{m_2}\right) = \log_a m_1 - \log_a m_2$.

D. h. II. **Der Logarithmus eines Bruches ist gleich der Differenz der Logarithmen des Zählers und Nenners.**

Wird endlich in 6: $m_1 = m_2 = m_3 = \ldots = m_n = m$ gesetzt, so ergiebt sich:

10) $\log_a (m^n) = n . \log_a m$,

eine Gleichung, die auch für gebrochene und negative Exponenten gültig bleibt. Denn für: $u^n = p$, also für: $m = \sqrt[n]{p} = p^{\frac{1}{n}}$ geht 10 über in:

$$\log_a (p) = n \log_a (\sqrt[n]{p} = p^{\frac{1}{n}})$$

oder in:

11) $\log_a (\sqrt[n]{p} = p^{\frac{1}{n}}) = \frac{1}{n} \log_a p$;

und weil: $m^{-n} = \frac{1}{m^{+n}}$, also: $\log_a (m^{-n}) = \log_a \left(\frac{1}{m^{+n}}\right)$ oder in Rücksicht auf 9: $\log_a (m^{-n}) = \log_a 1 - \log_a (m^{+n}) = \log_a (1) - n \log_a m$ sein muss, der Logarithmus von 1 aber, was auch a sein möge, stets wegen: $a^0 = 1$ gleich Null ist, so folgt:

12) $\log_a (m^{-n}) = -n \log_a m$,

und man hat den allgemeinen Satz:

III. Der Logarithmus einer Potenz ist gleich dem Producte aus dem Exponenten und dem Logarithmus der Basis.

Vermöge dieser den Logarithmen nachgewiesenen Eigenschaften (I., II. und III.) sind dieselben für die praktische Rechnung von grosser Bedeutung. Augenommen nämlich, man habe, bei Zugrundelegung einer bestimmten Basis, zu jeder Zahl den Logarithmus berechnet — diese erste Zahl nennt man zur Unterscheidung von anderen insbesondere den Numerus —, dann wird hiermit auch gleichzeitig der zu einem Logarithmus gehörende Numerus bekannt sein. Handelt es sich jetzt um die Werth-Ermittelung eines Ausdruckes, wie etwa: $\sqrt[7]{9}$, $\sqrt[3]{\frac{3}{7}}$, $\frac{1}{3}\sqrt[7]{(\frac{5}{2})^3}$ u. s. w., dann lässt sich zunächst den Gesetzen I., II. und III. zufolge behaupten:

$\log_a \sqrt[7]{9} = \frac{1}{7} \log_a 9$

$\log_a \sqrt[3]{\frac{3}{7}} = \frac{1}{3}[\log_a 3 - \log_a 7]$

$\log_a \frac{1}{3}\sqrt[7]{(\frac{5}{2})^3} = \log_a 3 - \log_a 2 + \frac{1}{7}[\log_a 5 - \log_a 2]$.

Aus der Tafel, in welcher die Logarithmen der verschiedenen Numeri verzeichnet sind, liest man jetzt: log 2, log 3, log 5, log 7 und log 9 ab, vereinigt dieselben, wie die rechten Seiten letzter Gleichungen es vorschreiben, und erhält auf diesem Wege der Reihe nach diejenigen Zahlen, welche die Logarithmen der zu berechnenden Ausdrücke sind, so dass die wiederum aus der Tabelle abzulesenden Numeri die Werthe der gegebenen Grössen sein müssen.

Man sieht also, dass durch Benutzung einer Tafel von Logarithmen die umständlichen Operationen des Multiplicirens, Dividirens, Potenzirens und der Wurzelziehung sich auf Additionen, Subtractionen, Multiplicationen und Divisionen zurückführen lassen, dass demnach eine Kenntniss der Logarithmen die Rechnung mit Zahlen ungemein vereinfacht. Wir überlegen darum, wie sich eine solche Tabelle von Logarithmen berechnen lässt.

Wird eine Zahl, die mit a bezeichnet werden möge, als Basis eines zu construirenden Logarithmensystems angenommen, dann hat man ohne weiteres den früheren Erklärungen zufolge:

$$\log(a^0) = 0 \qquad \log(a^{-1}) = -1$$
$$\log(a^{+1}) = +1 \qquad \log(a^{-2}) = -2$$
$$\log(a^{+2}) = +2 \qquad \log(a^{-3}) = -3$$
$$\log(a^{+3}) = +3 \qquad \log(a^{-4}) = -4$$

oder wenn die Werthe der Potenzen: a^2, a^3 ... kurzweg mit b, c ... und die der Brüche: $\frac{1}{a^1}$, $\frac{1}{a^2}$ ... kurzweg mit β, γ ... bezeichnet werden:

13) Numeri: ... γ, β, 1, a, b, c ...

14) Logarithmi: ... $-2, -1, 0, +1, +2, +3$ ...,

so dass es sich jetzt noch um die Logarithmen der Zahlen handelt, welche bez. zwischen: ... γ und β, β und 1, 1 und a, a und b ... liegen. Um die Methode ihrer Berechnung mittheilen zu können, ist es zunächst nothwendig, folgende Erklärungen und Sätze aufzustellen.

In Bezug auf irgend welche, unter einander ungleiche Grössen wird diejenige Grösse ein Mittelwerth genannt, welche **kleiner als die grösste und gleichzeitig grösser als die kleinste** der ersten Individuen ist. So sind für die Zahlen 2, 3 und 5: 4, 2⅓, 4.9 u. s. w. Mittelwerthe. Und weiter nennt man die Summe mehrer Grössen, dividirt durch ihre Anzahl, ihr **arithmetisches Mittel**, dagegen das mit ihrer Anzahl depotenzirte Product ihr **geometrisches Mittel**. So ist also für die Zahlen 2, 3, 7 das arithmetische Mittel: $\frac{2+3+7}{3} = 4$, das geometrische: $\sqrt[3]{2.3.7} = \sqrt[3]{42}$.

Von diesen Erklärungen ausgehend, wird sich nun zunächst beweisen lassen, dass sowohl arithmetisches wie geometrisches Mittel stets in Bezug auf die Zahlen Mittelwerthe sein müssen, für welche sie bez. arithmetisches oder geometrisches Mittel sind. Denn wenn für die n Grössen:

$$a, b, c \ldots o, p, q$$

$a < b < c < \ldots < p < q$ vorausgesetzt wird, so folgt aus:

$$a = a \qquad q = a$$
$$a < b \qquad q > b$$
$$a < c \qquad q > c$$
$$\ldots \qquad \ldots$$
$$a < p \qquad q > p$$
$$a < q \qquad q = q$$

einmal durch Addition:
$$q > \frac{a+b+c+\ldots q}{n} > a,$$
ein andermal durch Multiplication:
$$q > \sqrt[n]{abc\ldots q} > a$$

d. h. es folgt, dass sowohl das arithmetische Mittel: $\frac{a+b+c\ldots+p+q}{n}$ wie das geometrische: $\sqrt[n]{ab\ldots pq}$ grösser ist als die kleinste, und gleichzeitig kleiner ist als die grösste der betrachteten Grössen.

Kehren wir nun zu unserer Berechnung der Logarithmen zurück. Nach III. und II. ist $\log_a \sqrt{xy} = \frac{1}{2} \log_a (xy) = \frac{1}{2}(\log_a x + \log_a y)$ und wenn $\log_a x$ mit X, $\log_a y$ mit Y bezeichnet wird:
$$\log_a \sqrt{xy} = \frac{X+Y}{2}$$

d. h. der Logarithmus des geometrischen Mittels zweier Zahlen x und y ist gleich dem arithmetischen Mittel ihrer Logarithmen.

Beachtet man ausserdem, dass sowohl $\sqrt{xy}$ für x und y wie $\frac{X+Y}{2}$ für X und Y Mittelwerthe sind, so erkennt man sofort, durch welches Verfahren sich die Reihen 13 und 14 soweit vervollständigen lassen, wie man nur will. Zwischen γ und β z. B. in 13 wird der Numerus $\sqrt{\gamma\beta}$ eingeschaltet und zwischen -2 und -1 in 14 als der correspondirende Logarithmus: $\frac{-2-1}{2} = -1,5$; dieses Princip durchgeführt, erhält man dann statt 13 und 14:

15) N.: $\ldots \gamma \mid \sqrt{\gamma\beta} \mid \beta \mid \sqrt{\beta} \mid 1 \mid \sqrt{a} \mid a \mid \sqrt{ab} \mid b \mid \sqrt{bc} \mid c \mid \ldots$
16) L.: $\ldots -2 \mid -1,5 \mid -1 \mid -0,5 \mid 0 \mid 0,5 \mid 1 \mid 1,5 \mid 2 \mid 2,5 \mid 3 \mid \ldots$

Werden jetzt die leicht bestimmbaren Werthe von $\sqrt{\gamma\beta}, \sqrt{\beta}, \sqrt{a}, \sqrt{ab}, \sqrt{bc}$ bez. mit $\gamma_1, \beta_1, a_1, b_1, c_1$ bezeichnet und das nämliche Verfahren wiederholt, so ergeben sich die schon vollständigeren Reihen:

17) N.: ... γ, $\sqrt{\gamma\gamma_1}$, γ_1, $\sqrt{\gamma_1\beta}$, β, $\sqrt{\beta\beta_1}$, β_1, $\sqrt{\beta_1}$

18) L.: ...-2, $-1{,}75$, $-1{,}5$, $-1{,}25$, -1, $-0{,}75$, $-0{,}5$, $-0{,}25$

N.: 1, $\sqrt{a_1}$, a_1, $\sqrt{a_1 a}$, a, $\sqrt{ab_1}$, b_1, ...

L.: 0, $0{,}25$, $0{,}5$, $0{,}75$, 1, $1{,}25$, $1{,}5$ ...

Nachdem nun die Zahlenwerthe der Ausdrücke: $\sqrt{\gamma\gamma_1}$, $\sqrt{\gamma_1\beta}$, $\sqrt{\beta\beta_1}$, ... bestimmt sind, kann man in der nämlichen Weise weiter rechnen, und erhält offenbar auf diesem Wege zu einer Reihe von Numeri, die man so nahe an einander legen kann als man nur will, die betreffenden Logarithmen.

Ist die Rechnung bereits soweit durchgeführt, dass die Unterschiede zweier auf einander folgender Numeri erst in den letzten Stellen hervortreten, dann lässt sich die Bildung der neuen Glieder der oberen Reihen in Rücksicht auf folgende Bemerkung sehr vereinfachen.

Bezeichnet man den Werth des arithmetischen Mittels zweier Zahlen x und y, von welchen $y > x$, etwa $y = x + \delta$, sein möge, mit A, den ihres geometrischen Mittels mit G, so folgt aus:

$$A = \frac{x+y}{2} = \frac{x+x+\delta}{2} = x + \frac{\delta}{2}, \quad G = \sqrt{xy} = \sqrt{x(x+\delta)}$$

durch Quadrirung:

$$A^2 = x^2 + x\delta + \frac{\delta^2}{4}, \quad G^2 = x^2 + x\delta$$

so dass:

$$A^2 - G^2 = (A-G)(A+G) = \frac{\delta^2}{4}$$

also:

19) $\quad A - G = \dfrac{\delta^2}{4(A+G)}$

sein muss. Angenommen nun, x und y seien n ziffrige Zahlen, die sich nur in den letzten q ($q < n$) Ziffern unterscheiden, dann ist in Rücksicht auf Gl. 4 pag. 107:

$$\delta^2 = Z_q^2 = Z_{2q-1, m}$$

also stets:

20) $\quad \delta^2 < 10^{2q}$;

und andererseits wegen:

$$10^{n-1} \lessgtr x < 10^n$$
$$10^{n-1} \lessgtr y \leq 10^n$$
$$\overline{10^{n-1} \lessgtr \left(\tfrac{x+y}{2} = A\right) < 10^n}$$
$$10^{n-1} \lessgtr (\sqrt{xy} = G) < 10^n,$$

jedenfalls:
$$A + G > 10^{n-1},$$

welches durch Division in Verbindung mit 20) giebt:
$$\frac{g^2}{A+G} < \frac{1}{10^{n-2q-1}}.$$

folglich auch:
$$\left(A - G = \frac{g^2}{4(A+G)}\right) < \frac{1}{4 \cdot 10^{n-2q-1}}.$$

Ist demnach:
$$n - 2q - 1 \geqq 0$$

d. i.:
$$21) \quad q \leqq \frac{n-1}{2},$$

so erhält man:

22) $A - G < \frac{1}{4}$ oder: $A - 0{,}25 < G$.

Hieraus lässt sich schliessen, dass arithmetisches und geometrisches Mittel, wenn: $q \leqq \frac{n-1}{2}$ stattfindet, in den n ersten Stellen übereinstimmen.

Denn: $A = \frac{x+y}{2}$ muss, jenachdem $x + y$ eine ungerade oder gerade Zahl ist, entweder von der Form:
$$t_1 t_2 t_3 \ldots t_{n-1} t_n , 5$$

oder von der Form:
$$t_1 t_2 t_3 \ldots t_{n-1} t_n$$

sein.

Nach 22 ist von diesen Zahlen weniger als 0.25 zu subtrahiren, um G zu erhalten. Folglich wird im ersten Falle die Differenz G aus der $n$ziffrigen Ganzzahl: $t_1 t_2 \ldots t_n$ und einem Bruch, dessen erste Decimale < 5 ist, im zweiten Falle aus der n ziffrigen Ganzzahl $t_1 t_2 \ldots t_{n-1} (t_n - 1)$ und einem Bruch, dessen erste Decimale > 5 ist, bestehen. Rechnet man demnach nur bis auf n Stellen genau, corrigirt hierbei die letzte Ziffer in Rücksicht auf die erste Decimale, d. i. lässt erste unverändert oder erhöht sie um eine Einheit, jenachdem letzte $\leqq 5$ ist, so erhält man stets als geometrisches Mittel:
$$t_1 t_2 \ldots t_n$$

d. i. eine Zahl; die in den n ersten Ziffern mit dem arithmetischen Mittel übereinstimmt.

Z. B. für: $x = 4203148$ und
$y = 4203999$ ist:
$A = 4203573{,}5$ und
$G = 4203573{,}4$,
also bis auf 7 Stellen genau:
$A = G = 4203573$.

Für: $x = 9983400$ und
$y = 9983998$ ist:
$A = 9983549$ und
$G = 9983548{,}9$
also bis auf 7 Stellen genau:
$A = G = 9983549$.

Im vorliegenden Falle, wo dieser letzte Satz vom arithmetischen und geometrischen Mittel zur einfacheren Bestimmung der neuen Numeri dienen soll, werden allerdings x und y im allgemeinen Decimalbrüche und nicht, wie vorhin vorausgesetzt wurde, Ganzzahlen sein; es würde darum die Uebereinstimmung der beiden Mittel zweier $n$ziffriger Decimalbrüche, die sich höchstens in den $\frac{n-1}{2}$ letzten Stellen unterscheiden, noch besonders zu constatiren sein. Dieses lässt sich durch Schlüsse, den obigen ganz analog, so einfach machen, dass wir die Durchführung unterlassen und nur noch einige Bemerkungen über die Anwendung jenes Satzes hinzufügen.

Jeder neue Numerus ist das geometrische Mittel zweier Zahlen, folglich ist erster im allgemeinen irrational, wird also nur bis zu einer Grenze, die aber ganz beliebig gewählt werden kann, bestimmt werden können. Man wird sich darum über irgend einen Grad von Genauigkeit entscheiden müssen. Angenommen nun, man wollte Numeri wie Logarithmen bis auf 7, 8, 9 oder 10 Decimalen genau haben, dann würde man die Rechnung nach dem früheren Prinzipe so weit zunächst durchzuführen haben, bis die Numeri sich bez. nur noch in den: 3, 3, 4, 4 *) letzten De-

---

*) Für $n = 7$ oder 9 erhält man aus 21: $q \lessgtr 3$ bez. 4. Für $n = 8$ oder 10 dagegen: $q \cdot \frac{1}{4}$ bez ?. Weil nun q eine absolute Ganzzahl sein muss, so folgt, dass in den beiden letzten Fällen q bez. gleich 3 und 4 zu nehmen ist.

cimalen unterscheiden. Von hier ab ergeben sich dann die neuen Numeri in einer einfacheren Weise, nämlich durch Bestimmung des arithmetischen statt des früheren geometrischen Mittels.

Die letzten Bemerkungen, welche sich auf die Ermittelung der Logarithmen irgend eines Systems beziehen, sind mehr in der Absicht gegeben, die Möglichkeit der Berechnung zu zeigen als in der, den Apparat herzustellen, dessen man sich zur Construction einer Logarithmen-Tafel bedienen müsste. Allerdings behauptet van Swinden in seinen Elementen der Geometrie (deutsche Uebersetzung von Jacobi pag. 111, Anmerkung 4), dass Briggs und Vlacq ihre Logarithmen auf obigem Wege herstellten; dem modernen Rechner wird jedoch dieses Verfahren zu mühsam sein; er wird von den Reihen Gebrauch machen, die in der Theorie der Functionen zu diesem Zwecke entwickelt werden.

Welches der verschiedenen Mittel man nun auch für die Berechnung der Logarithmen wählen möge, man muss sich zuvor über eine bestimmte Zahl als Basis entscheiden und sich hierbei von folgenden Ueberlegungen leiten lassen.

Die Logarithmen sind im allgemeinen Decimalbrüche. Denkt man sich dieselben reducirt, so werden sie stets von einer der drei Formen: $\frac{2n+1}{2m+1}$, $\frac{2n}{2m+1}$, $\frac{2n+1}{2m}$ sein müssen, d. h. entweder sind Zähler und Nenner gleichzeitig ungerade, oder der Zähler ist gerade oder ungerade, während der Nenner ungerade oder gerade ist.

Angenommen nun, man nähme eine negative reelle Zahl als Basis, etwa $-a$, dann wären sämmtliche Numeri von einer der drei Formen:

$$(-a)^{\frac{2n+1}{2m+1}}, \quad (-a)^{\frac{2n}{2m+1}}, \quad (-a)^{\frac{2n+1}{2m}}.$$

Es ist aber zunächst für den ersten Fall (siehe pag. 177):

$$(-a)^{\frac{2n+1}{2m+1}} = \sqrt[2m+1]{-(a^{2n+1})}$$

$$= \sqrt[2m+1]{a^{2n+1}} \left(\cos \frac{2k+1}{2m+1} \pi + i \sin \frac{2k+1}{2m+1} \pi \right)_{k=0,1\ldots 2m}$$

so dass $(-a)^{\frac{2n+1}{2m+1}}$ nur den einen reellen Werth: $-\sqrt[2m+1]{a^{2n+1}}$ (für $k = m$) haben, folglich für den Numerus: $+\sqrt[2m+1]{a^{2n+1}}$ kein

Logarithmus existiren kann. Z. B. für die Basis -8 ist
$(-8)^{\frac{1}{3}} = \sqrt[3]{(-8)^1} = \sqrt[3]{-(8^1)} = \sqrt[3]{8^1}\left(\cos\frac{2k+1}{3}\pi + i\sin\frac{2k+1}{3}\pi\right)_{k=0,1,2} = -32, +32\left(\frac{1}{2} + \frac{i}{2}\sqrt{3}\right),$
$+32\left(\frac{1}{2} - \frac{i}{2}\sqrt{3}\right)$. $(-8)^{\frac{1}{3}}$ hat demnach nur einen reellen Werth, der aber negativ ist: -32; die unmittelbare Consequenz hiervon ist, dass im System der Basis -8 für die Zahl $+32$ kein Logarithmus existirt.

Für den zweiten Fall hat man:
$(-a)^{\frac{2n}{2m+1}} = \sqrt[2m+1]{(-a)^{2n}} = \sqrt[2m+1]{+(a^{2n})}$
$= \sqrt[2m+1]{a^{2n}}\left(\cos\frac{2k}{2m+1}\pi + i\sin\frac{2k}{2m+1}\pi\right)_{k=0,1\ldots2m},$

woraus hervorgeht, dass $(-a)^{\frac{2n}{2m+1}}$ nur einen reellen positiven Werth $+\sqrt[2m+1]{a^{2n}}$ (für $k=0$) haben, also der Logarithmus der negativen Zahl $-\sqrt[2m+1]{a^{2n}}$ nicht existiren kann. Z. B. für die Basis -8 ist: $(-8)^{\frac{2}{3}} = \sqrt[3]{(-8)^2} = \sqrt[3]{+(8^2)} = 16\left(\cos\frac{2k}{3}\pi + i\sin\frac{2k}{3}\pi\right)_{k=0,1,2} = +16, +16\left(-\frac{1}{2} + \frac{i}{2}\sqrt{3}\right),$
$+16\left(-\frac{1}{2} - \frac{i}{2}\sqrt{3}\right)$. Im System der Basis -8 giebt es demnach keinen Logarithmus für die negative reelle Zahl -16.

Und endlich drittens folgt aus:
$(-a)^{\frac{2n+1}{2m}} = \sqrt[2m]{(-a)^{2n+1}} = \sqrt[2m]{-(a^{2n+1})}$
$= \sqrt[2m]{a^{2n+1}}\left(\cos\frac{2k+1}{2m}\pi + i\sin\frac{2k+1}{2m}\pi\right)_{k=0,1\ldots2m-1},$

dass weder für die positive, noch für die negative reelle Zahl, deren absoluter Werth $=\sqrt[2m]{a^{2n+1}}$ ist, ein Logarithmus existirt. Z. B. $(-16)^{\frac{1}{4}} = \sqrt[4]{-(16)^1} = 128\left(\cos\frac{2k+1}{4}\pi + i\sin\frac{2k+1}{4}\pi\right)_{k=0,1,2,3}$
$= 128\left(\frac{1}{2}\sqrt{2} + \frac{i}{2}\sqrt{2}\right), \quad 128\left(-\frac{1}{2}\sqrt{2} + \frac{i}{2}\sqrt{2}\right),$
$128\left(-\frac{1}{2}\sqrt{2} - \frac{i}{2}\sqrt{2}\right), \quad 128\left(\frac{1}{2}\sqrt{2} - \frac{i}{2}\sqrt{2}\right)$. Die absolute Zahl 16 mit $\frac{7}{4}$ potenzirt giebt die absolute Zahl 128; es muss

demnach 16, mit jeder anderen Zahl potenzirt, ein Resultat verschieden von 128 liefern. Nun hat aber $(-16)^1$ nur complexe Werthe, folglich ist sowohl der Logarithmus von $+128$ wie der von -128 für das System der Basis -16 unmöglich.

Stellen wir jetzt analoge Betrachtungen unter Annahme einer positiven Zahl als Basis an. Wird dieselbe mit $+a$ bezeichnet, dann werden sämmtliche Numeri von einer der drei Formen:

$$(+a)^{\frac{2m+1}{2m+1}}, \quad (+a)^{\frac{2m}{2m+1}}, \quad (+a)^{\frac{2m+1}{2m}}$$

sein. Weil erstens wegen:

$$(+a)^{\frac{2m+1}{2m+1}} = \sqrt[2m+1]{+(a^{2m+1})}$$
$$= \sqrt[2m+1]{a^{2m+1}}\left(\cos\frac{2k}{2m+1}\pi + i\sin\frac{2k}{2m+1}\pi\right)_{k=0,1,2\ldots 2m},$$

und zweitens wegen:

$$(+a)^{\frac{2m}{2m+1}} = \sqrt[2m+1]{+(a^{2m})}$$
$$= \sqrt[2m+1]{a^{2m}}\left(\cos\frac{2k}{2m+1}\pi + i\sin\frac{2k}{2m+1}\pi\right)_{k=0,1\ldots 2m}$$

sowohl $(+a)^{\frac{2m+1}{2m+1}}$ wie $(+a)^{\frac{2m}{2m+1}}$ nur einen reellen positiven Werth hat, nämlich bez. $+\sqrt[2m+1]{a^{2m+1}}$ und $\sqrt[2m+1]{a^{2m}}$ (für $k=0$), so sind die Logarithmen der negativen Zahlen, deren absoluter Werth bez. $\sqrt[2m+1]{a^{2m+1}}$ und $\sqrt[2m+1]{a^{2m}}$ ist, jetzt unmöglich. Z. B. für die Basis $+27$ folgt aus: $(+27)^{\frac{2}{3}} = \sqrt[3]{+(27^2)} = 243\left(\cos\frac{2k\pi}{3}\right.$
$\left. + i\sin\frac{2k\pi}{3}\right)_{k=0,1,2} = +243, \quad 243\left(-\frac{1}{2} + \frac{i}{2}\sqrt{3}\right),$
$243\left(-\frac{1}{2} - \frac{i}{2}\sqrt{3}\right)$, dass im System der Basis $+27$ der Logarithmus von $+243$ gleich $\frac{2}{3}$ ist, dagegen der von -243 nicht existirt. Und folgt aus: $(+27)^{\frac{4}{3}} = +81$, $81\left(-\frac{1}{2} + \frac{i}{2}\sqrt{3}\right)$, $81\left(-\frac{1}{2} - \frac{i}{2}\sqrt{3}\right)$, dass $\log_{+27}(-81)$ unmöglich ist.

Endlich erhält man drittens aus:

$$(+a)^{\frac{2m+1}{2m}} = \sqrt[2m]{+(a^{2m+1})}$$
$$= \sqrt[2m]{a^{2m+1}}\left(\cos\frac{2k}{2m}\pi + i\sin\frac{2k}{2m}\pi\right)_{k=0\ldots(2m-1)}$$

dass $(+a)^{\frac{2m+1}{2n}}$ zwei reelle Werthe, nämlich: $+\left(a^{\frac{2m+1}{2n}}\right)$ für $k=0$ und $-\left(a^{\frac{2m+1}{2n}}\right)$ für $k=n$, hat, dass jetzt also der Logarithmus derjenigen Zahl, deren absoluter Werth $a^{\frac{2m+1}{2n}}$ ist, existirt, mag sie positiv oder negativ sein. Z. B. für die Basis $+16$ folgt aus
$$(+16)^{\frac{1}{2}} = \sqrt{+(16^2)} = 8\left(\cos\frac{2k\pi}{4} + i\sin\frac{2k\pi}{4}\right)_{k=0,1,2,3}$$
$$= +8, +8i, -8, -8i, \text{ dass: } \log_{+16} + 8 = \log_{+16}(-8)$$
$= \frac{1}{2}$ sein muss.

Das Endergebniss unserer letzten Untersuchungen ist demnach folgendes. Bei Annahme einer negativen Zahl als Basis sind die Logarithmen sowohl einer Anzahl positiver wie negativer Numeri schlechterdings unmöglich; dagegen für eine positive Basis existiren nicht nur die Logarithmen sämmtlicher positiven Numeri, sondern auch die Logarithmen derjenigen negativen Numeri, deren absoluter Werth durch Potenzirung der Basis mit einem Bruch, dessen Nenner gerade ist, gebildet wird.

Es ist darum wohl kein Zweifel, dass bei der Wahl einer Basis nur von den positiven*) Zahlen die Rede sein kann. Von den verschiedenen Numeris, die dann den einzelnen Logarithmen zukommen, ist stets nur je einer reell und positiv, zuweilen auch ein zweiter reell aber negativ, und sind die übrigen imaginair. Was nun diesen zweiten negativen reellen Numerus anlangt, so wird man sich über seine Existenz selten entscheiden können, weil die Logarithmen nur bis zu einer bestimmten Decimale genau angegeben werden, es also unmöglich ist, zu erkennen, ob der Nenner des reducirten Decimalbruches im Logarithmus durch zwei getheilt werden kann oder nicht. In den Tafeln sind darum nur die Logarithmen der positiven Numeri angegeben, so dass man die etwaigen mit Logarithmen durchzuführenden Rechnungen stets so einrichten muss, dass man nur der Logarithmen positiver Zahlen bedarf.

Die Thatsache, dass dem nämlichen Logarithmus verschiedene Numeri, von denen einer reell, die übrigen im allgemeinen complex sind, zukommen, führt noch zu der Consequenz, dass

---

*) Es ist allerdings nicht gezeigt, dass auch imaginaire Zahlen unbrauchbar sind. Solches geht aber ohne weiteres aus den pag. 178 für $\sqrt[a]{+i}$ erhaltenen Werthen hervor.

jeder Numerus eine Reihe von Logarithmen hat, von welchen jedoch nur einer reell und die übrigen complex sind. Aus:

$$(+a)^{\frac{1}{y}} = \sqrt[y]{+(a^x)} = \sqrt[y]{a^x}\left(\cos\frac{2k\pi}{y} + i\sin\frac{2k\pi}{y}\right)_{k=0,1\ldots y-1}$$

folgt nämlich unmittelbar:

$$\log_{+a}\sqrt[y]{a^x}\left(\cos\frac{2k\pi}{y} + i\sin\frac{2k\pi}{y}\right)_{k=0,1\ldots y-1} = \frac{x}{y},$$

oder:

$$\log_{+a}\sqrt[y]{a^x} + \log_{+a}\left(\cos\frac{2k\pi}{y} + i\sin\frac{2k\pi}{y}\right)_{k=0,1\ldots(y-1)} = \frac{x}{y},$$

demnach auch:

$$\log_{+a}\sqrt[y]{a^x} = \frac{x}{y} - \log\left(\cos\frac{2k\pi}{y} + i\sin_{+a}\frac{2k\pi}{y}\right)_{k=0,1\ldots(y-1)}.$$

Der Logarithmus von $\sqrt[y]{a^x}$ hat demnach y verschiedene Werthe, von welchen nur einer reell ist; nämlich $\frac{x}{y}$ für $k=0$. Die übrigen Werthe lassen sich in der Arithmetik nicht bestimmen, weil erst die Analysis die Mittel giebt, die Logarithmen complexer Zahlen, d. i. der Zahlen von der Form $\left(\cos\frac{2k\pi}{y} + i\sin\frac{2k\pi}{y}\right)$ zu berechnen. Dort wird sich ergeben:

$$\log_{+a}\left(\cos\frac{2k\pi}{y} + i\sin\frac{2k\pi}{y}\right) = 2\cdot\frac{k}{y}\cdot i\pi\log_{(+a)}e$$

wo e eine Zahl bedeutet, die bis auf 7 Decimalen: 2,7182818 lautet und wo statt k so viel auf einander folgende Gauzzahlen eingesetzt werden können, als y Einheiten hat.

Es bleibt uns jetzt noch die Wahl einer bestimmten positiven Zahl als Basis übrig. Zu dem Zwecke stellen wir folgende Ueberlegungen an.

Die Zahl $+1$ ist ohne weiteres auszuschliessen, weil die Potenz $(+1)^x$ für jedes reelle, im übrigen positive oder negative, ganze oder gebrochene x gleich $+1$ ist, demnach einerseits sämmtliche reelle Zahlen unter diesen Umständen als Logarithmen von $+1$ zu erklären wären, und andrerseits die Logarithmen aller von $+1$ verschiedenen Zahlen nicht existirten.

Theilen wir jetzt die Zahlen in solche, die kleiner $+1$ und in solche, die grösser $+1$ sind, d. i. in positive echte und unechte Brüche. Nimmt man einen positiven echten Bruch β zur Basis, so folgt aus:

$$1 > \beta^1 > \beta^2 > \beta^3 > \ldots > \beta^n,$$

dass mit zunehmenden Logarithmen die Numeri abnehmen, dass also zu grösseren Numeris kleinere, dagegen zu kleineren Numeris grössere Logarithmen gehören. Ist aber die Basis ein unechter Bruch b, so folgt aus:

$$1 < b^1 < b^2 < b^3 < \ldots < b^n,$$

dass Logarithmen und correspondirende Numeri gleichzeitig mit einander zu- und abnehmen.

Wegen dieser Gleichartigkeit eignet sich offenbar ein unechter Bruch besser als ein echter zur Basis.

Die schliessliche Frage nun, welche derjenigen positiven Zahlen, die grösser als 1 sind, zu nehmen ist, beantwortet sich am besten durch Angabe der Gründe, die uns veranlassen, die Zahl 10 zu wählen.

Im System der Basis 10, oder, wie man kurzweg sagt, im gemeinen oder Briggsschen *) System, ist:

$$= \log_{10}(10^n) = \log \text{vulgaris}\,(10^n) = \log v.\,(10^n) = \log \text{brigg}\,(10^n)$$
$$= \log(10^n) = n,$$
$$\log(10^{n+1}) = n + 1.$$

Nun sind alle $(n+1)$ ziffrigen Ganzzahlen, wir bezeichnen sie kurzweg mit Z_{n+1}, gleich oder grösser 10^n und kleiner 10^{n+1}; folglich muss $\log Z_{n+1}$ stets zwischen n und $n+1$ liegen, d. i. aus der Ganzzahl n und einem Decimalbruch bestehen. Im Briggsschen System ist demnach die Anzahl der Ganzen im Logarithmus stets um eine Einheit kleiner als die Anzahl der Stellen im Numerus, so dass aus letzter sofort die erste, welche man Kennziffer oder Characteristik nennt, abzulesen ist, und die Logarithmentafeln nur den noch fehlenden Bruch, die Mantisse genannt, anzugeben brauchen.

Was die Characteristik anlangt, so ist hierüber noch Folgendes hinzuzufügen. In jedem System, dessen Basis grösser 1 ist, also auch im Briggsschen, gehört, wie wir vorhin nachwiesen, dem grösseren Numerus ein grösserer Logarithmus an, und umgekehrt. Folglich sind in Rücksicht auf das allgemein bewiesene Gesetz II, pag. 228:

$$\log\left(\frac{a}{b}\right) = \log a - \log b$$

---

*) Nach Henry Briggs († 1630), Professor in London, später in Oxford, der zuerst diese Logarithmen berechnete.

die Logarithmen unechter Brüche positiv, die echter Brüche negativ. Diese negativen Logarithmen formt man folgendermaassen um. Angenommen, es hätten sich zunächst die negativen Logarithmen: — 0,1256832, — 5,3219647, — 17,1841367 etc. ergeben, so verwandelt man dieselben dadurch in Logarithmen, deren Mantisse positiv, deren Characteristik negativ ist, dass man im ersten Falle 1, im zweiten 6, im dritten 18 additiv und subtractiv hinzufügt, um zu erhalten:

$$- 0{,}1256832 = + 1 - 0{,}1256832 - 1 = 0{,}8743168 - 1,$$
$$- 5{,}3219647 = + 6 - 5{,}3219647 - 6 = 0{,}6780353 - 6,$$
$$- 17{,}1841367 = + 18 - 17{,}1841367 - 18 = 0{,}8158633 - 18.$$

Wie nun diese Logarithmen positiver Mantissen und negativer Kennziffern zu behandeln sind, wenn man die zu ihnen gehörenden Numeri aufschlagen will, ergiebt sich aus der folgenden Betrachtung über Briggssche Logarithmen von Decimalbrüchen.

Für eine Reihe von aus Ganzen und Decimalen bestehenden Zahlen, die aus denselben Ziffern in derselben Reihenfolge zusammengesetzt sind, erhält man in Rücksicht auf unsere letzten Bemerkungen, wenn der Logarithmus der $n+1$ ziffrigen Ganzzahl: $q_1 q_2 q_3 \ldots q_n q_{n+1}$ kurzweg mit $n + M$ (n seine Characteristik und M die Mantisse) bezeichnet wird:

$$\log (q_1 q_2 q_3 \ldots q_n q_{n+1}) = \log \left(\frac{q_1 q_2 q_3 \ldots q_n q_{n+1}}{10} \right)$$
$$= \log (q_1 q_2 \ldots q_n q_{n+1}) - \log 10 = n + M - 1 = (n-1) + M,$$
$$\log (q_1 q_2 q_3 \ldots q_n q_{n+1}) = \log \left(\frac{q_1 q_2 q_3 \ldots q_n q_{n+1}}{10^2} \right)$$
$$= \log (q_1 q_2 \ldots q_n q_{n+1}) - \log 10^2 = n + M - 2 = (n-2) + M,$$

$$\log (q_1, q_2 q_3 \ldots q_{n+1}) = \log \left(\frac{q_1 q_2 \ldots q_{n+1}}{10^n} \right) = \log (q_1 q_2 \ldots q_{n+1})$$
$$- \log (10^n) = n + M - n = 0 + M.$$
$$\log (0, q_1 q_2 \ldots q_{n+1}) = 0 + M - 1$$
$$\log (0{,}0\, q_1 q_2 \ldots q_{n+1}) = 0 + M - 2$$

$$\log 0{,}0000 \ldots 0_t\, q_1 q_2 \ldots q_{n+1}) = 0 + M - (t+1).$$

Wie also auch das Comma die Ganzen von den Decimalen trennen möge, die Mantisse — und das ist ein sehr grosser

Vorzug des Briggsschen Systems vor jedem andern — ist stets die nämliche; nur die Kennziffer ändert sich mit der Stellung des Decimalzeichens nach einer Regel, die aus Vorigem leicht zu abstrahiren ist. Sie richtet sich nämlich nach der Anzahl der Stellen in der Ganzzahl, welche den Decimalen vorangeht, ist, wie oben, um eine Einheit kleiner als ihre Stellenzahl, oder wird —1, —2, —3, —4 u. s. w., wenn mit dem Decimalbruch keine Ganzzahl verbunden ist und der ersten von Null verschiedenen Decimale keine, eine, zwei, drei u. s. w. Decimalen gleich Null vorangehen. Hiermit ist die Bestimmung der Logarithmen von Decimalbrüchen gezeigt, und auch gleichzeitig die Bedeutung negativer Kennziffern, zu denen wir bereits oben gelangten, entwickelt.

In den meisten Fällen der reinen und angewandten Mathematik rechnet man mit Briggsschen Logarithmen; sie sind verzeichnet in den Handbüchern von Vega-Hülse, Vega-Brehmicker, Schrön bis auf 7, in denen von Rühlmann und Köhler bis auf 6, in denen von Wittstein bis auf 5 Decimalen. Nur in der Theorie der Functionen, zieht man es manchmal aus Gründen, die sich natürlich nicht hier zum klaren Verständniss bringen lassen, vor, mit Logarithmen im System der schon vorhin erwähnten irrationalen Zahl e = 2,7182818 ... zu rechnen. Dieselben werden Napiersche*), natürliche oder hyperbolische Logarithmen genannt, und mit log nap., mit log n (log naturalis) oder kurzweg mit l bezeichnet, so dass man:

$$\log \text{nap.} (e) = \log n (e) = l(e) = 1$$
$$\log \text{nap.} (e^2) = \log n (e^2) = l(e^2) = 2$$

u. s. w. hat.

Die Handbücher der Logarithmen enthalten meistens nur die des Briggsschen Systems; einmal, weil man, wie schon bemerkt, seltener in die Lage kommt, Napiersche gebrauchen zu müssen und ein andermal, weil die Logarithmen verschiedener Systeme in einem solchen Zusammenhange stehen, dass sich leicht aus dem bekannten Logarithmus in irgend einem System der Logarithmus

---

*) John Napier, 1550 in Schottland geboren und 1618 gestorben, ist als Erfinder der Logarithmen zu betrachten, nicht aber einer der Deutschen: Michael Stifel und Jobst Byrg. Nach Matzka (siehe Grunerts Archiv Bd. 33) führte allerdings Byrg eine von Stifel begonnene Potenz-Tafel fort, die allerdings, wie die Napiersche Logarithmentafel, den Zweck haben sollte, die Rechnungen mit Zahlen zu vereinfachen, denselben jedoch völlig verfehlte.

des nämlichen Numerus für irgend ein anderes System berechnen lässt.

Hat man nämlich für irgend zwei Basen a und b:

23) $a^x = N$,   24) $b^y = N$,

so folgt aus 23:

25) $\log_a N = x$,   26) $\log_b N = x \log_b a$,

und aus 24:

27) $\log_b N = y$,   28) $\log_a N = y \log_a b$.

Eliminirt man jetzt aus 25 und 26: x, aus 27 und 28: y, so ergeben sich zwei Gleichungen:

29) $\log_b N = \log_a N . \log_b a$

30) $\log_a N = \log_b N . \log_a b$,

aus welchen ohne weiteres folgt, wie Logarithmen des Systems a in solche des Systems b, und umgekehrt, zu verwandeln sind.

Insbesondere erhält man für: $a = 10$, $b = 2{,}7182818... = e$:

$$\log_e N = \log_{10} N . \log_e 10$$
$$\log_{10} N = \log_e N . \log_{10} e$$

oder:

31) $l(N) = \log(N) \, l(10)$ und
$\log N = l(N) \log(e)$

und wegen:

$$\log e = \frac{1}{l(10)}{}^*) = 0{,}4342945$$

32) $l(N) = \log(N) . \frac{1}{0{,}4342944}$

$\log(N) = l(N) . 0{,}4342945$,

d. h. man hat den gemeinen oder Briggsschen Logarithmus mit 0,434... zu dividiren, um den natürlichen oder Napierschen, und den natürlichen Logarithmus mit 0,434... zu multipliciren, um den gemeinen Logarithmus des nämlichen Numerus zu erhalten.

Ausserdem findet man in den Handbüchern gewöhnlich nur für alle fünfstelligen Numeri die Logarithmen direct angegeben;

---

*) Aus der ersten Gleichung in 31 folgt auch: $\log N = l(N) \frac{1}{l(10)}$; es ist also:

$$\log e = \frac{1}{l(10)} \text{ und } l(10) = \frac{1}{\log e}.$$

aus kleinen Hülfstäfelchen, deren Construction man gleich erkennen wird, sind dann die Logarithmen mehr als fünfstelliger Zahlen in Rücksicht auf folgende Bemerkungen zu berechnen.

Jede 6 ziffrige Ganzzahl z_6, d. i. jede Zahl von der Form: $q_1 q_2 q_3 q_4 q_5 q_6$, wo q_1 zwischen 1 und 9, $q_2, q_3 \ldots q_6$ im allgemeinen zwischen 0 und 9 (die Grenzen mit eingeschlossen) liegen, muss stets, falls $q_6 = 0$, wie das hier geschehen kann, ausgeschlossen wird, für die beiden 6ziffrigen Ganzzahlen: $q_1 q_2 q_3 q_4 q_5 0 = x$ und $q_1 q_2 q_3 q_4 (q_5 + 1) 0 = y$ ein Mittelwerth sein. So liegt z. B. 463283 zwischen 463280 und 463290; 713985 zwischen 713980 und 713990 u. s. w. Ist nun die letzte Ziffer in z_6, d. i. die vom niedrigsten Range, eine Fünf, $q_6 = 5$, dann ist z_6 nicht nur das arithmetische, sondern auch wegen des vorhin bewiesenen Satzes über das Zusammenfallen des arithmetischen und geometrischen Mittels zweier Zahlen, das geometrische Mittel von x und y; man hat demnach, wenn unter diesen Umständen z_6 mit z_6' bezeichnet wird:

33) $z_6' = \frac{x+y}{2} = \sqrt{xy}$,

also auch:

34) $\log z_6' = \frac{\log x + \log y}{2}$,

Aus 33 folgt:

$$\frac{z_6' - x}{y - x} = \tfrac{1}{2}$$

und aus 34:

$$\frac{\log z_6' - \log x}{\log y - \log x} = \tfrac{1}{2},$$

so dass man erhält:

35) $\log z_6' = \log x + \frac{z_6' - x}{y - x}(\log y - \log x)$.

Diese Gleichung, welche $\log z_6'$ durch die Logarithmen von x und y ausgedrückt, gilt auch für jede andere Anzahl von Einheiten in z_6. Denn wäre zweitens q_6 in z_6 gleich 2, und würde die 6 ziffrige Zahl: $q_1 q_2 q_3 q_4 q_5 2$ kurzweg mit z_6'' bezeichnet, so folgt zunächst aus:

$$z_6'' = \frac{x + z_6'}{2} = \sqrt{x z_6'}, \quad \log z_6'' = \frac{\log x + \log z_6'}{2}$$

36) $\log z_6'' = \log x + \frac{z_6'' - x}{z_6' - x}(\log z_6' - \log x)$,

oder, wenn statt $\log z_4'$ der vorhin erhaltene Werth (35) eingesetzt wird:

37) $\log z_6'' = \log x + \frac{z_6-x}{y-x} (\log y - \log x)$.

In dieser Weise kann man fortfahren, indem man der Reihe nach $q_4 = 3, 4, 7, 6, 8, 9$ setzt; das Endergebniss ist dann die allgemeine Gleichung:

$$\log z_6 = \log x + \frac{z_6-x}{y-x} (\log y - \log x),$$

oder wegen: $z_6 - x = q_6$, $y - x = 10$:

38) $\log z_6 = \log x + \frac{q_6}{10} (\log y - \log x)$.

Z. B. Um $\log 468937$ zu erhalten, schlägt man zunächst $\log 468930 = 5{,}6711080$ und $\log 468940 = 5{,}6711173$ auf (siehe Bremiker, ed. 44, pag. 79). Es ist also:

$\log 468937 = 5{,}6711080 + \frac{7}{10} (5{,}6711173 - 5{,}6711080)$
$\qquad = 5{,}6711080 + \frac{7}{10} \cdot 0{,}0000093$
$\qquad = 5{,}6711080 + 0{,}00000065{,}1$
$\qquad\qquad\qquad\qquad\overline{65{,}1}$
$\qquad\qquad\qquad\quad 5{,}6711145{,}1$

Ferner für $\log 976992$ findet man (vide id. 1*1):

$\log 976992 = 5{,}9898901 + \frac{2}{10} (5{,}9898946 - 5{,}9896901)$
$\qquad = 5{,}9898901$
$\qquad\qquad\qquad\quad 9{,}0$
$\qquad\qquad\qquad\overline{5{,}9898910}$

Für 7 stellige Numeri kommt das in 38 enthaltene Princip wieder zur Anwendung, weil der Umstand, welcher eben zu Gleichung 38 Veranlassung gab, auch dann, wie wir pag. 223 gezeigt haben, eintritt, wenn zwei 7 stellige Zahlen nur in ihren beiden letzten Ziffern (die vom niedrigsten Range) differiren. Werden also die drei 7 ziffrigen Zahlen: $q_1 q_2 q_3 q_4 q_5 q_6 q_7$, $q_1 q_2 q_3 q_4 q_5 00$, $q_1 q_2 q_3 q_4 (q_5+1) 00$ bez. mit z_7, x und y bezeichnet, dann hat man zur Bestimmung von $\log z_7$ die Gleichung:

39) $\log z_7 = \log x + \frac{z_7-x}{y-x} (\log y - \log x)$
$\qquad = \log x + \frac{q_6 q_7}{100} (\log y - \log x)$.

1. **Beispiel:** Nach Bremiker pag. 84 ist:

$$\log 4931552 = 6{,}6929790 + \tfrac{44}{100}(6{,}6929878 - 6{,}6929790)$$
$$= 6{,}6929790 + \tfrac{44}{100}(0{,}0000088)$$
$$\phantom{=\ 6{,}6929790 + } 0{,}0000045{,}76$$

$$\phantom{=\ 6{,}6929790 + } 6{,}6929835{,}76$$

oder, wenn man, wie das natürlich stets geschieht, ohne Rücksicht auf 39, nur mit Benutzung der Hülfstafeln rechnet:

$$\log 4931552 = 6{,}6929790 \quad (\log 4893100)$$
$$\phantom{\log 4931552 = 6{,}6929790\ } 44{,}0 \;(5\,.\,88)$$
$$\phantom{\log 4931552 = 6{,}6929790\ } 1{,}76\,(2\,.\,88)$$

$$ 6{,}6929835{,}76$$

6,6929836, wenn man überhaupt, wie in Vega-Hülfe, mit der siebenten Decimale abbricht.

2. **Beispiel:**

$$\log 6348199 = 6{,}8026438 + \tfrac{61}{100}(6{,}8026506 - 6{,}8026438)$$
$$= 6{,}8026438 + \tfrac{61}{100}(0{,}0000068)$$
$$\phantom{=\ 6{,}8026438 +\ } 67{,}32$$

$$ 6{,}8026505$$

oder:

$$\log 6348199 = 6{,}8026438$$
$$ 61{,}22 = 9{.}68$$
$$ 6{.}12 = 9{.}68$$

$$ 6{,}8026505{,}84$$

$$ 6{,}8026505.$$

Aus Vorstehendem wird man einerseits erkannt haben, wie die Hülfstäfelchen eingerichtet und wie sie zu benutzen sind, andererseits aber auch, dass man bei Rechnungen mit sieben und mehrstelligen Numeris sich mehr als siebenstelliger Logarithmen bedienen muss, falls es sich um ein Resultat von sehr grosser Genauigkeit handelt.

Wir wenden uns schliesslich zu der Aufgabe, die, unserer Disposition gemäss, in diesem dritten Theile unserer Schrift erledigt werden sollte, nämlich zur Bestimmung des unbekannten Exponenten aus bekannter Basis und bekanntem Werth der Potenz d. i. zur Lösung der sogenannten Exponential-Gleichung: $a^x = b$. Dieselbe geht durch Logarithmiren in: $x \log a = \log b$ über, woraus ohne weiteres: $x = \frac{\log b}{\log a}$ folgt. Erscheint der Exponent in quadratischer, cubischer u. s. w. Form, handelt es sich um die Lösung der Gleichung: $a^{\alpha x^2 + \beta x + \gamma} = b$, $a^{\alpha x^3 + \beta x^2 + \gamma x + \delta} = b$..., dann führt das nämliche Verfahren zum Ziel; man bildet zunächst: $(\alpha x^2 + \beta x + \gamma) \log a = \log b$, $(\alpha x^3 + \beta x^2 + \gamma x + \delta) \log a = \log b$ ... und hieraus: $\alpha x^2 + \beta x + \gamma = \frac{\log b}{\log a}$, $\alpha x^3 + \beta x^2 + \gamma x + \delta = \frac{\log b}{\log a}$...; durch Anwendung der pag. 194 bis 224 vorgetragenen Lehren ergiebt sich darauf der oder die jedesmaligen Werthe der Unbekannten.

Beispiel:

Für: $2^x = 7$

ist: $x = \frac{\log 7}{\log 2} = \frac{0,8450980}{0,3010300} = 2,8073 \ldots$

Für: $3^{x^2 - 5x + 6} = 13$

ist: $x^2 - 5x + 6 = \frac{\log 13}{\log 3}$

also: $x = \tfrac{5}{2} + \sqrt{\tfrac{25}{4} - 6 + \frac{\log 13}{\log 3}} = \frac{4,107 \ldots}{0,893 \ldots}$

Für die unbestimmte Gleichung:

$$x^y = y^x$$

erhält man zunächst durch zweimaliges Logarithmiren:

$$\log y - \log x = \log \log y - \log \log x$$

oder:

$$\log \left(\tfrac{y}{x} \right) = \log \left(\tfrac{\log y}{\log x} \right).$$

folglich auch:

$$\tfrac{y}{x} = \tfrac{\log y}{\log x}.$$

Da nun der Fall: $y = x$ auszuschliessen ist und es sich gleich bleibt, ob man $y \gtreqless x$ annimmt, so kann man immer:

$$\tfrac{y}{x} = 1 + \alpha$$

setzen, wodurch vorletzte Gleichung in:
$$1 + a = 1 + \frac{\log(1+a)}{\log x}$$
übergeht, woraus endlich:
$$\log x = \log \sqrt[a]{1+a}, \text{ also: } x = \sqrt[a]{1+a}$$
und darauf:
$$\log y = \log \sqrt[a]{(1+a)^{1+a}}, \text{ also: } y = \sqrt[a]{(1+a)^{1+a}}$$
folgt. Hieraus kann man beliebig viele Paare von Lösungen dadurch ableiten, dass man statt a irgend welche numerische Werthe einsetzt. So folgen z. B. für $a = 1, \frac{1}{2}, \frac{1}{3}, \frac{1}{4} \ldots$ die rationalen Lösungen:

$a =$	1	$\frac{1}{2}$	$\frac{1}{3}$	$\frac{1}{4}$	...
$x =$	2	$\frac{3}{2}$	$\frac{4}{3}$	$\frac{5}{4}$	...
$y =$	4	$\frac{27}{8}$	$\frac{256}{81}$	$\frac{3125}{1024}$	...

www.ingramcontent.com/pod-product-compliance
Lightning Source LLC
Chambersburg PA
CBHW032107220426
43664CB00008B/1169